公众科技传播指南

（第2版）

[意大利]马西米亚诺·布奇　　[爱尔兰]布莱恩·特伦奇　**主编**

李红林　刘　立　**译**

中国科学技术出版社

·北 京·

图书在版编目（CIP）数据

公众科技传播指南：第 2 版 /（意）马西米亚诺·布奇，（爱尔兰）布莱恩·特伦奇主编；李红林，刘立译 . -- 北京：中国科学技术出版社，2022.7

书名原文：Routledge Handbook of Public Communication of Science and Technology; Second Edition

ISBN 978-7-5046-9671-7

Ⅰ . ①公… Ⅱ . ①马… ②布… ③李… ④刘… Ⅲ . ①科学技术—传播—指南 Ⅳ . ① N4–62

中国版本图书馆 CIP 数据核字（2022）第 112928 号

著作权合同登记号：01–2022–3517

策划编辑	王晓义
责任编辑	王　琳
装帧设计	中文天地
责任校对	张晓莉
责任印制	徐　飞

出　　版	中国科学技术出版社
发　　行	中国科学技术出版社有限公司发行部
地　　址	北京市海淀区中关村南大街16号
邮　　编	100081
发行电话	010-62173865
传　　真	010-62173081
网　　址	http://www.cspbooks.com.cn

开　　本	710mm×1000mm　1/16
字　　数	318千字
印　　张	17.5
版　　次	2022年7月第1版
印　　次	2022年7月第1次印刷
印　　刷	北京荣泰印刷有限公司
书　　号	ISBN 978-7-5046-9671-7 / N·293
定　　价	79.00元

第 2 版简介及推荐语

科学技术传播[①]是许多研究机构和政策制定机构的首要任务，是许多私人及公共团体的关注点，也是培训和教育领域中一门公认的学科。过去几十年里，无论是在专业实践方面，还是在研究与反思方面，这一领域都有了长足的进展。

《公众科技传播指南（第 2 版）》对这一快速发展且日益重要的领域进行了全新的审视，对公众科技传播领域的主要参与者、重要议题和涉及的分领域进行了考察。

这个全新的版本纳入了最新的评论，并进行了更深入的分析。除了对不少章节进行了重新撰写，本书还特别关注数字媒体的作用和全球视角下的科学传播，并且增加了全新的四章。一些新的作者也加入进来，包括一些杰出的大众传播学者、社会学家、公共关系实践者、科学作家和其他有专长的作者。

本书的每一章都列出了一些可供进一步讨论的关键问题（"问题与思考"板块）。这对学生们来说，是很好的资源。对于科技传播领域的从业者和专业人员来说，本书的内容范围和作者群体也算得上是比较理想的。本书结合了不同学科、不同地理及文化背景，为公众科技传播提供了一种跨学科的、全球性的方法。对学生、研究者、教育工作者，以及媒体与新闻、社会学、科学史、科学与技术等领域的专业人士来说，这本书都是一份宝贵的资源。

马西米亚诺·布奇（Massimiano Bucchi）是意大利特伦托大学科学技术与社会专业的教授。他曾在亚洲、欧洲和北美的多家学术和研究机构担任客座教授。他的著作包括：《社会中的科学》（*Science in Society*，Routledge，2004）、《超越技术官僚主义：科学、政治和公民》（*Beyond Technocracy: Science, Politics and Citizens*，Springer，2009）等。他还在《自然》（*Nature*）、《科学》（*Science*）和《公众理解科学》（*Public*

---

① 科学技术传播，简称"科技传播"，在理论发展过程中也称"科学传播"。本书翻译中充分尊重原文，将"science communication"译为"科学传播"，将"science and technology communication"译为"科技传播"，以方便读者更好地理解两者的具体语境和可能存在的差异。——译者注

Understanding of Science）等期刊上发表论文。

布莱恩·特伦奇（Brian Trench）是一位科学传播领域的研究者、培训师，曾任爱尔兰都柏林城市大学传播学院院长。他在科学传播、科学与社会等领域发表了大量论文，并在许多国家进行演讲和授课。他曾在国家机构、高等院校和其他文化机构的顾问委员会任职，从事科学传播、研究伦理和评估等方面的工作。

马西米亚诺·布奇和布莱恩·特伦奇是《社会学中的关键概念：科学传播》（*Critical Concepts in Sociology*：*Science Communication*，Routledge，2015）的主编。他们都是国际公众科技传播（Public Communication of Science and Technology，PCST）网络科学委员会成员。布莱恩·特伦奇自 2014 年起担任 PCST 网络主席一职。[①]

马西米亚诺·布奇、布莱恩·特伦奇和他们召集的世界一流的作者，为所有对科学传播领域感兴趣的人提供了一个一站式文本。这本书内容翔实、发人深省，为各类议题的充分探讨和辩论奠定了基础。如果想了解普通大众是如何理解并参与科学、技术、工程和医学的，这些议题至关重要。这本书所具有的国际视野，也吸引了全世界的科学传播共同体。

——史蒂芬·米勒（Steven Miller），英国伦敦大学学院教授

本书对公众科技传播领域的研究趋势进行了充分分析，并特别突出了这个领域发生的变化。本书的作者来自世界各地，因而对国际性的议题独具慧眼。强烈推荐。
——美国图书馆协会《选择》（*Choice*）杂志对本书第 1 版的评论

这本书内容丰富，可以为在科学传播领域颇有建树的研究者以及准备进入该领域的人提供有益参考，甚至可能影响他们在这一领域里的行为。
——《公众理解科学》杂志对本书第 1 版的评论

---

① 布莱恩·特伦奇于 2014—2021 年任 PCST 主席。——译者注

目　录
CONTENTS

目 录

作者简介

马丁·W. 鲍尔（Martin W. Bauer），英国伦敦政治经济学院社会心理学和方法论教授。他的研究方向为：科学与现代常识之间关系的比较研究、公众抵制（public resistance）在技术科学（techno-scientific）发展中的作用。他最近出版的著作包括：《新闻、科学与社会》（*Journalism, Science and Society*，Routledge，2007，与布奇合著）、《科学文化：全球视野中的科学与公众关系》[*The Culture of Science: How the Public Relates to Science Across the Globe*，Routledge，2012，与舒克拉（R. Shukla）和阿勒姆（N. Allum）共同主编]和《原子、字节和基因：公众抵制与技术科学的回应》（*Atoms, Bytes and Genes: Public Resistance and Techno-Scientific Responses*，Routledge，2014）。自 2009 年以来，他一直担任《公众理解科学》杂志的主编。①

爱丽丝·贝尔（Alice Bell），自由撰稿人，专门从事科学政治学研究，曾是英国帝国理工学院科学传播系的讲师。她是《卫报》（*The Guardian*）科学政策博客的编辑，同时也是《大众科学》（*Popular Science*）杂志一个每月更新的专栏的作者，她的文章也在《观察家报》（*The Observer*）、《泰晤士报》（*Times*）高等教育增刊和《双周研究》（*Research Fortnight*）等杂志上发表。她拥有科学史和教育社会学的学位，并取得了儿童科学读物方向的修辞学博士学位，她长期关注科普出版。

瑞克·E. 博切尔特（Rick E. Borchelt），美国能源部科学办公室传播与公共事务主管，曾是美国国家癌症研究所主任特别助理。他还在美国农业部、美国国家航空航天局、马里兰大学、约翰·霍普金斯大学遗传学与公共政策中心和美国国家科学院从事科学和技术公共事务，曾是克林顿政府的白宫科学技术特别助理。他曾在范德比尔特大学和约翰·霍普金斯大学教授科学传播与科学政策。

马西米亚诺·布奇（Massimiano Bucchi），意大利特伦托大学科学技术与社会专业的教授，他曾在亚洲、欧洲和北美洲的多家学术和研究机构担任客座教授。他

---

① 经核实，马丁·W. 鲍尔担任《公众理解科学》杂志主编的时间是 2010—2015 年。——译者注

的多部著作以英文、意大利文、中文、韩文和葡萄牙文出版，其中包括《科学与媒体》（*Science and the Media*，Routledge，1988）、《社会中的科学》（*Science in Society*，Routledge，2004）、《超越技术官僚主义：科学、政治和公民》（*Beyond Technocracy: Science, Politics and Citizens*，Springer，2009）、《牛顿的鸡：厨房中的科学》（*Il Pollo di Newton. La Scienza in Cucina*，Guanda，2013）。他还在《自然》《科学》和《公众理解科学》等期刊上发表论文。有关他的更多信息，可参见网址：www.massimianobucchi.it。

安吉拉·卡西迪（Angela Cassidy），从事生命和人类科学的社会学和历史学研究。她的研究兴趣为：在公众科学争论中，科学知识如何被建构、传播并在争论中起作用。她已经围绕进化心理学、食物风险、动物健康和野生动物管理等热点问题开展了大量研究。她目前为英国国王学院历史系的维康基金会研究员（Wellcome Trust Research Fellow），正在从事英国 20 世纪晚期牛结核病历史的研究。

莎伦·邓伍迪（Sharon Dunwoody），美国威斯康星大学麦迪逊分校新闻与大众传播学院的埃维尤 – 巴斯科姆教授（Evjue-Bascom Professor）。她的研究方向为：科学传播过程的组成部分，从产生信息的记者和科学家的态度、行为，到公众如何处理这些信息。她与 S. 弗里德曼（S. Friedman）和 C. 罗杰斯（C. Rogers）合作编著的书籍包括：《科学家和记者》（*Scientists and Journalists*，Free Press，1986）和《传播不确定性》（*Communicating Uncertainty*，Lawrence Erlbaum Associates，1999）。她一直担任美国科学院和美国科学促进会监督委员会的传播顾问。

埃德娜·F. 爱因西德尔（Edna F. Einsiedel），加拿大卡尔加里大学传播与文化系校聘教授和传播学教授。她的研究兴趣集中于新兴技术相关的社会问题，她尤其关注这些问题的公众参与及制度安排。她领导了气候变化和生物多样性的国际公众参与行动在加拿大的活动。她在《自然生物技术》（*Nature Biotechnology*）、《科学传播》（*Science Communication*）、《科学与工程伦理学》（*Science and Engineering Ethics*）以及《科学》《公众理解科学》等期刊上发表文章。她曾是《公众理解科学》的主编（2004—2009 年）。

德克兰·费伊（Declan Fahy），美利坚大学传播学院健康、科学和环境新闻学助理教授。他的研究方向为：作为明星和公共知识分子的科学家、科学新闻的新方法和模型。他在《新闻》（*Journalism*）、《新闻研究》（*Journalism Studies*）、《自然化学》（*Nature Chemistry*）、《BMC 医学伦理学》（*BMC Medical Ethics*）、《健康促进实践》（*Health Promotion Practice*）、《爱尔兰传播评论》（*Irish Communications Review*）

和《科学传播》等期刊发表文章。他曾是一名报社记者，他最近的新闻报道刊发在《科学家》（*The Scientist*）和《哥伦比亚新闻评论》（*Columbia Journalism Review*）上。他目前正在撰写一本关于明星科学家的书。①

班科莱·A. 法拉德（Bankole A. Falade），英国伦敦政治经济学院社会心理学系研究人员。他的研究兴趣包括：科学传播，科学与媒体，常识的转变中宗教、政治和伦理的作用。他目前正在研究尼日利亚的疫苗耐药性、宗教及公众对科学的态度。他曾是一名科学记者、大学讲师，也曾担任尼日利亚拉各斯的《星期日抨击报》（*Sunday Punch*）和《星期日独立报》（*Sunday Independent*）的主编。

艾伦·欧文（Alan Irwin），丹麦哥本哈根商学院组织学系教授。他的研究涉及科学治理和科学公共关系。他的著作包括：《风险与技术控制》（*Risk and the Control of Technology*，Manchester University Press，1985）、《公民科学》（*Citizen Science*，Routledge，1995）、《误解科学？》[*Misunderstanding Science?*，Cambridge University Press，1996，与布莱恩·温（Brian Wynne）共同主编]、《社会学和环境》（*Sociology and the Environment*，Polity Press，2001）和《科学、社会理论和公共知识》[*Science, Social Theory and Public Knowledge*，Open University Press，2003，与迈克·迈克尔（Mike Michael）合著]。他是英国全球食品安全计划战略咨询委员会的成员。

大卫·A. 科比（David A. Kirby），英国曼彻斯特大学科学传播研究的高级讲师，曾是一位进化遗传学家。他作为科学家的丰富研究经验，使他对科学、媒体和文化意义之间的相互作用进行的研究也得到了国际性的认可。他的著作《好莱坞的实验服：科学、科学家和电影》（*Lab Coats in Hollywood: Science, Scientists and Cinema*，MIT Press，2013）考察了科学家和娱乐产业界在电影制作方面的合作。他的下一本书《不雅的科学：电影审查和科学（1930—1968）》（*Indecent Science: Film Censorship and Science, 1930-1968*）将探索在电影中，科学是如何影响道德的。

布鲁斯·V. 莱文斯坦（Bruce V. Lewenstein），美国康奈尔大学传播与科学技术研究系科学传播教授。他主要从事公众科学传播的历史研究，以及与科学传播相关的其他研究，如非正规科学教育。他试图用文献证明，在关于自然世界的可靠知识的生产过程中，公众科学传播发挥重要作用的方式。他曾是《公众理解科学》的主编（1998—2003年）、美国国家研究理事会"非正规环境中的科学学习"（Learning

---

① 该书名为 *The New Celebrity Scientists: Out of the Lab and into the Limelight*，已于2015年出版。中文译本《聚光灯下的明星科学家》2017年由上海交通大学出版社出版。——译者注

Science in Informal Environments）调查研究项目的联合主席（2009 年）。

罗伯特·A. 洛根（Robert A. Logan），美国密苏里大学哥伦比亚分校新闻学院名誉教授，新闻学院主持本科生研究的副院长，科学新闻中心主任。他还是美国国家医学图书馆的高级职员，在那里，他协助进行面向公众的综合健康信息服务及评估。他在科学新闻领域发表了大量文章，同时也是《大众传媒伦理学》（*Journal of Mass Media Ethics*）杂志及《科学传播》杂志的编委会成员。

费德里科·内雷西尼（Federico Neresini）在意大利帕多瓦大学教授科学、技术和社会，以及创新社会学。他的主要研究兴趣是科学社会学，特别是科学知识的建构、公众科学传播和科学的社会表征。他的研究活动集中于生物技术和纳米技术。他是"帕多瓦科学、技术、创新研究"（PaSTIS）调查小组的协调员，也是科学与社会观察研究中心的成员。他曾在《自然》《科学》《公众理解科学》《科学传播》及《新遗传学与社会》（*New Genetics and Society*）等期刊上发表文章。

克里斯蒂安·H. 尼尔森（Kristian H. Nielsen），丹麦奥尔胡斯大学科学研究中心科学与科学传播系副教授。他拥有物理学、哲学和科学技术史的学位，曾在日本、法国、英国、美国和丹麦学习。他的研究兴趣包括大众科学和当代科学传播史。他在《科学年鉴》（*Annals of Science*）、《英国科学史杂志》（*British Journal for the History of Science*）、《环境传播》（*Environmental Communication*）、《国际科学传播杂志》（*International Journal of Science Communication*）、《公众理解科学》及《科学传播》等期刊发表过文章。

马修·C. 尼斯贝特（Matthew C. Nisbet），美利坚大学传播学副教授。他的研究方向为：传播与宣传在科学、技术和环境问题争论中的作用。他撰写了 70 多篇通过同行评议的研究论文、学术著作章节及报告。他是哈佛大学出版、政治及公共政策系的舒思深研究员（Shorenstein Fellow）、谷歌的科学传播研究员、探索科学中心的奥舍研究员（Osher Fellow）、罗伯特·伍德·约翰逊基金会（Robert Wood Johnson Foundation）的卫生政策研究员。有关他的研究、教学及写作的更多信息，可参见网址：www.climateshiftproject.org。

朱塞佩·佩莱格里尼（Giuseppe Pellegrini），在意大利帕多瓦大学教授社会研究方法。他的研究集中于食品问题相关的社会政策、公民权利和公众参与。他是科学与社会观察研究中心科学与公民研究领域的协调员。他最近出版的作品包括《妇女与社会：意大利与国际社会》[*Women and Society: Italy and the International Context*，Observa，2013，与芭芭拉·沙拉希诺（Barbara Saracino）共同主编]以及《欧洲中央情报局》[*Os Jovens e a Ciencia*，CRV，2013，与内利奥·比扎（Nelio Bizzo）共同主编]，并在《食品政策》（ *Food Policy* ）和《比较社会学》（ *Comparative Sociology* ）等杂志上发表文章。

汉斯·彼得·彼得斯（Hans Peter Peters），德国尤利希研究中心神经科学和医学研究所高级研究员、柏林自由大学科学新闻兼职教授。他的研究兴趣为：媒体社会中科学、技术和环境的公共意义构建，科学和媒体的相互作用。他已经指导了多项关于气候变化、基因工程、生物医学和神经科学的公众传播项目，并分析了科学家对公众传播的参与及其对科学治理的意义。

伯纳德·席勒（Bernard Schiele），加拿大魁北克大学蒙特利尔分校传播系教授，大学间科学技术研究中心研究员。他编著了《当代科学传播》[*Science Communication Today*，CNRS，2013，与巴朗热（P. Baranger）共同主编]、《世界科学传播》[*Science Communication in the World*，Springer，2012，与程东红、克莱森斯（M. Claessens）、石顺科共同编]、《社会语境下的科学传播》[Communicating Science in Social Contexts，Springer，2008，与程东红、克莱森斯、加斯科因（T. Gascoigne）、梅特卡夫（J. Metcalfe）、石顺科共同主编]，撰写了《博物馆学》（ *Le Musée de Sciences*，L'Harmattan，2001 ），并联合撰写了《当代科学中心》[（ *Science Centers for This Century*，Multimondes，2000 ），与科斯特（E. Koster）合著]。他是北京科学中心国际咨询委员会前主席，并且自 1989 年以来，一直担任 PCST 科学委员会成员。

布莱恩·特伦奇（Brian Trench），科学传播领域的研究者、培训师和评估者，他曾在爱尔兰都柏林城市大学传播学院担任高级讲师和院长，曾在 20 个国家就科学传播及科学与社会领域的主题发表演讲或讲授课程，并在这些领域发表了大量著作。他曾任职于爱尔兰科学技术与创新委员会（1997—2003 年）、欧洲科学开放论坛（都柏林科学城市 2012）咨询委员会和 PCST 网络科学委员会（2000 年至今）。他与布奇共同主编了《社会学中的关键概念：科学传播》一书。

乔恩·特尼（Jon Turney），作家，编辑，科学书籍评论家，在英国伦敦大学学院、伯克贝克学院、帝国理工学院和城市大学教授科学写作和科学传播。他是 2012—2014 年欧洲资助项目"纳米观点"（Nanopinion）的编辑主任，曾任《泰晤士报》高等教育增刊的记者。他的著作包括：《弗兰肯斯坦的足迹：科学、遗传学和大众文化》（ *Frankenstein's Footsteps: Science, Genetics and Popular Culture*，Yale University Press，1998 ）、《基因与克隆的粗略指南》[*Rough Guide to Genes and Cloning*，Rough Guides，2007，与杰斯·巴克斯顿（Jess Buxton）合著]、《未来粗略指南》(*Rough Guide to the Future*,Rough Guides,2010)。他还与赖尔登(M. Riordan)共同主编了《马克先生的夸克：101 首关于科学的诗》(*A Quark for Mister Mark: 101 Poems about Science*,Faber,2000)。

史蒂文·耶利(Steven Yearley),英国爱丁堡大学科学知识社会学教授。他广泛地研究环保主义者探讨科学问题的方法,并以科学成分来分析科学争论,主题涉及气候变化、转基因生物、合成生物学、野生鹿的管理等。他目前正在从事一项关于英国气候变化监测的研究项目,并与奥斯陆大学一起进行气候变化相关政策的科学咨询。他的著作包括《理解科学》(*Making Sense of Science*,Sage,2005)、《环保主义文化：对环境社会学的实证研究》(*Cultures of Environmentalism: Empirical Studies in Environmental Sociology*,Palgrave Macmillan,2005,2009)以及《塞奇社会学词典》〔Sage Dictionary of Sociology,Sage,2005,与史蒂夫·布鲁斯(Steve Bruce)合著〕。

前　言

2008 年，我们出版了《公众科技传播指南》第 1 版。那时我们希望，这本指南能促进科学传播这个研究领域或学科变得更加清晰并且走向成熟，使科学传播的实践更具反思性，使科学传播的研究更具学术性。我们不敢说，本书第 1 版实现了我们的初衷，也不敢说它产生了我们所预期的影响，但我们观察到，自本书出版以来，无论是作为专业性实践，还是作为一个学术领域，科学传播都发生了很多变化：它的边界更加清晰，意识更加自觉，内容更加丰富，实践或研究都比过去更加活跃。

过去几年来，科学传播领域的培训、教育和出版数量均与日俱增，并在越来越多的国家中和媒体上得到体现。大学里科学传播方面的课程不断增多。科学传播领域的学术期刊数量以及它们刊载的学术论文量也大幅增长。科学传播研究相关主题的论文集和专著如雨后春笋般出现。在专业会议方面，PCST 网络连续在多个国家——印度（2010 年）、意大利（2012 年）、巴西（2014 年）——举办了数届国际公众科技传播会议，与会人数、参会论文数量逐次增加，研究者对科学传播的实践进行了深入的反思。

上述活动的开展以及读者对本书第 1 版的肯定，都使得第 2 版的编辑出版成为必要。用我们在第 1 版序言中的话来说，本书致力于"为这个在实践、学术研究和反思方面，在观点的多元性和丰富性等维度上都取得了巨大进展的领域，描绘一幅最新的图景"。2008 年以来，这些维度都有了进一步的发展。本书第 2 版的修订不仅吸纳了这些新的发展，而且有一些新的撰稿人加入。与六年前相比，科学传播的全球发展和数字化趋势更加突出，并且得到越来越多的证据支撑。我们对本书的若干章节进行了大幅度改写，重新组织了观点的论证过程。

在这个新版本中，我们删除了第 1 版中关于发展中国家的科学传播和互联网科学传播这两个章节，取而代之的是第 16 章"科学传播的全球发展：各国的体系与实践"，同时，在每一章我们都充分考虑了互联网传播的应用及其意义。第 2 版还讨论了一些新兴的主题，如明星科学家（第 7 章）和科技政策的公众参与（第 13 章）。此外，第 2 版以专门的章节对科学传播中业已形成的主要概念和科学传播理论面临的挑战进行了高度的概括（第 1 章）。

这本指南的读者对象主要是科学传播领域的实践者、教育工作者、研究人员和学生。尤其考虑到学生的需要，我们在每一章里提出了三至四条"问题与思考"，可以用作课堂讨论的主题和课后作业的题目，也可以引导学生们进一步的阅读。

感谢本书的所有撰稿人，尤其感谢新加盟的撰稿人，他们以极大的热情参与了本书的研究和写作。作为本书主编之一，马西米亚诺·布奇想要特别感谢马德里卡洛斯三世大学，它与桑坦德银行合作设立的"卓越教席"（chair of excellence）计划对本书给予了支持。

马西米亚诺·布奇，特兰托

布莱恩·特伦奇，都柏林

2014 年 3 月

科学传播研究：主题与挑战

马西米亚诺·布奇　布莱恩·特伦奇

科学与社会：一场虚拟对话^[1]及导言

在欧洲某城市一条小巷里，早春的一个傍晚。

社会：（独自散步，正在打电话。）

科学：（正在跑来，气喘吁吁，怀抱一摞文献和一台笔记本电脑。）

社会：（收起手机。）你好，科学，真的是你啊？你没穿白大褂我都差点没认出来，这是要上哪儿去啊？

科学：哦，你好啊……抱歉，我赶时间去瑞典参加一个国际研讨会。我们将在会上讨论建设一个新的粒子加速器的事。

社会：又建一个？不是前不久才在日内瓦建了一个吗？在那儿还做了著名的地球将被黑洞吞没的实验不是吗？但是，事实上，黑洞并不存在，对吗？

科学：真是什么都瞒不了你！你知道的，黑洞只是普通的媒体炒作……还记得吧，那个时候物理学院的网站都被挤爆了……

社会：这也是件很有趣的事，毕竟让公众知晓了一些科学的事……我记得听过一位著名物理学家的访谈……是叫什么名字来着？你懂的……但是无论如何还是跟我说说这个新的加速器的事吧：它是干什么用的？

科学：它是干什么的，它是干什么的……呃，让我想想，就好比问你阿姨是干什么的。它是用来做中子实验的，通过对极其重要的理论的引导与应用，来帮助我们更好地理解某些特定物质的本质……但是我为啥要浪费时间给你解释这些呢？你并没有在听我说，你也并不理解我，你从来都不曾理解过我！我们已经认识400年了，但我们的关系越来越糟糕！至少我有勇气承认：你并非真的对我感兴趣！而且你有点害怕我，不是吗？

社会：害怕？我吗？每年的科学节我都听你演讲啊！而且我也从不错过任何一个科学电视节目……

科学：好吧……但是要你掏点钱支持科研，你比葡萄球菌还要抗拒啊……

社会：听着……那么你呢，嗯？我已经在非常努力地维持收支平衡了。你来为健康、教育和社会安全埋单吗……而且，说我不为科研埋单也不属实……你知道光整个欧洲的纳米技术研究就花了多少钱？你能说个数吗……

科学：我知道，我知道……但你必须知道你在我身上花的钱是值得的……我会带来创新、发展、就业机会、技术等……

社会：我确信你会……顺便问你一句，我读过一个报道，说基因研究有可能延长人的寿命，人类可能会活到150岁，这是真的吗？

科学：没错，我们正在研究，但这不是一时半会儿的事，需要持续的投入和大量的资源，将花费很长的时间……

科学与社会的关系经常被用"误解"一词来概括，二者之间始终存在理解上的鸿沟。这一传统的刻板印象将科学与社会从内容、组织实践、制度目标和传播过程等方面一一割裂开来。这样一来，就需要通过"翻译"来建立科学和社会二者之间的联系，从而使科学领域的元素显得可亲近、可理解并最终变得有吸引力。

这一传统观念的形成有一些历史原因，并且受到社会历史进程的影响，在17—19世纪，科学被定义为一种独特的社会建制，并越来越多地具有政治、经济和文化相关性（Ben-David，1971；Merton，1973；Ezrahi，1990）。

但是，过去的几十年里，一些学者和评论家指出，科研的实践、组织及其与社会的有机互动关系发生了许多转变（Ziman，2000；Metlay，2006；Bucchi，2014）。尤其是近期的研究都注意到科学与社会之间的交叉和渗透，二者的边界变得模糊。例如，在生物医学和计算机领域，科学专家同外行以及准专家（患者组织、市民群体、用户）联系在一起的异构网络，正在取代传统的专家共同体（Callon，1999；Callon *et al.*，2001；Bucchi，2009；也可参见本书第10章）。

这些转变包含并反映了科学传播的动态性。稍后，我们将列举这些转变给当今学者带来的挑战，但首先我们将对科学传播的实践者和科研人员讨论的热门话题做一个简要概述。

科学传播中的十大关键词及其界定

我们通过十大热门关键词来概述科学传播领域的理论反思和研究情况："科学普及"（popularization）、"传播模型"（model of communication）、"缺失"（deficit）、"对话"（dialogue）、"融入"（engagement）、"参与"（participation）、"公众"（publics）、"专业知识"（expertise）、"可见的科学家"（visible scientists）、"科学文化"（scientific culture）。我们将介绍这些术语是如何建构起自身含义的，其含义又是如何发生重大变化的。有些不同的术语现今作为同义词并存使用，但深究起来却具有不同含义。读者在明确了这些术语的含义并且了解了如何在规范性、叙述性及分析性的语言环境中使用它们之后，就能够阅读大部分科学传播领域的文章。这些术语也将会在本书各个章节的不同位置反复出现，届时我们将对某些术语之间的细微差别做出更多的阐述。我们列举了一些文献，但是必然不能面面俱到，否则将给读者造成过多的阅读负担。读者可以将本章作为一个资源索引或字典来读，这将对理解后面的章节十分有益。[2]

"科学普及"在一系列用于描述科学信息走向大众、让公众及非专业人士熟知科学的词汇中，是历史最为悠久的一个。书籍是科学普及的早期途径，例如丰特奈尔（Fontenelle）的《多元世界的对话》（*Entretiens sur la pluralité des mondes*，1686）一书，记载了一位哲学家与侯爵夫人之间的一系列对话。18 世纪时，科学普及逐渐被自我定义为一个独特的叙事流派，早期针对的是女性读者，因为女性一般被认为是比较无知而又好奇的群体——在阿尔加罗蒂（Algarotti）的著作《面向女士的牛顿学说》（*Newtonianism for Ladies*，1739）和德·拉朗德（de Lalande）《面向女士的天文学》（*L'Astronomie des Dames*，1785）中，都将女性描述为"无知、美好和好奇的象征"（Raichvarg and Jacques，1991：39）。随着科学的发展，其他的科学普及手段出现，包括日报、科学博物馆、公共讲座、大型展览以及展示最新科技成果的科学成果交易会，等等。尤其是到了 19 世纪后半叶，出版行业发展，读者数量剧增，科学普及事业及其从业者都从中受益。科学普及的成功也证实了科学作为一种文化力量日益重要。布鲁尔（Brewer）的《熟知事物的科学知识指南》（*A Guide to the Scientific Knowledge of Things Familiar*）一书大卖（1892 年销售量达到 195000 册），即便放在今天，它的销量依然十分震撼。一些科学普及人士（或称科学代言人）通过他们的书籍或公共演讲成为那个时代的公众名人，如英国的佩伯（J. H. Pepper）和伍德（J. G. Wood）、意大利的保罗·曼特嘉莎（Paolo Mantegazza）等（Lightman，2007）。随后的一个世纪，尤其是第二次世界大战以后，在新的全球政治格局影响下，"普及"的概念被强化，甚至被赋予了意识形态上的含义，在美国和西欧国家受到极大重视。万尼瓦尔·布什（Vannevar Bush）用"下金蛋的鹅"（goose laying golden eggs）这一隐喻强调了科学在社会与政治中扮演的重要角色：如果鹅喂养得当（合理地发展科学）就会带来财富增长、社会进步和军事力量的增强（金蛋）。因此，科学普及便是要将科学"售卖"给更多的公众，从而增强公众对科学的支持和科学存在的正当性（Lewenstein，2008）。[3] 这一风气加速了科学普及策略和渠道的发展，包括互动型科学中心的诞生以及科研机构与好莱坞工作室的合作。随着人们开始对科学与社会发展的关系进行批判性反思，科学普及的概念也受到质疑，一度被认为是专断式的科学传播（Hilgartner，1990）。[4] 但后来这一概念又受到重新审视，被认为适合于描述科学与公众之间某些特定类型的互动和在某些场合下的互动。[5] 例如，中国就比较偏爱"科学普及"这个词，用它来指称一系列的科学与社会的互动。

"传播模型"是科学传播的关键理论概念之一。即便如此，科学传播领域至今也没有形成非常明确的传播模型。20 多年前，社会学家与传播学者都是基于当时科学传播实践的主流背景来思考理论问题和概念的（如 Dornan，1991；Wynne，1991）。因此，他们也是在这一语境中来定义传播模型的，认为它是传播过程中各个行动主体之间关系的一种思维构建方式。他们将主导的传播模型概括为自上而下式（top-down）和等级式（hierarchical）两种，并假设公众是在知识或其他方面存在"缺失"（下面还将详细解释"缺失"一词）的一方。

过去的 20 年里，理论和实践领域的科学传播共同体都在持续讨论以往模型的局限，并探讨更适合当代的传播模型的特征。这其中，有些为规范性研究，并且具有二元导向，例如，将一些传播模型打上"陈旧""不可信"的标签，而认为另一些模型是新颖的、恰当的。在这样的语境下，对科学传播模型偏好的转变，被赋予了"进化"的意味，并且具有不可逆性。

有些研究则是描述性、分析式的。这些研究的目标在于：更好地理解各种可能合理的模型，研究各种模型是如何应用于实践的，这些被用于实践的模型是如何因语言描述而被"掩盖"的（Wynne，2006），各种模型是如何并存的（Miller，2001；Sturgis and Allum，2005），以及是什么决定了我们在众多传播模型中做出的选择。还有些研究则试图建立一种更为广义的模型，将那些只适用于特定的或不断变化的场景中的可能选项统统涵盖进来（Trench，2008b）。

"缺失"在科学传播中是一个核心概念。因为很多与"科学在社会中"（science-in-society）相关的观点和实践，都是以公众在知识（或意识形态）上的"缺失"为基础的，与此同时，"缺失"也是受到批评最多的一个概念。这一概念背后蕴藏了两个假设：第一，公众和政策制定者对科学及其发展所带来的问题的认识存在误解；第二，这些误解是由媒体上刊载的一些不正确的甚至是耸人听闻的技术科学相关话题引起的。公众缺少必要的科学训练，以及文化界的机构和知识分子们普遍缺乏对科学研究的兴趣，使得这种情形更严重。最终，公民和政策制定者都将被自己的无知所害，对科学和技术创新（例如，核能、转基因食品、干细胞等）充满怀疑和敌意。

从这些假设出发，就越发需要采取措施来填平专家和公众之间的知识鸿沟，转变公众对科学技术的态度，或者，至少是减轻他们对科学技术的敌意。这样一种线性的、学究式的、家长式的传播观，一再强调了公众在理解科学进展上的能力缺失，赋予了缺失模型（deficit model）以合理性（如 Wynne，1991；Ziman，1991）。

自 20 世纪 90 年代初，缺失模型开始受到批判。一些学者强调这一模型的假设缺乏实证基础，而且在缺失模型引导下，传播的效果也并不好。缺失模型的批判者并不否认公众确实存在相关的认知和知识缺失，但是他们认为，这不是研究科学传播最好的出发点，应去关注公众已经知道什么、公众的问题以及他们关心什么。

关于公众到底缺失什么科学知识以及到底需要什么科学知识的讨论从未停止过：是缺失科学事实、科学理论、科学方法还是科学的组织与治理？（参见 Durant，1993）在当代"科学在社会中"的实践里，公众存在科学事实知识缺失（或科学素质缺失）的传统观念还继续存在，尤其是当存在反科学、伪科学和迷信等现象时。印度"科学意识计划"（programmes of science awareness）的发起就是如此（Raza and Singh，2013）。

"对话"在 20 世纪 90 年代后期成为一种可接受的替代"缺失模型"的模型，这是随着公众对科学技术事务的关心越来越深切，参与科学事务的意愿也越来越强而形成的。当时涌现出许多非专家（non-experts）以及可替代专家（alternative experts），他们在生物医学等领域积极参与科研事务决策，引发了关于科学传播的多角度重新思考。例如，英国上议院（House of Lords，2000）一份有关科学与社会的报告被频繁引用。该报告承认了以往学究式、自上而下的科学传播方式的局限性，并觉察到对话的必要性。在欧洲，许多欧盟级别的文件和政策都将关键词从"公众科学意识"（public awareness of science）转换为"公民融入科学"（citizen engagement），从"传播"（communication）转换为"对话"（dialogue），从"科学与社会"（science and society）转换为"科学在社会中"（science in society）。

在科学传播领域，从缺失模型向对话模型的转变依然是热门话题。这两种模式被看作两种截然不同的传播路径，但两者各有优势。从缺失模型向对话模型的转变是一个无可辩驳的事实：一些评论认为"对话转向"是科学传播的一种历史性转变，这种转变在欧洲甚至更广的范围内产生了重要的影响（如 Phillips *et al.*，2012）。如今，比起以缺失模型为基础的方法，对话模型及其相关的方法更为流行，至少在欧洲、大洋洲和北美洲是如此。但是，若更仔细地考察就会发现，事情没那么简单。例如，在倡导对话模型的先锋国家丹麦，如今也有了逆转的趋势（Horst，2012）。

对所谓"对话转向"的规模甚至真实性的怀疑，贯串于过去十年的研究和反思中，对丹麦的案例研究即与之相联系。例如，有人指出，对话模型的提出只是为了有效弥补缺失模型的不足。并且，一些对话模式并不能真正地做到双向互动，传播的原始发起人（一般是科研机构或政治决策机构）还掌握着主动权，公众的参与对最终决策结果的影响力微乎其微（Davies *et al.*，2008；Bucchi，2009）。当然，还有其他一些研究分支讨论了对话模型在科学传播和文化实践中的可能性和优越性，这种科学传播活动或文化实践活动不以达成特定的政治目标或宣传目标为目的，而仅仅是重视实践参与的过程（如 Davies *et al.*，2008）。科学咖啡馆作为不断流行起来的科学传播模式（参见本书第 10 章）就是一种参与者自得其乐而不考虑其他目标的形式。

"融入"在许多国家都成为一个热门词汇，用来描述"科学在社会中"，如在政治、教育、信息和娱乐等多种语境中的实践。"融入"既可以指知识输出者，也可以指公众的行动和态度。例如，当一个科学家走上街头向公众解释自己做的事，我们可以称之为"公众融入"（public engagement）。同样地，公众对科学家的分享表现出的兴趣和态度也可被称为"公众融入"。在某些文化语境中，尤其在英国，"公众融入"的含义就如"公众传播"（public communication）一样复杂，"PEST"（public engagement with science and technology）这一缩写形式是一个可以全方位涵盖"公众科学技术传播"（PCST，public communication of science and technology）或"公众理解科学"（PUS，public understanding of science）的词。用词的转换至少说明人们开始注意到：传播过程中行动者的角色变得更加平等和积极。

融入也有不同的层面和模式，有正向融入和逆向融入（downstream and upstream

engagement）之分（Wilsdon and Willis，2004）。逆向融入的提出受到更为广泛的关注。这是因为，公众如果能参与科学技术新进展早期阶段的讨论和协商，那么，对所有参与者而言，都容易产生更令人满意的结果，尤其是会使科学知识更容易获得公众的信任。转基因食品和作物是晚期正向融入的一个典型案例。事实上，世界上许多国家的公众都是等转基因食品已经摆在他们面前之后，才开始参与讨论相关问题的，并且在许多情况下，他们的反应是抵触的。欧洲的一些政府、研究者以及商业组织吸取了这一经验和教训，在开展纳米技术的相关应用时，都在为公众的早期逆向融入而努力，以避免敌意的产生。

目前，在一些国家，公众融入科学的活动以行政命令的形式落实下来，公众参与科学成为研究机构必须履行的责任，即所谓科研院所的"第三使命"（third mission）。在此基础上，学者和政策制定者都在讨论，如何制定最合适的指标来考察和分析这些活动的影响和效果（Bauer and Jensen，2011；Bucchi and Neresini，2011）。

"参与"则是"融入"的加强版，是指公众从科学思维以及对科学的治理上全面融入科学。通过与"参与式民主""参与式传播"的理念相联系，"参与"一词在"科学在社会中"的语境里获得了更具体的含义，暗示着公众能够以非常主动的角色从各个层面参与科学事务，包括对一些特定科学议题的审议和协商等。因此，"参与"一词用于"科学在社会中"，代表了第三种选择，这一路径超越了缺失模型和对话模型的对立关系，确保了公众与科学间"真正的对话"（如 Riise，2008）。如果说缺失模型和其他类似的传播路径是单边的，而对话模型是双边的，那么参与模型则是"三边"的，它意味着不仅民众或公民之间可以对话，而且他们还可以对科学本身及科研机构提出反驳。"欧盟第六框架计划"（European Commission's framework programme of research，Horizon，2020）[6] 便明确指出，将对科学审议的参与机制包括科学议题等的探索进行资助，这其中最重要的参与者便是民间社会组织。在一些以表达艺术与科学之间的关系为基础的当代科学中心里，人们对于用文学性的手法表现科学也越来越感兴趣，因为这种形式是开放的，并且公众能够对其进行解读甚至批判（参见本书第4章）。在这样的语境下，公众参与科学就如同电影院或音乐厅的观众带着批判的眼光审视艺术作品一样。

还有一种类型的公众参与科学，被称为"公民科学"（citizen science）和"开放科学"（open science）（Bonney *et al.*，2009；Delfanti，2013）。在"公民科学"的语境中，公民能够通过收集资料或提供数据的形式参与科学研究，例如，将特定的物种观察数据上传到数据库，以供科学家研究；还可以由科研人员将所有的协议、数据、分析和出版物都放在网上，供公众严格审查，让有兴趣的人不仅能参与"已完成的科学"（ready-made science）（这是科普的主流），还能参与"进行中的科学"（science-in-the-making）。许多时候，这样一种公众与科学接触的途径会产生实际的作用：在"蛋白质折叠游戏"（Foldit）中，有一些蛋白质的结构就是通过专家与非专家之间的合作探明的（参见本书第10章）。

"公众"在有关"科学在社会中"的讨论和研究里是一个很普遍的词。简单来说，公众是多元化的，甚至是碎片化的。"公众"不是一个普通的日常用语，它常被用引号标注出来以引起人们的注意。"公众"一词通常采用复数形式（publics），是因为我们意识到，笼统地定义"公众"——尤其是用缺失性来定义"公众"，是不太恰当的，而且往往具有严重的误导性（Einsiedel，2000）。"公众"这一提法常与传播语境模型的提出相联系，在特定模型下，传播者会了解并关注到在公众内部存在多种不同的理解、信仰和态度。

公众在年龄、性别和教育层次上存在明显差别。此外，公众的多元化还得到了大量数据的支持。这些数据涵盖了各国内部乃至不同国家和地区之间公众在对待科学问题的兴趣、专注力和倾向性上的广泛差异。自50多年前开展对公众了解科学事实的调查以来，这种定量研究越来越细化和完善。研究者测量各大洲不同国家的人对科学的理解和态度的差异，如公众对科学和科研机构的信任程度、对新兴技术的态度等，分析这些差异与公众的教育背景和世界观的差异之间的相关性。通过这样一种国家间的对比分析，可以较为清晰地勾勒出不同国家间的科学文化（见下文"科学文化"词条）模式的差异（如 Allum *et al.*，2008；Bauer *et al.*，2012）。在训练科学家做科学传播的过程中，让他们密切关注公众及其需求几乎已经成为一个规范。在一些研究委员会、大学、专业组织以及其他机构开设的一些面向科研人员的短期课程中，通常会以这样的问题开场：你进行科学传播的目标对象是谁？你为什么要向他们进行科学传播？（Miller *et al.*，2009）

"专业知识"是科学知识和科学行为主体进入公众领域最普遍的形式，例如，当科学家以公民身份来证实、解释和评论科学的发展，以及作为顾问向政府提供咨询意见的时候，都是专业知识在发挥作用。作为知识的生产者，如今的科学家专注的领域越来越细化，他们的知识越来越专门化。而当科学家在公共领域被称为专家时，人们往往期待他们知道的东西范围很广，能回答媒体的各种问题，还可能要求他们对某些政治决策提供建议，而这个事件本身可能与他研究的专业领域不那么相关（参见本书第6章）。

对于"科学在社会中"的研究，往往聚焦于科学的专业知识是如何在公共领域被表达和获得权威性的。当复杂的科学问题在公共领域出现时，就会越来越多地涉及多种专业知识。现代科学的进展往往发生在多种科学与技术交互作用的特定实践中，有时，这些进展也会产生政治、经济或伦理方面的影响，这些影响通常源自那些领域的专家。这就要求活跃于公众传播领域的科学家们将自己的专业知识与那些以前被他们认为是相距甚远甚至对立的学者和实践者所拥有的知识联系起来。举例来说，当通过法律或议会体系对环境、医药等科学问题进行协商时，专业知识被审视的语境和标准或许与那些来自科学共同体的语境和标准截然不同。

当考虑到不同的社会群体以他们的经验和文化生产出的默会知识、非正式知识时，科学专业知识这一概念就会出现问题。例如，在 20 世纪 20 年代到 90 年代的健康学和农学中，"外行知识"（lay expertise 或 lay knowledge）这个词被创造出来，意指病人和农民凭自己的经验创造出来并且符合科学专家对该问题的界定的知识（Wynne，1992；Epstein，1995）。与此同时，也有人对这一进路提出反对，他们坚持认为，只有具有正式资格认证的人才具备专业知识（如 Durodié，2003）。

当代社会，非专家人士接触专门的科学知识的渠道越来越多，对于专家的选择和能力的争议越来越多，有争议的专家辩论以及互相矛盾的科学知识被越来越多地曝光在公众视野中，这些都使得科学专业知识面临一系列的相关挑战。

可见的科学家或称"公共科学家"（public scientists），自 17 世纪现代科学诞生以来存在于每一代人中。现代科学的奠基人中，就不乏可见的科学家。一些早期的现代科学机构，如一些专业社团和学会，都在致力于至少是部分地将自己的研究成果展示给公众。不过，当时还没有"科学家"这份专门的职业。直到 19 世纪，那些从事科学研究的人才被称为"科学家"，且自那时起，科学的受众被限定为少部分受过良好教育的人。随着科学的职业化，专门的科学家数量增加，而受众的范围也扩大了，人们也越来越关心科学"不可见"的一面。所谓"不可见"是指，对大多数的公众来说，大部分的科学家及其从事的科学活动都是不可见的，是陌生的。一项来自美国的经典研究（Goodell，1977）考察了心理学、人类学、分子生物学及其他领域的科学家是如何作为信息提供者和解说人员向公众展示现代科学的。但这项研究也强调制度上的限制，这种限制意味着，科学家可能会因为寻求在公众中的可见性而受到惩罚。

当前，社会的发展要求科学专业知识更容易被公众获取。两大地缘政治集团之间的太空研究竞赛曾推动了政府对新科技发现和应对挑战的投资，激发了公众对它们的兴趣。医学和信息技术的快速发展同样需要传播人员。那些最为成功的科普人员善于利用传播效率极高的电视媒体，从而成为家喻户晓的名人。尤其在天文学、新技术和自然历史领域，那些比较上镜或是有个人魅力的科学家频频出现在电视节目里，迅速发展成为可见的科学家。还有一些科学家被列入政治或媒体系统的专家库，他们以新闻撰稿人、电视节目小组成员、专家顾问团或专家组成员甚至是政治家等各种各样的身份成为公共科学家。

自 20 世纪 70 年代起，许多国家开始成立科学、技术或研究部门，科学家个体作为政策制定者或者顾问被纳入政治体系。这些公共科学家在媒体、政治或是更广泛的公共事务场合中存在的强度，以及他们变得可见的一些特征，或许都可以作为分析国家科学文化的一个相关维度（见下文"科学文化"词条）。随着大众媒体的进一步发展，娱乐和体育界的明星文化传播至科学界，社会上也出现了明星科学家，就像那些明星演员、作家和经济学家一样（参见本书第 7 章）。这些科学家成为明星之后，他们对科学之外的话题的观点也被传播、讨论，甚至他们的私生活也变成公共事务。通过这样一种互动关系，科学与社会发生着深刻的相互渗透，而这，正是当代社会最典型的特征。

"科学文化"有多种表述方式，指的是科学在一个国家的大众文化或其他文化语境中的位置。过去几十年里，"科学文化"这个词一直陷入两种交叉的用法之中。一种用法深受斯诺（Snow）"两种文化"概念的影响。斯诺将科学文化与人文艺术文化做对比，反对将二者分离，并指出公众对科学文化的关注过少（Snow，1959）。而第二种用法，在其传统且有限的含义上，和"公众理解科学"差不多。这个意义上的科学文化等同于公众对科学话题的兴趣、态度及公众的科学素养水平。换句话说，从缺失模型和传播论者的观点来看，科学文化就是指公众对科学技术研究的接受和支持程度。这个用法也扩展至技术领域，比如法语词 *culture scientifique，technique et industrielle*（CSTI，科学、技术和工业文化），或是欧盟暂时采用的缩写词"RTD"文化（research and technological development culture，研究与技术发展文化）（Miller *et al.*，2002）。

狭义的、传播主义的（diffusionist）科学文化阐释受到了诸多批判，这种阐释被认为是有限且没有根据的（参见以上"缺失""模型"相关部分）。实证研究表明，公众对某些科学发展的关心、怀疑态度恰恰表明了他们较高的科学文化素养（因而，用一种说法，即为更强的科学文化）；反之亦然，如果公众对科学发展盲目相信，甚至在有些情况下期待科学奇迹的出现，实际上恰恰是背离了真实的知识和理解（如

Bucchi，2009；也可参见本书第 11 章）。对科学文化的狭义理解跟斯诺的观点一脉相承，想当然地将科学文化看作区别于其他文化的一个独特、连贯且完整的体系，认为可以通过适当的传播将科学文化嫁接到或注入大众文化与社会。

而对科学文化广义的理解则注意到了科学实践的多样性和碎片性、当代科学与社会边界的相互渗透、在一般文化和科学理念中图像和叙述的交叉融合，以及在公共领域和现代艺术中科学形象和科学概念的大量存在。这种社会中的科学文化不仅包括对具体科学内容的理解，还包括科学作为社会与文化的一部分的意识和社会智慧，从此我们能够以一种更开放、更平衡、更具批判性的方式来讨论和评价科学在社会中的角色、优先领域和含义。近期开始了一项更具技术导向的讨论：要定义一些综合指标来测度科学文化，包括传统的指标（如研发的投入与产出）、科学传播活动指标（如媒体覆盖强度、科学博物馆的访问人数）以及公众对科学的态度等。

科学传播研究面临的挑战

上述概念的使用将会不断演化和发展，应用范围也会不断明晰。这些都将推动科学传播领域研究的不断深入。同样，如上所述，科学与社会的关系出现了一些重要的转变，需要新的研究方法，甚至可能需要新的术语。举例来说，"媒介化"（mediatisation）一词就被用来描述科研人员和科研机构对一般媒体在实践和逻辑上的接受度和敏感性（Weingart，1998；Peters *et al.*，2008；Rödder *et al.*，2012）。这将为思考如何重塑社会传播关系，尤其是避免将科学与社会割裂开来，提供一种思路。而这或许仍将是科学传播研究面临的最大挑战。与此同时，由于科学、社会和传播媒介的共演化，也出现了一些新的挑战。下面，我们将试图指明这其中最为重要的几项。

科学的多元性与公众的多元性

科学与社会之间具有异质性，但互相渗透，这一过程伴随着公众、媒体及其社会用途的日益分散。科学机构和科研人员的态度和实践都更加多样化了，在传播领域也是如此。因此，继续沿用诸如"科学共同体"（scientific community）这样的表述就会产生问题。这一表述通常意指内部具有同质性、对某些标准和价值有共同信念的群体（Bucchi，2009，2014）。但是，反思和考察科学传播中**公众**的多元性及其表达方式同样重要。传统意义上的"公众"是被动的知识接受者，是被传播的对象，总是受到家长式作风的对待。当然，我们不可否认，有很大一部分公众仍然被潜在地剥夺了接触科学和参与科学的权利。但是，在充满风险、不确定性以及信任危机的当下，随着媒体技术的使用和发展，社会的变革正在重新定义并扩大科学传播的公共空间。这些变化要求科学传播研究关注科学与公众之间更加复杂的关系。

新的传播媒介

数字媒体技术使研究机构和科研人员能够向终端用户提供无限量的各种材料，如视频、对科学家的访谈、经过筛选的新闻，等等。研究机构正在努力加强与公众的联系，这些导致了**调停者危机**（crisis of mediators）。这场危机与科学传播领域，特别是科学新闻领域密切相关，但并不局限于此。传统的科学传播媒介——报纸、杂志、电视、广播节目以及科学博物馆与科学中心正在失去原有的、作为信息过滤器和质量保障者的中心地位。将科学的进程通过数字媒体展现给公众的一些想法（Trench，2008a）还不成熟，也可能是错位的，但是，数字媒体的日益普及要求研究者们好好地审视数字媒体的作用，而不是仍将它仅仅看作科学信息的传播渠道。

科学传播的质量及其评估

以上的思考为彻底反思科学传播的质量这一主题打下了基础。职业媒体以往是通过自身的品牌效应来保障质量和名誉的。大体上，读者、浏览者和参观者可以相信，《纽约时报》（New York Times）、《意大利晚邮报》（Il Corriere della Sera）等报纸的科学版刊登出来的，英国广播公司（BBC）播报的，或是一些重要的科学展览中展示的科学内容，都是经过科学共同体筛选的一些高质量的发现或思想。但是，现代社会，过量的信息要求公众具有一定的知识基础和鉴别能力，这就要求对科学传播的质量进行重新定义。科学的公众传播已相当成熟，在这个阶段，一切都是为了将科学传播推向以符合质量标准为重的时代。这就意味着，需要制定科学传播的绩效指标和标准，尤其是针对机构的绩效指标和标准，并且要更加重视评价（参见本书第17章）。随着社会评价网络在其他领域，尤其是在旅游领域的扩展，对科学信息的评估就要求建立新的信任关系。这就意味着，仅将同行评议作为科学的权威和真实性的保障已不见得有效。这也意味着，科学机构的公共关系实践已经受到了巨大的挑战，因而科学机构在社会中的地位也遭受到了挑战（参见本书第5章的论述）。

科学传播的情境愈加复杂

传统的科学传播过程（专家讨论、说教式展览、公共传播或普及）被打乱了。有关科学的说教和公开阐释已经不再是一种静止且僵化的模样，如库恩理论中所说的，这种模样通常由那些在建立一个新科学范式的斗争中胜出的人们所塑造（Kuhn，1962）。即使是科学博物馆，这类展示最卓越的**陈旧**科学（fossilised science）的地方，都在越来越多地举办一些最新的甚至是尚存争议的科学议题的展览。[7] 科学信息的用户们也有越来越多的途径接触到进行中的科学或争议性科学话题的专业讨论。比如 2009 年的"气候门"（Climategate）事件，就显著地突出了这种新情境的部分含义。当气候变化研究人员之间往来的电子邮件内容被公开在网上时，以往处于后台（backstage）隐藏状态的科学知识生产的内部交流过程被公之于众。2012 年，关于发现所谓的快速中微子的讨论也是如此，专家们开展争论并实时向公众开放。[8] 这样一来，对于公众传播的分析需要越来越多地考虑，在科学内部及外部，这类传播的实质和模式是如何确定、由谁确定的。

社会中的科学、文化中的科学

重新评估科学传播研究的对象，例如，社会如何谈论科学，可能有助于理解这些状况。这就意味着，我们要研究这种探讨所处的文化语境——是在科学中、艺术中，还是在日常中，这些传播语境间的边界不断模糊，因此也应该鼓励研究者以更大的勇气去讨论人文、艺术和文化中的概念之间的亲缘关系和潜在的灵感。尽管科学与艺术的实践越来越多，但大部分都被科学传播研究者们所忽视了。例如，"风格"（style）这个词可能与理解科学传播的多样性有关，但同时也表明了来自质量方面的挑战（Bucchi，2013）。这与持续了很久的一种言论有异曲同工之处，那便是"将科学置于文化之中"（如 Lévy-Leblond，1996），它们都强调科学与其他文化领域的交叉关联，而不是如一些知识翻译和转移模型及其观点所表达的那样——科学同社会、文化是割裂的。它还要求我们认识到一种更广泛的、社会之中的科学文化的重要性，要求我们在考察科学的时候，要打破看重其技术内涵的局限，而将其放在更广阔的社会文化语境中去思考，包括要理解科学在社会、文化中的角色、内涵、目标、潜力和局限，等等。最终，我们不仅要将社会、公众、文化与科学的关系问题化，而且要使科学满足其自身的文化期许。这样一来，科学传播——不管是理论还是实践——才有助于不断增强社会内部以及科学内部的自反性。

科学传播的全球趋势与挑战

科学的公共传播已经成为一个具有共同特点和鲜明地域特征的全球性事业（参见本书第16章）。这无疑扩展了研究领域，如关于传播模式的实验，以及相似的方法在不同文化背景下应用的对比分析等。这也让我们看到不同的科学传播模式与更广泛的文化、政策和社会政治情境之间的相互作用。因此，这也进一步地突出了，想要对以上提及的当前科学传播面临的挑战做出一个统一、直接的应答是多么困难，这一问题甚至是具有误导性的，我们也不可能找到一个最好的、最合适的、放之四海而皆准的科学与公众的互动模型。从全球化的视角来看问题，有助于避免将专家与公众关系模式的转变看作以后一种模式取代前一种模式的线性过程。传统的科学传播往往希望寻求一种一致和标准化的实践模式，总是用扁平和单一的质量评价标准来规范传播的效果，如信息传输是否精确、是否遵从科学来源或是独立于媒介。聚焦于文化中的科学，包括多种文化中的科学，可以帮助我们理解为何不同的科学传播模式能长久地并存，以及在特定的环境下和特殊的事件中，这些模式既可能会融合也可能会分道扬镳。我们需要慎重考虑国家之间的差异，而不是"一刀切"地寻找普遍标准。

问题与思考

· 在科学传播的核心术语（如"普及"和"对话"）的历史变迁中，你能发现什么趋势？

· 科学家和科学机构以哪些方式利用媒体进行科学传播可能会导致调停者危机？

· 可以用哪些具体的研究方法来分析社会中的科学文化并加强公众对科学文化的理解？

尾注

［1］这段对话更详细的内容请参见网址：M. Bucchi（2010）；an adapted animated version is available at http://www.youtube.com/watch?v=X__D1eWBkXo。

［2］就算这些词已在全世界广泛使用，当我们以英语文献作为基础的时候，这样一种词汇

的局限仍然是不可避免的。对于这些关键词的意大利语考察，请参考：Annuario Scienza Tecnologia e Societa（2014），ilMulino and Observa – Science in Society。

［3］万尼瓦尔·布什在第二次世界大战期间是美国政府的科学顾问，他于1945年发表了具有重大影响力的报告《科学——没有止境的前沿》（*Science: The Endless Frontier*）。

［4］这种类型的批判也常见于其他语言环境，如法语和意大利语中与"popularisation"对应的词分别是"vulgarisation"和"divulgazione"，都不像英语的"popularisation"那么中性，而是带有一定的价值判断，认为"传播"优于"科学普及"。

［5］这些特定的场合和情况如，公众敏感度和参与积极性不高，专家之间的争论不那么激烈，以及有极具影响力的科学家和科学机构参与（Bucchi，2008）。

［6］这个项目的持续时间为2014—2020年，主要目标是对科技创新进行研发投入，参见网址：http://ec.europa.eu/research/horizon2020/index_en.cfm?pg=h2020。

［7］更早的文献中有对争议性科学话题相关展览的讨论（Gieryn，1998；也可参见本书第4章）。

［8］"后台"一词是戈夫曼（Goffman，1959）引入的；关于科学传播的语境，参见 Bucchi，1998；Trench，2012；对气候门事件的概述和分析，参见 Grundmann，2013。

（高秋芳　译）

请用微信扫描二维码
获取参考文献

2

科普图书：从公众教育到科普畅销书[1]

爱丽丝·贝尔　乔恩·特尼

导言

广义地讲，**科普**（popular science）指的是科学传播的一种途径，它的对象是那些虽对科学有兴趣，却缺乏专业知识的读者。如今，科普图书常常作为一个标签，出现在图书的封面或者书店的书架上。然而，科普历史悠久，有着广泛的应用性。对科普感兴趣的科学史学家，比如法伊夫和莱特曼（Fyfe and Lightman，2007），一直热衷于把科学史研究的对象从图书拓展到演讲、歌曲、博物馆、初稿、杂志、广播和电视上来。从实践的变化上来看，尽管长期以来电视节目、展览、系列讲座等都发行过配套出版物，但博客对图书和其他印刷品正产生着越来越重要的影响。另外，现在科普中越来越多地采用了漫画这种形式。

即使仅从图书来看，想要定义科普也相当困难，部分原因可能在于我们称之为"科学"和"普及"的东西本身就难以界定。从历史的视角，托普翰（Topham，2007）认为，"科普"这个术语是在19世纪早期，随着教育出版物成本的降低以及更受欢迎的新闻形式的发展而出现的。但科普绝不只有一个起源，也不仅有一种含义。正如梅耶斯（Myers，2003）指出的，科普在很大程度上是以"它不是什么"来定义的。它不是科学家彼此之间进行的科学谈话。它也不是很多人所认为的虚构作品，尽管科普作品常常被认为处于虚构和非虚构作品的边界之上。对于很多人来说，科普也不包括技术指南、健康建议、有关气候变化政治学的争论、自然文学，以及人们可能在书店的心理、养生和励志类区域看到的教育类手册或著作（虽然有人可能会认为我们应该把科普的界限进行拓展，至少包括上述某些类别）。如梅勒（Mellor, 2003）所言，通过内容和它们所拥有的"科普"标签，图书可能会帮人们建立一种意识，来分辨哪些观点和活动称得上是科学。这样一来，科普就被牵涉进什么是科学、什么不是科学的争议之中。联系专业知识与公众的科普带上了政治色彩，成了一个有政治争议的话题。

在对科普出版的历史进行概述之前，本章首先对科普的模型进行简要概述。在本章结尾，我们概括了人们试图理解各种科普出版形式的一些方式，并且提出了一些需要进一步分析的问题。

科普中的"普及"

"科学普及"一词中"普及"的含义是什么？这是进行相关研究需要考虑的首要问题，也促使我们去质疑科学普及中"假定的受众的性质"。科普图书似乎并不需要博得大量读者的欢迎，许多图书仍然只受到那些有高度专门化需求的群体的关注。从这一层面上来讲，"普及"可能更多指的是动机，尽管我们有可能对这种动机的影响范围和有效性存在争议。我们还可以仔细思考这种动机随着科普图书类型的不同是如何变化的。比如，儿童科普图书反映了对少年儿童和科学之间关系的一系列构想（Bell, 2008）。

讨论"普及"的内涵，经常会涉及作品如何选择恰当的科学性层次的问题。较高的层次被认为更具技术性，在某种程度上，意味着距离真正的科学更近；而较低的层次则被认为技术性不太强且距离真正的科学更远。思考这个问题的另外一个角度，可能是考察作品中对科学"稀释"的程度（degree of dilution）。人们对"通俗化"（dumbing down）这个术语已经习以为常，这也许让"普及"涉及的价值判断变得更加明显。"通俗化"在科学传播中常常发生，暗示着从科学的角度来说，科普是为了公众利益而开展的一种慷慨的事业；但同时也存在一种争议，认为科普更多是为了满足作者或是书中人物自身的需求而产生的，并非以服务读者为主要目的，毕竟，读者往往都是被期待着只做一个安安静静的消费者就好了。

很多人把科普视为自上而下的缺失模型思维的一个缩影，把公众仅仅简单地视为知识的接受者。从公众对某些科学内容存在需求，以及科学是自专家流向公众的这一假设出发，科普的存在使得那些能够清楚、准确地表达知识的人和需要这些知识的人之间的边界更加清晰。这一观点在希尔加德纳（Hilgartner，1990：534）"科普活动像是一种认知领域的货币，而科学机构则被赋予了这种货币的'印制权'"这一表述上体现得淋漓尽致。他有关科普"主流观点"的文章在分析缺失模型下的科普时仍然是一篇经典之作。尽管这种形式的科普仍然受到科学界的广泛重视，但是**在后公众理解科学时期**（post-PUS）的科学传播实践和分析的一些领域中，这种形式的科普已经过时了。

因而，我们可以把科普的传统模式视为一种"谦恭的翻译"（courteous translation），这种活动并不是让科学与公众进行互动，而是与公众保持一定的距离。科普将那些被束缚在付费杂志和深奥术语中的科学知识，通过隐喻、类比及其他类似的方法包装成大众市场中的平装图书提供给公众。但这就像是博物馆中那些脱离情境的操作演示一样，仅仅提供了一种"只读式"的科学体验，从表面上看，它们是在为公众提供科学内容，但实际上还是将人们拒于科学的门外。物理学家罗素·斯坦纳德（Russell Stannard）为儿童撰写的《艾伯特叔叔》（*Uncle Albert*）系列图书就是一个很好的例子。斯坦纳德（Stannard，1999）受到乔治·伽莫夫（George Gamow）用小说来解释现代物理学这一方式以及教育心理学研究中认为的年轻人需要结合实践来进行学习这一观点的启发，以科学事实为基础，利用虚构方法构建了"非常快"（相对论）、"非常大"（黑洞）和"非常小"（量子物理学）的几个世界。作者对虚构因素和非虚构因素做出了明确区分，他的目标是让读者产生一种强烈的代入感，以作品中主人公的身份，乘坐"艾伯特叔叔"的魔法思想泡泡，在这些新奇的空间中旅行，来获得一种切身体验。《神奇校车》（*Magic School Bus*）系列也同样使用了这种方法。可以说，科普创作中大都采用了隐喻和类比的方法。这些作品描绘了一幅清晰的画面，展现了科学所告诉人们的世界的样子，但与此同时，往往缺乏探讨意识，对这些想法是如何产生的缺少关注，也没有给读者提供参与科学或者提出异议的机会。

我们应该谨慎地看待对科普的片面批评。解释性文本看上去是单向的，但与其他方式一样，也应被当作同科学产生联系的网络的一部分。正如莱文斯坦（Lewenstein，1995）的传播网络模型建议的那样，只要保持公众参与形态的多样性，某一种形态本身就不会存在问题。另外，因为大多数文本需要同时实现很多方面的功能，因而不得不做出一定的妥协。在斯坦纳德的儿童图书中，他非常谨慎地把故事建立在一个孩子提出的问题上，同时也突出了现代物理学史中的一些争论。在整个社会，文本也可能被忽略，被重新组合，被批评，即使这些回应都没有传到原作者那里［参见詹金斯（Jenkins，2006）对网络文化的讨论，该讨论具有更广泛的适用性］。在这方面，理查德·道金斯（Richard Dawkins）提出的"迷因"（meme）一词是一个特别有趣的案例（Brown，2013；Salon，2013）。

有一种观点是，对只能够被动接受的公众来说，科学普及是某种意义上的文化霸权。科学史学家近期的研究进一步驳斥了这一观点。法伊夫和莱特曼2007年出版的一本有关19世纪科普的论文集《市场中的科学》（*Science in the Marketplace*）把科普的受众描述为主动的消费者，他们乐于消费科普产品，无论是书籍、杂志、展览、节目、歌曲还是玩具。需要注意的是，在这里他们使用了消费认同的观念作为主导思想。

在法伊夫和莱特曼看来，19世纪科学文化的消费者越来越意识到专业知识在形式上的广泛性，并且，这其中还包含了一些不同的甚至是相互竞争的思想。消费者除了需要对专业知识的产品形式进行选择，还需要具备一定的能力去辨别哪些内容是值得信任的，以及可信任的程度。法伊夫和莱特曼的分析很有说服力，但他们提出的有关消费力的观点具有一些浪漫主义色彩，我们应对此保持谨慎。诚然，消费者不仅仅是"被动的受骗者"，但他们也不是"全能的"。关于科学普及消费力的观点及其实证研究都还有很大的空间。

科普简史

对科普史的概述，看起来就像是对科学伟人作品的概述。[2] 牛顿去世之后的一个世纪里，人们对他的崇拜与日俱增，许多受欢迎的讲座和书籍对牛顿学说体系进行了多个版本的阐述，拉近了与公众的距离，这其中就包括伏尔泰关于牛顿观点的著述。但是，我们回顾这段历史时，很容易因某本著作或某位作者的突出地位而受到误导。人们讨论的焦点往往集中在一些关键性著作上，比如1859年的《物种起源》（*The Origin of Species*）。这些作品阐述了开创性的科学观点，但也能够被受过普通教育的公众理解。在一些时期，知名科学家也参与科普创作，例如20世纪30年代，亚瑟·爱丁顿（Arthur Eddington）和詹姆斯·金斯（James Jeans）出版的关于爱因斯坦的物理学和天体物理学的图书成为最畅销的版本。有些关键理论的介绍读物甚至出现了儿童版，比如在1861年有人以"汤姆·泰勒斯科普"（Tom Telescope）这一笔名发表了一系列作品，他可能是先驱儿童作家约翰·纽伯瑞（John Newbery），但也有可能是奥利弗·戈德史密斯（Oliver Goldsmith）或者克里斯托弗·斯马特（Christopher Smart）（Secord，1985）。

随着学科的发展和划分，科普作品在数量和种类上都有所增加，并且，由于知识鸿沟（例如，数学的正规化）或者（因科学的职业化而形成的）社会／文化鸿沟的存在，公众对科学知识普及的需求明显提高。更深入的历史研究表明，在过去的两个世纪中，有很多作家积极地充当着科学的解释者，尽管现在他们的作品大部分已经被遗忘，但是它们在当时发挥了极其重要的作用。在此期间，关于科普的价值观念发生了转变，用文本的方式记录对自然的观察并且在其中把科学教育与宗教教育混在一起的现象，一度变得十分常见，尤其是在那些写给儿童的书中。

在托马斯·亨利·赫胥黎（Thomas Henry Huxley）所处的维多利亚时代的英格兰，作为一名专攻自然历史和科学的作家，养活自己（尽管不太稳定）已经成为可能。但是，正如法伊夫所言，"到19世纪50年代，有益于树立科学名声的作品（通常报酬很少）和那些为了谋生而撰写的作品（和作者的名声没有丝毫关系）之间出现了明确的界线"（Fyfe，2005）。法伊夫的研究以科普从18世纪面向公共领域（public sphere）到19世纪面向大众（mass audience）的转变为背景，解释了那些大部分由女性撰写的，以教育、道德提升甚至娱乐为目的的更加广泛意义上的科学书籍，是如何在市场上出现的。

越来越多的作者专攻科学或科学展览阐述，他们中的很多人并不是研究人员，而是专为大众撰写科学作品的专家。鲍勒（Bowler，2006）指出，历史学家普遍持有一种观点，即随着科学写作的职业化发展，20世纪初期绝大多数科学家都不再为大众写作。但是，他认为这并不是真实情况，有些科学家很乐于为更广大的公众撰写作品，他们的学者身份使他们的作品能够作为教育类图书出售，这也使出版商对他们十分看重。这样一来，那些没有受过科学训练的不知名作家往往会创作一些更具娱乐性的作品。然而，在这个时期，可能真的很少有著名科学家为公众撰写科普作品。但到了20世纪30年代，古德尔（Goodell，1977）提出的一批可见的科学家再次活跃起来。回溯性综述通常把英国物理学家爱丁顿和金斯以及生物学家比如赫胥黎和霍尔丹（Haldane）都归为可见的科学家，虽然前面两位比较保守，而后两位更自由不羁或曰更激进。但是，20世纪初期仍然出现了一些经典作品，例如针对狭义相对论和广义相对论的论述。在爱因斯坦强大的全球性声誉的影响下，这些作品至今仍在发行。

第二次世界大战之后，不仅出现了大量有读写能力的公众，而且有更多的人接受了高等教育。根据作者关注点的不同，对科普图书总体发展的描述也不尽相同。莱文斯坦（Lewenstein，2005）基于对普利策奖得主的作品及《纽约时报》发布的畅销书榜单中的作品的研究发现，20世纪70年代，科学书籍对公众认知的重要性发生了改变。如他所言："自1978年卡尔·萨根（Carl Sagan）的《伊甸园的飞龙》（*Dragons of Eden*）开始，之后每一年或者每隔一年，普利策奖都会颁给一本科学图书……显然，20世纪70年代后期发生的一些事情促使科学图书进入美国文化的中心。科学已经成为公众讨论的一部分。"当然，媒体对科学图书的影响也是很大的，萨根的电视系列片《宇宙》（*Cosmos*）使一本书成为大西洋两岸的畅销书。当代科普图书的热潮也正在出现。

同样，这个视角也是不全面的，还有一些渐进的变化在更早的时候就已经显现出来了。在美国，高等教育的大众化给非虚构（纪实）类作品带来了大批读者。对克诺普夫出版社（Knopf）在20世纪五六十年代出版的有关人类历史和进化的畅销书进行深入研究就会发现，这些畅销书是如何逐渐摆脱对旧有模式的依赖的。在战后早期，这家出版社的传记风格与研究人员出身的保罗·德·克鲁伊夫（Paul de Kruif）在战前发表的成功作品《微生物猎人传》（*Microbe Hunters*）的风格类似。但是，随着时间的推移，出版商们发现，技术含量更高的图书在推广和销售上都更容易获得成功。通过纳入最新的研究成果，以及让专家或者与专家关系密切的记者进行讲述，会让某一主题的整体叙述同探索者的故事及其奋斗历程一样吸引人（Luey，1999）。

这两种模式在科普繁荣时期——现在有些人认为这个时期要成为"过去时"了（Tallack，2004）——及其以后都持续存在着。所以，现在有大量的在售图书包含了广泛的主题，提供了对相似主题的多种表现方法。有些图书被普遍认为是经典作品，多年来在市场上广受欢迎，尽管科普本来很可能只是一个转瞬即逝的出版领域。道金斯的《自私的基因》（*The Selfish Gene*）就是一部经久不衰的著作。该书首次出版于1976年，在1989年扩充后发行了第2版并取得成功，2006年发行30周年纪念版，同时还附有一本关于该书影响力的论文集。儿童图书具有特殊的文化持久性，一方面是因为它们着眼于更加明确的科学原理，另一方面也是由于成人会和下一代分享他们儿时阅读的作品。有些图书之所以能继续出版，部分原因是它们成为学校颁发给学生的传统奖品，正如约翰·亨利·派珀（John Henry Pepper）的《男孩的科学剧本》（*The Boy's Playbook of Science*）（Secord，2003）。随着《给男孩的冒险书》（*The Dangerous Book for Boys*）取得成功，21世纪初的青少年科普图书市场上出现了一种怀旧的情绪，尽管这种情绪似乎正在消退。网络也促进了某些杂志的再版。《新科学家》（*New*

Scientist）有一个著名的存档库，通过谷歌就可以浏览；《大众科学》杂志开发了一个令人印象深刻的"词频可视化工具"，鼓励读者浏览它的存档，在其网站上输入一个词汇就可以看到 140 多年以来这个词汇在文章中的分布情况。

科普图书及其他的科普形式

一直以来，图书在文化产业中都占据着十分重要的地位，这也是在科普研究中图书受到特别重视的原因之一。印刷术自 15 世纪传入西方，它的存在贯串了整个现代科学的历史。不过，图书是容易研究的，这也是不争的事实。科学史学家已经指出，科普的形式并非只有书籍。这一观点是一种自我反思，也敦促人们从众多的历史记录中寻找其他媒介在科普上应用的痕迹。这种反思也适用于当代的研究人员。结合所处的特定社会背景，基于图书的研究是具有重要的启发性的，但是同时，不能将图书作为科学传播方式的唯一代表。

与其他科学传播形式相比，图书在经济和社会方面占据了特定的地位。相较于大多数的网站、电视节目和博物馆等免费载体，书籍需要付费。阅读一本图书也意味着要花费一些时间，做出一些承诺。与社会活动或家庭活动相比，如科学展或者科学节，阅读图书是一种独立参与的方式，尽管阅读也可以具有一些社交的属性（比如图书俱乐部、在线评论和论坛）。参与一个获得学位的科学专业课程可能会耗费大量的时间和金钱，但是通过阅读一本能够放在口袋里随时浏览的书来获取科学知识就方便且便宜得多，特别是平装书出现之后。这些反过来都会影响到图书与读者之间的关系，以及科学与公众之间的关系。

如前所述，有一段历史时期，科普书籍被视为向公众提供知识的一种方式。这种论点贯串于科学传播之中，尽管可能存在问题。在探讨这一点时，我们应该将特定社会阶层这一维度考虑进来。平装书作为为了让大众（而非仅仅是那些有能力上大学的人）享受到教育的好处而进行的一项政治性尝试，具有悠久的历史。很多科学家通过图书和杂志传播了一种态度，即知识就是力量，以及通过图书和杂志能够重新分配这种力量。霍尔丹为《工人日报》（*Daily Worker*）撰写的文章就是一个范例（如 Haldane，1940）。但是图书和杂志可以作为奢侈品被营销和消费的观点也是正确的，比如近期儿童非虚构作品在"补充中产阶级儿童"特殊兴趣方面的作用（参见 Vincent and Ball，2007；Buckingham and Scanlon，2005）。在对当代图书销售场所进行的社会学分析中，怀特（Wright，2005）认为，我们的很多文学消费体现了一种"软资本主义"的风格，即不张扬的、低调的消费。当然，书不仅仅是买来的，还可能是借来的、租来的。还有一种观点认为，与大部分的文学图书不同，科学图书在社会阶层流动中扮演着工具的角色。但随着科学在"中产阶级身份认同"（middle-class identities）的形成（参见 Savage *et al.*, 2013）以及"极客风"（geek chic）的兴起（Corner and Bell, 2011）等方面发挥越来越大的作用，当代科普的分析人士应该密切关注科学在 21 世纪"认同政治"（identity politics）中发挥的作用，特别是在社会地位相关议题上的作用。正如我们可能会问"优秀的女性作家是否真的更少"一样，我们也应该对以英语文本为主的编史学提出质疑。尽管英语已经成为很多专业科学领域的通用语言，但是不能将英语文本作为科学普及的国际通用模式。在这里，儿童文学提供了一些有趣的案例。吉利尔森（Gillieson, 2008）在研究"目击者指南"（Eyewitness guides）时注意到，这一系列书都是围绕图像设计的，并留下空间以插入各种语言。但这种针对少儿的科学图书设计方法，也并不足以跨越国界适用于所有国家，并且基于图像的出版物也不具备多元文化吸引力。比如，《可怕的科学》（*Horrible Science*）一书已经被翻译成了多种语言，但是却未能在美国产生影响力。随着科普学术研究的发展，我们有更多的机会将不同的文化背景结合起来并在比较的背景下探讨科普作品。比如，《公众理解科学》杂志的一期关于科普出版的专刊中，就刊载了来自中国（Wu and Qiu, 2013）和西班牙（Hochadel, 2013）的学者的研究。

在更广阔的社会语境中进行思考时需要注意，科普图书的目标不再是简单地呈现科学。很多图书项目其实是政治项目，只是涉及政治这一属性的"可见程度"（overt）有所不同。近期的案例包括马克·汉德森（Mark Henderson）的《极客宣言》（*Geek Manifesto*）、本·戈尔达克（Ben Goldacre）的《坏药商》（*Bad Pharma*）（和一个精心策划的在线活动同时发布），以及几本有关气候变化的图书，这些图书通常使用科学及历史学的一些表述来达到政治目的（如 Oreskes and Conway, 2010；Hansen, 2009）。正如白金汉（Buckingham, 2000）所写的，20 世纪 90 年代早期为年轻人而兴起的环境媒体浪潮中，有很多气候相关的文章就是专门写给年轻人看的，好把环境问题推给下一代解决。随着 20 世纪 90 年代初出生的一代人为人父母，我们可以进一步思考：这种以年轻人为目标群体的做法存在的伦理问题、有关未来的一些内容与受众的年龄相适应的问题，以及从更大的视角上，科学作家是否应该以科普作品作为掩护来从事政治活动等问题。儿童在科学和技术方面容易受到各种各样的游说，大到小学科学教育信托基金（Primary Science Teaching Trust），其前身是阿斯利康科学教育信托基金（AstraZeneca Science Teaching Trust），小到一个卡通形象，如特里（Terry），一只由能源公司创造出来的"友好的小水龙"（the Friendly Fracosaurus），该公司忙于使用饱受争议的液压技术开采天然气（Hickman，2011）。科普图书不仅促进了年轻人和一般公众接触科学与技术，而且也促使新的科普形式产生：只要打上科学教育的标签，就会吸引到更多的公众关注。这也就解释了为什么英国皇家学会（Royal Society）的科学图书奖近年很难留住赞助商，因为无论是来自产业界的赞助还是来自公共领域基金的经费，在被削减的同时，也正更多地转向潜在互动性更强的地方科学节上。

近年来，网络给科学写作带来了巨大的变化。有人可能会担心，因为免费内容的数量过多，人们不再会为科普出版物埋单，并谴责网络的使用缩短了人们注意力能够集中的时间，但是这两种担忧都可能被夸大了。网络的使用对科普来说是一个新的机遇。随着图书代理商越来越多地从博客而非一些高级会议中寻找新的作者，作者的多样性大大提高，尽管在这种情况下，作者为了建立自己的声誉需要在网络上进行大量的免费写作。

短篇电子书为作者提供了几种选择：他们可以通过8000字以内的文章把自己的观点表达出来；或是在正式创作之前向读者提供一个试读版本以获得读者的反馈，从而丰富作品内容并增加作品获得成功的可能性。这也为那些服务于在线市场"长尾"（long tail）中的少数受众的产品提供了机会，尽管有人担心，互联网可能已经为这些对相关议题高度感兴趣的读者提供了大量内容（参见 Fahy and Nisbet，2011 的讨论）。也有更多的资金投入这一领域，尽管在网络上免费获取资源的趋势会给回报率带来不小的挑战。作品发表的方式也越来越多样化：那些依靠用户付费或受到小型资助的网站，可能每月发表一部长篇科学作品，而接受资助较多的网站可能每天都会更新。与科学新闻、科学教育等领域一样，在这个自由化、网络化的时代，谁来为科普埋单，以及科普服务于谁，都是具有开放性但也十分重要的问题。

科普图书阅读指南

在历史研究方面，人们不必局限于作者的生平简介或者何时有过什么图书之类的细节（虽然这可能也是丰富的研究素材）。最难的是去恢复人们阅读这本书时的感受，如吉姆·西科德（Jim Secord，2000）围绕钱伯斯（Chambers）早期的科学史诗——《造物自然史的遗稿》（*Vestiges of the Natural History of Creation*）——所做的工作那样。西科德研究的核心是从大量的日记、信件、评论以及报纸和杂志的短评中找出对这本书的反馈，进行分析。普里西拉·莫非（Priscilla Murphy，2005）对雷切尔·卡森（Rachel Carson）的《寂静的春天》（*Silent Spring*）一书进行研究的专著为现代社会提供了一种有意义的借鉴。《寂静的春天》影响了政治辩论，不过它产生这种巨大影响力的原因是多方面的，包括卡森在出版这本书时已经是一位全国知名的作家，这本书正式出版前就在《纽约客》（*New Yorker*）上连载，还催生了哥伦比亚广播公司（CBS）的一档60分钟的电视节目，等等（也可参见 Kroll，2001）。还有更多的研究关注了书籍与其他科学传播形式相结合的效果，比如弗雷德·霍伊尔（Fred Hoyle）多年来一直致力于以各种媒体（广播、书籍）及各种体裁（科普、科幻）搭建网络，以传播他的宇宙学理论以及对于生命起源的看法（Gregory，2005）。

从社会学的角度来看，朱丹特（Jurdant，1993）提出了一种有价值的隐喻——科普就像是科学的自传，科学共同体以其专业洞察力及理性的怀疑来撰写科学的宏大故事。图书还蕴含了认识论（Turney，2001a：49–55），或者说，能够逐步建立起科学与非科学的边界（Mellor，2003；另见 Gieryn，1999 有关"边界性工作"的研究）。格雷戈里和米勒（Gregory and Miller，1998）还提出了一种观点，把科普知识作为公众中的科学，这一观点不仅把科普作为一种展示科学的形式，而且帮助我们认识到科普这一过程就是科学发现以及/或者科学政策制定的一部分。

科普作为在社会中进行科学传播的一种方法需要更加规范。玛丽·米奇利（Mary Midgley，1992）可能为这种批判性的视角提供了一个经典的案例；在一个更详细的研究中，海吉科（Hedgecoe，2000）指出，在科普过程中对基因的过分强调给遗传学打上了**基因化**（eneticisation）的标签。奈斯比特和法伊（Nisbet and Fahy，2013）对丽贝卡·思科鲁特（Rebecca Skloot）的《拉克丝的不朽生命》（*The Immortal Life of Henrietta Lacks*）中生物伦理学的研究，提供了一个更新颖的方法，其中包含了一个方法论，即需要结合其他出版物如书评等对其（科学性）进行反思，而不是一味相信。另外一种方法是从偏向文学研究的角度对科普进行分析。这提示我们关注科普作品中符号学的应用、现实主义的构建方式，以及由语言使用而引起的争议。我们可以在案例中研究隐喻的使用如何划分虚构与非虚构之间的界限，甚至是去探索谐音、韵律以及其他的"文字游戏"的作用。伊丽莎白·利恩（Elizabeth Leane，2007）提供了一个扩展的案例：她将这种方法应用于物理学的研究中，尤其有趣的是，她将之前应用于小说的方法，如海恩斯（Haynes，1994）的分类法，用于其研究中，以分析文学作品中的科学家形象。这表明，纵然科普这一概念已经根植于我们的观念之中，它仍然是一种讲故事的形式。有关视觉文化的研究也出现了相似点（如 Eisner，1985，1996；McCloud，1993；Kress and van Leeuwen，2006；Barker，1989）。正如文学分析方法可能有助于理解图像一样，反之，视觉分析的方法也可能有助于分析文本以及科普出版物中的许多图像。

科普使用的文字必须具有说服力。作者必须以读者能够信服的方式来描述观察、实验、报告，甚至是进行演示（Turney，1999）。这与科学发现不同，尽管两者之间关系密切，但不应该被混为一谈。人们生存在中等尺度的世界里，只能直接感受到几毫米到几百米范围内的物质。科学研究突破了这些局限，并且认为，通过专业设备或者数学模型，可以扩展我们能感知的速度和尺度。科学写作的目标之一就是要通过文学的方式把读者带入"正常人的感知之外的领域"（Turney，2001a：55）。在这方面，最有价值的可能是夏平（Shapin，1984）对罗伯特·波义耳（Robert Boyle）的"文学手法"（literary technology）的经典研究，他探讨了在科学的哲学思考及更广泛的政治议程等特定语境下，科学传播中的真实感是如何建立的。

从叙述结构的角度来看，科普就更接近讲故事了。怀特（White，1981，1992）指出，在记录历史的过程中，由于对一致性和封闭性的渴望，人们会倾向于用叙事的方式来讲述事件，但他认为这些都是不可靠的。此外，通过流畅的叙述及精巧的结尾将价值观蕴藏在故事之中，作者的道德观及政治立场就成为叙述的组织原则。梅勒（Mellor，2007：501）认为，在把这种观念用于科学情境时，"叙事朝着预定结局机械式地行进"，把科学写作中的"假设"完全隐藏了起来，读者也就无法针对假设进行质疑（另见 Brown，2006）。

柯蒂斯（Curtis，1994）将怀特的方法用于科学写作之中，并且指出，借鉴侦探小说的写作形式，把揭开真相作为故事的结尾，作者借用强有力的修辞工具，或许能够帮助对科学工作的叙述建立一种具有确定性的表象。他提倡一种更加**拉卡托斯式**（Lakatosian）的科学观，认为问题与研究是此起彼伏动态发展的。他还提出了一个令人印象深刻的建议：科学叙述要"从一个从未被解答的问题开始，我们以一个从未被质疑的解答结束"（Curtis，1994：431）。

也许是为了回应这种不断提问的科学意识，儿童科普通常是围绕着提出问题和给出答案来构建的。这种问答式结构的一个有意思的例子就是墨菲（Murphy，2007）的《为什么鼻涕是绿色的？》（*Why is Snot Green?*），该书的基础是作者在伦敦科学博物馆（London's Science Museum）互动展览区工作时儿童参观者对他提出的问题。从叙事性（或者缺乏叙事性）方面来看，这本书特别有意思的是，墨菲为延伸阅读而纳入了交叉注脚和引文，以提示读者从该书以外的更大范围中继续学习和探索。斯坦纳德（Stannard）也围绕着儿童的疑问来构建故事（Bell，2007），通过传达一种科学不断兴起的感觉，用不确定的信息结束他扣人心弦的叙述。构思精巧的科学作家不会被叙事理论之类乏味的东西所束缚，他们的读者也不会。

我们可以把科学的故事视为一个关于宇宙的宏大故事，这种观点为我们思考科普在文化中发挥的作用提供了契机。历史学也许特别适合用于解释长期过程中的变化（Turney，2001b；另见 O'Hara，1992）。伊格（Eger）认为，新兴的科普范式以科学"新史诗"的形式构成了一个宏大的叙事，但这是通过集体完成的：

> 从达尔文的物种起源理论，到普利高津（Prigogine）和艾根（Eigen）阐述的前生命（化学）进化，到温伯格（Weinberg）、保罗·戴维斯（Paul Davies）和天体物理学家们描述的宇宙进化，再到威尔逊（Wilson）在他的社会生物学理论中解释的人类文化，最后，通过大脑生理学家和人工智能研究人员的工作，到意识本身。
>
> （Eger，1993：197）

对自然的叙述被融入对科学的叙述之中：自然界通过还原论框架进行构建，该框架把一套科学细节设想为内属于另一套科学细节（比如，生物学还原为化学，然后还原为物理学）。伊格可能会建议写一部多卷的巨著，但值得注意的是，单册的科普图书也在做着类似的尝试，它们的卖点就在于，使用连贯且精简的叙述来呈现某一命题下的宏大的史诗性叙事。一些最受欢迎的图书的标题都具有暗示性：从影响深远的《时间简史》（*Brief History of Time*，Hawking，1987）到布莱森的《万物简史》（*A Short History of Nearly Everything*，Bryson，2000）。这些有关世界的过去和未来发展的故事，无论是宇宙学的还是遗传学的，都是关于自然和科学的叙述，它们或许提供了宗教解释之外的世俗选择（另见 Beer，2000；Midgley，2002）。理性主义者协会（Rationalist Association）的《给无神论者的九课和颂歌》（*Nine Lessons and Carols for Godless People*）或者酒吧运动中的怀疑主义者，或许为科普图书正在被现实事件所取代这件事提供了另外一个案例，尽管这两者都可能促进或启发图书创作，就像之前萨根的电视节目所做的那样。当科学被置于大众文化及公共政策这一更大生态中，科普书籍的地位仍有待商榷。

结语

　　本章讨论了一个长期存在的问题，即科普应该为谁服务；也从是否应该关注书籍反思了大众科学的构成（如果关注书籍，那么在更大的媒体环境中，书籍的地位如何）；同时，还从不同的书籍类型以及书籍同其他媒介的关联与竞争等方面进行了反思。我们提出了阶层、性别和文化的问题（这些问题在当下的研究都有待完善），并把它们作为视角来分析其他的社会学问题，如科普书籍中蕴含的科学哲学观点，科学家们展示出的形象、边界的概念，以及这些概念在公共政策中的应用，等等。我们可能会想象科普是一种由多个作者共同书写的**科学自传**（autobiography of science）。

　　我们还把文本作为文学对象来考察，并且提供了一些进行视觉分析和语言分析的资源。在网络的颠覆性影响之下，作为出版物的科普仍是前途未知，但是几个世纪以来，它已经体现出了在文化、政治以及科学议程等方面的可塑性。未来的研究不仅应该跟踪这种形式上的变化，而且还应该更充分地探讨科普图书作为政治和文化对象的作用发挥，它们对政策制定的影响，以及读者通过阅读这些书籍表达自我意识的方式，等等。

问题与思考

· 考察一下网络书商标记为"科学类"的一组图书，这些书中有哪些可以被称为"科普图书"？你使用的"科学"和"大众"是什么概念？

· 科普是一种固有的自上而下的科学传播方式吗？

· 一个选定的科普案例中暗示着怎样的科学哲学？

· 这里关于科学伦理或应用的最明显的观点是什么？

· 选择一个非虚构的科普案例并考察其中科学家的特征。这个特征服务于什么样的修辞目标？

尾注

[1] 和 2008 年第 1 版中的内容相比，新修订的本章包括了对互联网给科普图书出版和阅读带来的影响进行的深入反思。本章还考察了对科普的意义进行反思的历史学进展。同时，为年轻读者们增加了一些小节，包含图像的分析、全球出版物趋势，以及阶层和女性作者角色等问题。

[2] 在当代情境下，马钱特（Marchant，2011）恰当地指出：男性作者的特权是值得质疑的。

（王大鹏　唐婧怡　王永伟　等译）

请用微信扫描二维码
获取参考文献

3

科学新闻：数字时代的展望[1]

莎伦·邓伍迪

引言

　　作为一项职业，科学新闻已然危机四伏，但是，人们也比以往任何时候都更加需要它。当前，公众和广告商越来越多地通过在线渠道进行信息交流与传递，使长期以来作为科学记者主要雇主的传统大众媒体（例如报纸和杂志）在很多国家已经步履维艰了。脱离传统大众媒体的记者都争先恐后地在其他地方寻找立足之地。要想从目前正在进行的实践中总结出海量科学新闻撰写与传播的成功模式，还需要很长的时间。

　　然而，科学新闻从未如此重要。全球公众面临一个又一个问题——转基因作物的潜在影响、全球各地蜜蜂的神秘死亡、通过基因组学进行的个性化医疗、气候异常、灭绝物种复活的前景，并且很难获得独立的、基于实证的信息。从历史上来看，大多数人依赖中介渠道获取信息。这些渠道为广大读者、听众、观众准备了无所不包的信息。比如，当人们在观看电视新闻，阅读早报或者街角报亭的杂志时，经常会不经意间接触到科学信息。当今，尽管在许多国家依然如此，但越来越多的人在依靠互联网搜寻他们需要的信息。科学记者也出现在互联网上，他们在不同的网络媒体上撰写博客和报道。但是，对个人搜索者而言，想获取好的信息还是颇费周折，而这通常是人们不太愿意的。

　　本章讨论了这些难题以及它们所预示的科学新闻的未来。本章首先追述该领域的历史演变，然后转向现代科学记者及媒体渠道的特征，最后论述文章开始时所提到的挑战。

科学新闻简史

大众传媒刚一诞生，科学新闻就出现了。不过，撰写科学新闻的人，却因不同的历史时期和文化而不尽相同。一些国家的学者试图追踪**大众科学**（popular science）在他们各自文化中的演变（比如，参见 Bauer and Bucchi，2007；Broks，2006；Burnham，1987；Golinski，1992）。他们发现了这样一个过程：起初，科学家尽其所能同公众分享知识，随后则出现了退缩，科学家开始避免直接接触公众，用布鲁克斯（Broks，2006：33）的话说就是，他们将公众"从参与者变为了消费者"。这一过程在英国尤为典型。18 世纪末期，那儿的科学家们试图在整个文化中传播科学，他们设想，科学在与普通人的日常世界相融合的过程中，会带来很多益处。然而，到了 19 世纪，专业知识的不断进步开始在科学家和社会公众之间形成一道鸿沟。布鲁克斯将这种状况描述为从"'经验'的启蒙思想"到"19 世纪早期'专业知识'建构"的演化。而科学家的角色也发生着进一步的转变。到 19 世纪末期，科学家甚至演变为更难接近的一类人，即所谓的"专业的专家"（Broks，2006：28）。随着科学家退出科普界，大众科学的叙事越来越多地交给了科学记者。

伯纳姆（Burnham，1987）在美国也发现了同样的演变趋势。到 19 世纪晚期，美国已经出现了几本科普杂志，其中比较优秀的包括《科学美国人》（*Scientific American*）和《大众科学月刊》（*Popular Science Monthly*）。报纸编辑们非常乐意重印科学讲座的文本，也乐于出版科学家对自然现象（比如流星雨）进行思考的文章。科学家也同样乐于在公众传播方面花费时间和精力。到了 19 世纪晚期，科学家们认为科普已然成为他们工作的一部分了。

然而，20 世纪初，科学的日益专业化和职业化促使科学家将自己与普通大众区别开来。随着科学家发展出了自己的语言、培养方案和奖励制度，向圈外人进行科普就不是他们优先考虑的事了。更糟糕的是，主要的科学团体开始惩罚那些敢于开展科普工作的科学家，排斥他们，甚至拒绝让他们获得某些奖励，阻挠他们加入某些有影响力的团体。古德尔的经典著作《可见的科学家》（*The Visible Scientists*，Goodell，1977）中有大量的例子表明，一些科学家，甚至是资深的、成就卓著的科学家，由于开展了科普工作而受到长期打压。正如我在本章末尾陈述的那样，尽管对于许多科学家来说，科普已经再次成为一种时髦的事，但是，科学文化中对科普残留的敌意使得科普即使在今天也仍是一种颇具风险的行为。说回到 20 世纪初，对科普工作的过多投入可能会毁掉科学家的职业生涯，所以很多科学家把科普工作留给了科学记者和大众传媒。

几个世纪以来，大众传媒一直保持着对科学的兴趣。对于科学记者来说，战争中采用的技术，行星和整个银河系（更不要说"火星运河"了）的发现，以及医疗护理的进步等，都是容易"卖给"编辑们的话题。编辑们并不关心这些话题是不是科学的，只关心这些话题的新奇性以及能否抓住读者的注意力。浏览 18 世纪、19 世纪以及 20 世纪早期的任何一份报纸，你都会发现我们今天从最广泛意义上称为"科学"的报道。

然而，在 20 世纪中期，很少有记者会把自己看作科学作家。专业记者的报酬昂贵，所以在多数媒体机构中，专业记者数量稀少。编辑们坚定地认为，一名优秀记者有能力报道任何话题。同时，与用专业知识报道复杂话题的需求相比，编辑们更担心记者和信息源之间关系融洽所产生的副作用。在 20 世纪的大多数时间里，美国新闻媒体的一个通用规则就是每隔几年就让记者在不同部门间轮换工作，以避免出现记者和信息源过分亲密的情况。

在 20 世纪初的英国和美国，确实有一小部分专业记者在报社和通讯社找到了自己的立足之地。但第二次世界大战引发的技术创新、联邦政府在战后对科研投入的增加、20 世纪 60 年代的太空竞赛，以及 20 世纪七八十年代日益突出的环境问题等，唤醒了很多的媒体机构，他们争前恐后地发掘科学和环境方面的记者，来报道一些 20 世纪重要的新闻话题。格雷戈里和米勒（Gregory and Miller，1998）认为，后战争时期的主要特征是，科学新闻在整个新闻界中成为一种有组织的、可见的并日益强大的存在。

在整个 20 世纪，许多国家的科学记者的数量都急速增长（比如，有关澳大利亚的研究，参见 Metcalfe and Gascoigne，1995）。他们除了在国内建立科学作家团体，像世界科学记者联盟（World Federation of Science Journalists）这样的全球性组织也出现了，全球许多大学也开始提供正规的科学新闻培训。一些研究还表明，随着科学记者人数的增加，20 世纪后半叶，科学报道的数量也在增加（Metcalfe and Gascoigne，1995；Bucchi and Mazzolini，2003）。

尽管这个时期科学新闻繁荣发展，但值得注意的是，就像大多数专业记者一样，科学记者在整个记者群体中的数量仍然不多。因此，科学新闻仍然是媒体报道中相对"小众"的部分。比如，研究人员对 4 份希腊报纸的科学报道进行分析后发现，这些报纸给科学报道提供的空间在 1.5% ~ 2.5%（Dimopoulos and Koulaidis，2002）。这和佩莱基亚（Pellechia，1997）在美国的研究结果以及梅特卡夫和加斯科因（Metcalfe and Gascoigne，1995）在澳大利亚的研究结果类似。在希腊报纸中，政治报道所占的比例在 25% 左右，而体育报道所占的比例也达到了 15%（Dimopoulos and Koulaidis，2002）。

到了 20 世纪末，新闻行业发生了翻天覆地的变化。突然出现的新型传播渠道使读者、观众可以自行进行信息搜索。虽然传统媒体——报纸、电视、广播——依然是全球很多消费者获取科学信息的主要来源，但如今的人越来越依赖互联网。维康基金会对英国成年人及未成年人进行的一项调查发现：23% 的成年人和 35% 的未成年人将互联网作为获取医学研究信息的渠道。成年人更偏爱电视，而未成年人则不太喜欢这些渠道。[2] 美国 2010 年的一组研究数据显示，虽然电视长期以来仍是公众获取科学信息的首选渠道，但互联网开始与电视并驾齐驱了（National Science Board，2012）。

互联网作为一种信息渠道的日益普及意味着其他的事情会发生。在许多国家，这意味着公民对报纸的依赖减少了。多年来，报纸的广告收益不断下滑，报纸订购数量持续减少，致使报业大量裁员，美国的许多地方甚至减少了报纸的发行次数。美国劳工部劳动统计局（US Department of Labor's Bureau of Labor Statistics）的数据显示：10 年来，整个美国的报业从业人数缩减了 40%（Zara，2013）。相应地，科学专栏也在大幅减少。1989 年，美国报纸中每周的科学栏目数量为 95 个。到 2013 年年初，只有 19 个侥幸存活。由于长期以来美国科学记者的主要雇主为报社，这种变化迫使许多记者重新思考，记者这个职业究竟意味着什么（Zara，2013）。

当代科学新闻的现状与特点

那么，所有这些带给了科学记者什么呢？在一些国家，科学记者感到四面楚歌。但在其他文化中，他们持续繁荣，并且科学记者这个职业据说仍在不断发展。系统的数据很难找到，但有些轶事类的传言表明，很多美国记者由于之前任职的媒体机构在精简裁员，便自谋出路，加入自由职业者的行列（Brumfiel，2009）。加拿大和英国的情况虽然没有那么严重，但也呈现出类似状况。由于成为创业者，这些国家的科学记者们开始拥抱新媒体，并将其视为一种能接触公众的廉价且有效的方式。此外，美国出现的危机也促使记者们开始探索新的信息传递结构。我将在后文讨论这个话题。

　　根据一组来自世界各地的数百名科学记者的数据分析，在世界其他地方，科学记者们似乎正在坚持着自己的立场。根据科学发展网（SciDev.Net）的 4 项有关科学记者的调查数据，鲍尔和他的同事们（Bauer *et al.*, 2013）试图建立一幅21 世纪"全球科学新闻"的图景。他们使用的数据包括在伦敦举办的 2009 年世界科学记者大会对 179 名参与者的调查、2010 年和 2011 年对来自拉丁美洲的 320 名记者进行的调查、来自 6 个地区（主要是发展中国家）的大型调查项目的数据子集，以及 2012 年采集的主要来自非洲和亚洲的 93 名其他新闻记者的原始调查数据。虽然研究人员警告说，这种综合分析的复杂性使得研究人员很难论证其样本的普适性，不过，鉴于全球范围内比较数据的罕见性，这项研究是值得关注的。

　　鲍尔等人发现（Bauer *et al.*, 2013），在欧洲、非洲和亚洲，虽然男性科学新闻从业者人数居多，但女性的比例已经达到了 45%；而在拉丁美洲，女性则超过了男性（女性占 55%，男性占 45%）。他们大多拥有大学学历，接受过新闻培训；26% 的人表示接受了专业的科学写作训练，而 19% 的人表示受过一般的新闻培训。10% 的科学新闻记者拥有博士学位。超过半数的人有 10 年及 10 年以下的科学记者从业经历，且其中半数为全职科学记者。虽然这些记者说，他们更多是为网站撰写科学报道，但他们也指出，他们在传统媒体上的工作量也有所增加。在这些在职的记者中，工作满意度依然很高。也就是说，受访者对他们所拥有的自主权相当满意，对自己能同科学家接触并有能力认真负责地为公众服务感到满意。根据这些记者的看法，最后一点意味着，他们有让公众知晓或对公众做出解释的计划。

　　所以，如果你能成为科学记者的话，这份工作听起来会非常棒。但和所有职业一样，科学新闻业同样受到自身一系列问题的困扰，其中一些问题根植于一般的新闻业中，而另一些则由科学的特质所决定。下面，在深入讨论科学新闻向互联网的转向及其给科学记者带来的影响之前，我先讨论一下其中的一些因素。

科学新闻多以医学和健康内容为主

　　对许多国家的媒体来说，大部分科学报道内容都是关于医学和健康的。鲍尔跟踪了 20 世纪后半叶英国新闻界的情况，他称其为"科学新闻医学化"（Bauer, 1998）。佩莱基亚（Pellechia, 1997）发现，在同一时期，美国一系列精英报纸中医学和健康领域的报道所占的比例超过了 70%。爱因西德尔（Einsiedel, 1992）分析了加拿大 7 家报纸的科学报道，发现健康类主题占据着主导地位。电视是大多数国家的日常媒体，通常重点报道自然历史和环境问题。但在电视媒体中，医学和健康话题也经常占据主导地位（Gregory and Miller，1998；León，2008；Lehmkuhl *et al.*，2012）。

在一项针对过去 50 年里意大利主要报纸新闻报道的研究中，布奇和马佐利尼（Bucchi and Mazzolini，2003）也发现，生物和医学相关的报道占了全部报道的一半以上。但是，他们注意到，在为科学新闻设定的报纸专刊和特定版面中，医学新闻尤其引人注目，而头版中的科学新闻通常是与物理学和工程相关的话题。这表明，科学新闻记者可能会在"新闻"和"你可以使用的新闻"之间做出一个概念性的区分，而后者更多地聚焦于健康和医学话题。

电视上的科学新闻依然相对匮乏

对欧洲的分析发现，电视上并没有太多的科学新闻（de Cheveigné，2006；León，2008）。电视新闻通常只偶尔关注科学话题，而广播故事则强调科学发现和发现过程的娱乐方面，牺牲了深度、解释性和批判性（Metcalfe and Gascoigne，1995；LaFollette，2002；León，2008）。近期一项针对 BBC 新闻节目中的科学内容进行的分析发现，英国的情况稍显乐观。在分别对 2009 年和 2010 年中各 3 个月的新闻报道进行分析后发现，有 1/4 的新闻节目中至少包含 1 则科学新闻，半数以上的主要电视新闻报道包含了科学新闻内容（Mellor *et al.*，2011）。

电视科学节目的情况如何呢？在一项对 11 个欧洲国家的电视科学节目的分析中，莱姆库尔等人（Lehmkuhl *et al.*，2012）发现，这些节目的数量及性质都存在很大差异，并且指出，市场结构是造成这些差异的主要因素。例如，除了英国，大多数的科学节目都在公共服务频道播出。研究发现，一个国家的公共服务频道越多，科学节目就越多。但是，在这些国家中，很少有科学节目是进行科学新闻报道的。最常见的节目类型要么是那些冗长的、杂志风格的科学问题报道，如英国的《地平线》（*Horizon*）、德国的《泰若星球 X》（*Terra X*）或者澳大利亚的《牛顿》（*Newton*），要么是所谓的"咨询"节目——通常是与健康有关的问答式节目。

对英国系列科学纪录片的一项早期分析发现，这些节目高度追求确定性："电视节目将科学描述为生产明确且难懂的知识的过程"（Collins，1987：709）。最近的研究同样发现，电视对科学的报道——像大多数科学新闻一样——忽视了不确定性。例如，对 BBC 科学报道的内容分析指出，新闻报道中只有 1/5 的文章会告诫人们，在评估新闻报道的科学主张时要谨慎行事（Mellor *et al.*，2011）。

戏剧在大多数电视科学节目中发挥了主要作用，并且，根据学者的研究，戏剧通常能提高公众对科学目标的理解。西尔弗斯通（Silverstone，1985）对 BBC 的《地平线》系列科学纪录片的制作过程进行了研究，并且追踪了电视制作人逐步构建故事情节的过程。他总结说，在纪录片的制作中，技艺高超的电影制片人用富有戏剧张力的创作手法表现故事，使得科学家最终失去了对故事的控制。与此类似，霍尼格（Hornig，1990：17）对纪录片《新星》（*Nova*）总结道：这些电视节目，以把科学家描述得异于常人的方式，维持了科学的"神圣性"。

科学报道遵循新闻规范

媒体对科学的报道与对其他领域的报道并无二致，主要是因为，媒体报道模式的首要驱动因素并不是要报道的内容，而是报道所必须遵循的信息处理框架。比如，科学新闻——和其他所有的新闻一样——本质上都是片段性或偶发性的。也就是说，记者们更愿意就某个议题的具体事件写一些短文，而不是做长篇累牍的专题报道。这是由媒体自身的快节奏决定的。就新闻网站来说，新闻的更新周期是按小时计算的，无法等待持续数月的科学研究过程。记者们只是针对该过程中某一个片段撰写稿件，并且希望忠实的读者们能够从这些只言片语中勾勒出全景。

片段式的报道不适合讨论整个科研过程，所以，科学新闻中很难找到对科研方法的描述，这一点也不奇怪。迪莫普洛斯和克莱蒂斯（Dimopoulos and Koulaidis，2002）对4份希腊报纸的分析发现，将近75%的科学新闻没有对科学过程"如何开展"进行报道，其他25%的报道涉及了这个维度，但描述也比较简短且肤浅。爱因希德尔（Einsiedel，1992）也指出，她的团队对加拿大的科学新闻进行分析，发现大多数科学新闻几乎忽略了科研过程的细节。类似地，一项对荷兰报纸中的科研报道情况（Hijmans *et al.*，2003）的研究发现，大多数新闻报道都避开了复杂的科研过程。

与其他新闻报道的典型方式一样，科学新闻也试图使用一些经典的新闻要素——反映真实世界中的过程性——来吸引读者的眼球。这些要素包括时效性、冲突性和新颖性等。因此，科学新闻记者不会在某个偶然的阶段深入报道科学研究的过程，而是会等到一项完成的科研工作即将在某个科学期刊上发表的时候才去报道。科研成果发表的那一刻为新闻报道提供了一个珍贵的即时性视角，用"在今天的《自然》杂志中……"这样的话语，还为新闻报道提供了一个抓住读者眼球的机会。

这些时刻往往同科学文化所认可或指定的过程要点相吻合。记者们对信息源的合法性通常都很"买账"（Fishman，1980），不加批判地接收信息源所指定的重要内容以及值得关注的内容。因而，科学家们也可以很容易地向记者"兜售"这样的观点——记者必须尊重科学过程，比如，必须要在同行评议结束之后才能在更广泛的渠道传播科研成果。科学家们经常抱怨记者们过于关注特立独行者和边缘人，但是，对争议性科学议题的媒体报道进行研究表明，这些报道绝大多数都反映了科学的主流观点（Goodell，1986；Nelkin，1995）。

这种对新闻要素的依赖也意味着，随着这些要素的出现或消失，对长期性科学议题的报道范围也会时有涨缩。比如，科学家和政策制定者将奋斗几十年，以理解克隆的机制，并探索社会如何适应这项技术带来的诱人又令人担忧的各种可能性。但是，当新闻性事件发生的时候，比如，首相正式宣布一项新计划，一个科学家团队披露第一只克隆猫的诞生，某个宗教团体发起了一项抗议活动，对这一问题的报道就会集中出现。虽然科学报道和科研过程的脱节可能会使一些科学家手足无措，但是有些科学家已经学会了利用记者对新闻要素的依赖，并且能熟练引导报道。比如，如果某篇重要的科研论文即将在期刊上发表，科学家可能会聘请顾问来帮助他们向媒体"推销"其研究发现，这种"推销"往往是通过满足记者对新闻要素的需求来实现的。比起原始论文本身，由此促成的新闻发布会和记者独家报道可能会产生更具影响力的新闻报道。

长期以来，记者最重要的"读者"是他们的编辑和信息源。他们真正的受众——广大公众——一直少有机会能进入新闻编辑室，而科学作家每天都与他的信息源和老板打交道。因而，新闻报道更有可能反映的是这些个人认为的重要事件。对科学家来说，这似乎没有说服力，他们觉得记者经常对他们蛮横无理，并且以傲慢的态度对待他们所提供的信息。但是，对媒体科学报道的研究再三表明，科学文化是科学新闻的强大推动力。多萝西·内尔金（Dorothy Nelkin）在她的开创性著作《销售科学》（*Selling Science*，1995）一书中指出，媒体的科学报道常把科学家刻画为成功的问题解决者。她认为这种报道并非偶然，科学文化积极地为科学塑造了一种形象，即科学是降低不确定性的主要社会工具。互联网时代下，读者/观众更容易获取新闻作品，受众的隐蔽性也正发生变化，在本章的结尾我将再回到这一话题。

客观性和平衡性是两种长期存在的新闻准则，它们在 21 世纪受到了严格的监督。两者都是为了保证新闻报道的有效性。记者无法确定其信息源的论断是否正确，这两者就是为了弥补这一缺憾。它们在科学新闻中尤为突出，因为许多科学领域都存在争议。当可信赖的科学家们对某个具体议题发表了互相矛盾的观点时，记者应该怎么办？职业回应是：保持客观性和平衡性（Dunwoody，1999；Dunwoody and Konieczna，2013）。

在科学记者无法断定论断正确与否时，客观性就要求记者采取中立的传播模式，关注报道的准确性而非正确性。也就是说，科学记者不需要去判断一项主张正确与否，而应关注他的报道能否准确地呈现这一主张。问题不再是该主张是否有证据支持，而是科学记者所呈现的新闻内容与信息源所提供的内容是否一致。

同样地，当一个科学记者无法判断谁说的是真相的时候，平衡性准则建议，应该在报道中尽可能多地陈述"真相"。换句话说，当正确性无法保证时，最好的退路就是全面性。实际上，记者是在告诉读者："真相就在这里的某个地方。"

但是，M. T. 布伊科夫和 J. M. 布伊科夫（Boykoff and Boykoff, 2004）认为，平衡性在大多数情况下意味着，即使这些主张事实上不一定正确，也要给予它们平等的空间。以美国报纸上有关全球变暖的科学报道为例，即使科学家们已经在"人类活动是导致全球变暖的重要原因"方面达成了共识，很多报社仍然给驳斥全球变暖趋势的边缘人保留了很多版面。在对美国学校生物课上教授进化论时的相关辩论进行分析之后，穆尼和尼斯贝特（Mooeny and Nisbett, 2005）也发现了类似的模式。他们认为，新闻报道试图去"平衡"生物学家和神创论者之间的争论，从而在读者心中形成了一种双方都持正统观点的印象。

至少有一项美国的研究表明，记者们敏锐地意识到了客观性和平衡性报道所导致的问题，但同时他们也认为，新闻准则不允许他们放弃这些规范。迪林（Dearing, 1995）发现，在一些科学问题的报道中存在对某些极端观点的"预期平衡"，比如，健康领域的主流观点正遭受一些边缘人的质疑。在采访中，记者们意识到了特立独行的虚伪本质，即便如此，他们仍表示，编辑和受众都希望他们的报道能够尊重这些立场。

关于科学写作的培训存在争议，这个问题仍有待研究

科学作家应该接受正规的科学训练，还是应该从新闻行业的基层工作做起？如果比较一下各国的情况，你就会发现，持前一种观点的人似乎更多。在一些国家，博士学位被很多编辑部所追捧；还有些国家，科学写作培训项目也越来越喜欢接受那些有科学资质的申请者。暗含在这些偏好中的观点，不是新闻培训无关紧要，而是科学和新闻技能的紧密结合要比单纯的新闻技能更能产生好的结果。

正规科学培训的价值看起来是显而易见的，并且毫不奇怪地得到了科学文化的强烈支持。科学文化认为，这种基础训练将会产生更精确且更负责任的报道。很多在科学领域之外谋求职位的科学专业毕业生发现，科学写作具有直观的吸引力。有趣的是，鉴于对科学训练的盲目信任，几乎没有人进行过实证研究来支撑这一观点。只有在美国开展的为数不多的几项研究指出，科学新闻的质量差异可能与作者是否接受过科学训练相关。但没有任何一项研究能够给出明确的结论说，正规的科学训

练与新闻质量之间存在强烈的正相关。比如，威尔逊（Wilson，2000）对美国的环境记者进行了一个全球变暖的知识测验，然后把接受过正规科学培训的记者们的答案和没有接受过培训的记者们的答案进行对比。虽然正规的科学教育会让记者在知识储备等方面存在差异，但另外一个因素显得更为重要：工作年限。在美国开展的一系列对新闻作品的研究表明，工作年限是预测作品质量好坏的最好指标（Dunwoody，2004）。与大多数技能型职业一样，经验性学习可能是预测工作表现最重要的指标。

当代科学新闻向互联网的巨大且普遍的转变

作为一种信息渠道，互联网的易获取性深深地影响了公众获取信息的模式。在很多国家，由于公众适应了从电子渠道上获取大量信息，传统媒体渠道的发展要么停滞不前（电视），要么开始衰退（报纸）。

然而，互联网占据优势，并不意味着互联网能够提供所有信息。像雅虎新闻（Yahoo! News）、美国有线电视新闻网（CNN）、微软全国广播公司节目（MSNBC）、谷歌新闻（Google News）和《纽约时报》（网络版）这些在全球范围内流行的网站[3]都表明，人们需要一个可靠的初步信息过滤系统。我们渴望紧跟时事，但我们继续依赖新闻业做出理智的选择，写出耐读的故事。

此外，科学记者也把网络作为搜索素材的主要阵地。最近一项调查显示，受访者平均每天花至少 3 个小时上网。对欧洲 14 个国家的科学记者进行的这项调查发现，科学记者重点关注少数几个网站——其中包括"优睿科"（EurekAlert!）、"自然"（Nature）、"BBC 新闻"（BBC News）和"新科学家"（New Scientist）——来获取写作灵感，并且他们普遍认为"网络使我的工作变得更容易"（Granada，2011：802）。然而，他们中的很多人也承认，这种对网络的依赖加强了他们对重大突发新闻的关注，这一趋势可能会进一步扩大科学新闻报道中片段式叙述而非主题式叙述的优势地位。

科学家们对互联网的使用则保持着沉默。尽管很多科学家敞开怀抱接纳了互联网传播，并接受了这种与受众直接联系的方式（参见下文），但其他科学家依然依靠更传统的途径。比如，近期在德国和美国开展的一项针对神经学家的调查显示，尽管受访者坚信，博客和在线社交网站等新媒体确实会影响公共舆论和政策决策，但是他们自己却使用更传统的渠道——报纸、电视、杂志（传统的和在线的）——来跟踪科学的发展（Allgaier et al.，2013）。

总之，互联网打通了受众群体与科学家、记者直接交流的渠道。有些学者也开始研究记者和受众之间的在线互动，特别是通过受众对在线科学新闻报道的评论来进行相关研究。赛科等（Secko et al., 2011）和拉斯洛等（Laslo et al., 2011）把这一过程描述为"未完成报道"（unfinished stories）的进化。起初的科学报道，没有被视为最终产品，而是作为一种催化剂，推动记者和读者共同参与叙述建构过程。里斯克（Riesch, 2011）等人通过几个案例研究，记录了这种叙述的动态特性。在这些案例中，有争议的叙事性报道在主流媒体的在线网站上已不复存在了。

科学家正在失去话语权还是在增强话语权？

在 20 世纪的大多数时间里，科学家都避免与公众接触。因此，同经常与公众接触的记者相比，科学家对大众传播的过程知之甚少。这就让记者在与信息源的关系中占有优势。但是，随着科学家开始意识到公众知晓度的价值并采取行动塑造自己的公众形象时，记者的这一优势也开始弱化了。21 世纪的科学家越来越多地接受媒体培训，并且开始通过科普图书、博客和网站直接同公众交流。

这种知晓度可能是有害的，正如那些"被伤害"（burned）的科学家仍遗憾宣称的，但是，这种知晓度所带来的社会和科学上的合法性正在吸引很多科学家去习得更多的传播专业知识。几项研究表明，媒体报道使得科学家的工作不仅对公众（包括投资者）重要，而且看起来对其他科学家更为重要。例如，经同行评议后公开发表的作品被媒体转载或报道，会增加该研究在科学文献中的引用次数（Phillips et al., 1991；Kiernan, 2003）。因此，所有学科领域的科学家都在学习传播技能，并学习如何充分利用他们所在机构聘用的专业宣传人员。这些科学家不仅谈到了他们与记者的定期交流互动，而且相信这种互动对他们的职业生涯大有裨益（Peters et al., 2008）。

同时，随着新信息渠道的冲击和用户控制性的日渐增强，所有的信息制造者都越来越觉得自己受到受众反应的猛击。因为无法控制公众对他们的工作的看法，科学家们感到很恼怒。2002 年，英国的科学家最初通过英国皇家研究院（Royal Institution of Great Britain）成立了科学媒介中心（Science Media Center）。该中心将其使命确定为帮助科学家成为更好的传播者，并且试图在媒体对科学议题报道的过程中通过一系列方式进行早期干预，包括发布简报，提供专家对突发新闻的反馈，就具有新闻价值的特定科学议题编辑"事实列表"（fact sheets），甚至是为记者提供独立的科学论文分析。这些努力受到了很多人的欢迎，但是也导致一些记者提出，该中心是一个试图控制科学议程的大型科学公关机构，这些观点在《哥伦比亚新闻评论》（*Columbia Journalism Review*）网络版上的系列文章中均可见到。[4] 尽管存在这样的争议，其他国家现在也出现了一些类似的中心，并且其数量还在进一步增加。

科学记者该何去何从？

我们是否已经进入了这样一个时代：科学记者正逐渐失去他们的媒体平台，并发现自己越来越被热衷于提升其研究品牌（brands）且精通传播之道的科学家所替代？还没有。但是，随着传统媒体平台努力维持着受众量，科学记者正被迫变得更具创业精神，并寻找新的途径向他们的受众解释正在进行着的深刻的科学发展。这些记者使用社交媒体渠道，如脸书、推特，不仅是为了保持与信息源和同行的联系，也是在创建他们自己的品牌。如今，成功的科学作家可能在家办公，他拥有一个关注度很高的博客（理想状况下，这个博客由一个传统媒体网站托管），定期就符合他自称的专业领域的热点话题发布推文（"专业化"是这场博弈的名称），为杂志和在线网站自由撰稿（聚焦于其自身领域），并期望这些活动的协同效应可以给他带来更高的知名度、公众信任度和更多的图书出版合同。

在一些国家，记者们通过非营利组织聚集起来，以维护调查性新闻和解释性新闻的传统。这些团体依靠多种融资机制维持生存，主要来源包括基金会和个人捐款，并且通常把他们的作品免费提供给愿意发表这些报道的机构。"气候内部新闻"（Inside Climate News）就是这些非营利团体之一，它专注于报道能源和环境科学的相关议题，并且因记者把美国中西部石油泄漏的素材扩展成了对国家石油管道安全议题的报道而获得了 2013 年的普利策奖（Inside Climate News Staff，2013）。

在《新闻学》（*Journalism*）杂志的一期专刊——《数字时代的科学新闻》中，撰稿人详细讨论了传播渠道变革对科学新闻的影响。专刊主编斯图亚特·艾伦（Stuart Allan，2011）认为，这种影响有利有弊。"狂野的西部"（wild west）网站为科学记者提供了与各种受众——从普通大众到科学家——进行直接透明交流的机会；社交渠道的互动性本质使得用户可以用更深刻的方式来理解科学；科学记者在跨平台发表过程中讲故事的能力得到大幅度提升，能够更好地传播科学。《纽约时报》在多平台上发布的报道《降雪：隧道溪的雪崩》（*Snowfall: The Avalanche at Tunnel Creek*）提供了一个很好的例证，该报道以纪事形式描述了一群世界顶尖滑雪人员被困美国西北部山区后遭遇雪崩身亡的事件。[5]

但是，艾伦也提醒我们注意这个美丽新世界可能带来的负面影响。网络像一个"黑洞"一样，需要持续地为它提供材料。新闻成了7×24小时的职业，报道成了没有明显终点的快速反应过程。为互联网消费生产科学新闻具有很多挑战，其中包括：持续更新的受众需求、将信息转变为记叙性报道的速度，以及尽可能提高叙述简洁性的要求，等等，这些对只有几秒时间浏览报道的受众来说至关重要。

费伊和尼斯贝特（Fahy and Nisbet，2011）认为，记者的角色需要扩展以适应21世纪的这些变化。虽然一些记者将继续扮演这些长期存在的角色，例如，（对科学议题进行）分析和解释，揭露错误行为，对全景进行监测以提醒公众注意重点变化，但是，新的传播模式将吸引科学记者进入新的角色中。费伊和尼斯贝特指出，这些新的角色包括：策展人的角色——对现有的新闻和评论进行汇总和解释；公民教育者的角色——把科学新闻作为一种方式，以告知受众"科学研究的方法、目标、局限性和风险"（Fahy and Nisbet，2011：780）；以及"公共知识分子"——科学记者不仅要对观点进行综合，而且还要进行解读。

在这个变化的时代，对哪些职业将得到强化以及哪些职业行将消失下结论为时尚早。学者们刚刚开始探索上述变化带来的影响，因而还难以评估与其相伴的社会风险及收益。

其他问题的解决也亟待未来对科学记者的行为和产品开展研究，其中最突出的问题就是：谁是科学记者。过去的研究将组织隶属关系作为界定科学记者的一个重要因素。但是，在一个充满自由职业者的世界里，很多人某一天为一种杂志工作，另一天又为一个政府研究实验室工作，所以，区分科学记者与非科学记者将会非常困难。

同样，什么是科学新闻？一条推文？一篇博文？即便一篇报道看起来像是传统的新闻叙事，但是，它是在什么时候成为一个完整叙事的呢？在电子出版环境中，记者和编辑可以随意修改内容，甚至删除整个报道（Riesch，2011），学者们又如何确定应该在何时对报道进行评价？

然而，科学记者的承诺和激情却未曾改变。在我的家乡威斯康星州麦迪逊市，长期为当地报纸供稿的科学作家罗恩·希利（Ron Seely）退休了，部分原因在于小城市新闻业的衰落让他感到沮丧。令人遗憾的是，这家报纸不打算找人接替他的位置，但是希利很快在非营利性的威斯康辛调查新闻中心（Wisconsin Center for Investigative Journalism）找到了工作。在那里，他将继续他从事了30多年的职业，报道复杂的科学和环境问题（Fuhrmann，2013）。他对职业生涯的下一阶段的兴奋让人深受感染，也提醒我们，做得好的科学新闻将具有极大的社会价值。现在，全社会都需要弄清楚如何保持这种能力。

问题与思考

· 在报纸、杂志等传统媒体衰落的过程中，科学新闻将如何生存下去？

· 互联网出版环境以何种方式改变了科学新闻报道？

· 在 21 世纪如何界定科学记者？这种界定与 50 年前有何差异？

尾注

［1］本章进行了大量修订，特别注意更好地捕捉到全球科学记者的工作，并更新了我们对互联网和市场力量如何影响新闻实践的理解。

［2］该调查报告可从这个网址获取：www.wellcome.ac.uk/About–us/Publications/Reports/Public–engagement/ WTX058859.htm（查询时间为 2013 年 7 月 31 日）。

［3］排名前 15 的大众新闻网站（*Top 15 Most Popular News Websites*），由"eBiz/MBA–The eBusiness Knowledgebase"编辑，参见网址：www. ebizmba.com/articles/news–websites（查询时间为 2013 年 7 月 30 日）。

［4］该系列从福克斯（Fox）和圣·路易斯（St. Louis）在 2013 年 6 月 17 日撰写的文章开始，然后是艾略特（Eliott）等人在 2013 年 6 月 19 日撰写的文章，而布雷纳德（Brainard）和温斯洛（Winslow）在 6 月 21 日撰写的文章使其达到最高潮。参见网址：www.cjr.org/the_observatory/。

［5］参见网址：www.nytimes.com/projects/2012/snow–fall/#/?part=tunnel–creek。

（王大鹏　唐婧怡　王永伟　等译）

请用微信扫描二维码
获取参考文献

4

科学博物馆与科学中心：
演化路径与当代趋势[1]

伯纳德·席勒

导言：什么是 SMC？

"SMC"是英文"Science Museums and Centers"的缩写，指的是科学博物馆、科学中心和探索中心。本章将围绕三大问题展开：① SMC 向公众传播什么样的知识？② SMC 强调与公众进行怎样的互动？③ SMC 如何呈现它们想展现给公众的"科学"？

诚然，SMC 是致力于科学传播的博物馆，但是这样一个定义能将其与艺术博物馆或历史博物馆区别开来吗？此外，它们与动物园、水族馆、天文馆、观察站，以及温室、植物园、树木园、自然公园、展览中心又怎么区分呢？更别说太空中心、交通博物馆、铁道博物馆等场所了。所有这些以传播科学知识或技术应用为己任的机构与 SMC 的关系都很难说清楚。同样的问题还有，人种学、人类学和社会学博物馆应该归到 SMC 之列吗？不应该！我想，了解人文社会科学和自然科学之间传统划分的人都会给出这样的答案。但是，如果我们仔细考虑 SMC 在近代以来的演进，就会发现，它们越来越多地注重科学技术的历史背景和社会应用，从而较多地借用了人文社会科学的论述和方法。这样一来，科技类博物馆与人类学博物馆就变得区别不清，尤其是在人种学、人类学和社会学博物馆也不断地吸纳科学的元素之后，二者的边界日渐模糊。

关于科学的展示，很难不与其社会作用联系起来，因此，一所真正的科学博物馆或科学中心，与其他类型的博物馆，如社会博物馆之间，很难划定明确的界限。这其中一个很重要的原因是，科学与社会复杂关系的历史演进过程简单来说就是一个互相融合的过程，而当代社会的发展，若没有科学技术进步的推动，则是很难想象的（参见 Schiele，2011）。

这就是为什么所有领域的博物馆总是对不断变化的社会情境保持敏锐的洞察力，在它们的展品、展项和活动中反映科学发展带来的社会环境的不断调整，尤其是科学发展给社会发展施加的压力。博物馆实际上是科学与社会之间张力的一个缩影，从中往往可以看到由科学对人类价值与信仰的入侵带来的科学与社会的紧张关系（Leshner，2007：1326）。换句话说，如果求知活动可以被视为一种冒险、一种乐趣或者一种有用的活动的话，那么，博物馆不再可能将科学活动从社会中抽离出来，也不再能仅仅履行宣扬科学知识的使命而放弃对科学技术在社会中的角色的批判。

基于以上对科技馆定义的阐述，我们将讨论的内容限定在科技博物馆，并从阿尔廷斯（Althins，1963）给出的定义开始反思，彼时正是第一代和第二代科学博物馆面临危机、博物馆共同体试图寻求科学博物馆发展新出路之际。对于阿尔廷斯来说，科技博物馆"①首要关注的是整体或部分的科学与技术；②与自然科学博物馆并非总是泾渭分明，尤其在生物、自然资源管理等方面；③重视相关研究的最新进展，适当的情况下，对这些研究的历史脉络也进行相应的简单梳理；④这些研究的主题在其他类型的博物馆中得到了完整且恰当的展示，如在历史博物馆、区域博物馆以及其他专业的博物馆中"（Althins，1963：132）。阿尔廷斯还指出，迄今为止，大部分科技博物馆还是选择以传统使命为己任，包括：促进大众了解最新科学发现；展示从基础科学研究发展而来的应用科学的进展；称颂发明家与发现者；鼓励青少年去发现和创造；通过员工培训和教师培训项目来促进科学教育的发展；培养批判意识和独立思维；展示生活条件的改善始终取决于科学技术的发展；以及，总体来说，在不损害人类权利和文化遗产的前提下，促进人们适应不断扩展的工业社会（Althins，1963）。这样的愿景一直在持续着，尽管科学博物馆与科学中心也开始关注科学与社会的关系。

之后的一些定义并没有从实质上丰富阿尔廷斯的定义，而是将焦点转向了描述科学博物馆与科学中心的功能。如丹尼洛夫（Danilov）在定义科学中心的时候，将它们描述为：

现代的、互动参与型的非正式教育设施，而不是具有历史意义的、非接触式的文物储藏室。不同于大多数博物馆安静的氛围与精英主义的理念，科学中心是活跃的、平民化的。它们通过启发式的、娱乐式的传播来寻求公众对科学技术的进一步理解，普通人不需要具有任何特殊的兴趣或知识背景就能理解或是欣赏科学技术。

（Danilov，1982：2）

SMC 面向社群服务，它们的公共教育目标是：展示科学从开始到最新进展的演变过程，同时更强调最新成果；传播科学技术以促进相关信息的获取，普遍提高参观者的知识水平，激发大众对科学技术的兴趣；将科学技术置于特定社会背景中，从而强调它们在现代社会中的重要地位；以及促进知识的民主化，不论公众有什么样的教育背景、期望或兴趣，SMC 都是在面向全社会提供展品、展项和活动。

很重要的一个事实是，SMC 的数量一直在平稳增长，到 21 世纪之初已经有 3300 余个（Beetlestone *et al.*，1998；Persson，2000）。这种增长态势还在持续，例如中国就正在广泛铺设 SMC 网络来支撑其发展（参见本书第 16 章）。随之而来的是社会参与者特性的变化，他们被要求掌握一定程度的科学文化。SMC 把这种需要视为一种合法的、可取的且有用的文化愿景，并为这些人提供帮助，确保他们能够融入社会并最终实现社会跃迁。

博物馆（包括 SMC）显然不是知识传播的唯一场所。即使按照定义它们是致力于知识传播的空间，但正如 SMC 传播科学知识，历史博物馆传播历史知识，人类学博物馆传播人类学知识，它们在各自的领域都不具有垄断权。大众科学杂志、电视节目（包括纪录片）、科幻小说、未来派电影、网站、学院和大学都是知识传输的场所，它们不断地向读者、听众、观众、研究人员、学生及外行输送知识。霍尔格·瓦根斯伯格（Jorge Wagensberg）是一位非常有影响力的博物馆馆长。他设计的巴塞罗那科学博物馆于 2004 年在西班牙巴塞罗那开幕。他曾说：

博物馆可以自愿地教导公众，为他们提供信息，开展教育和研究，保护文化遗产……但总有其他的机构能更好地承担这些功能，比如，中小学和高校能更好地发挥教学功能，家庭与社会环境在教育方面能发挥更长远的作用，互联网能提供应有尽有的信息，科学家更擅长做研究……那么，"博物馆擅长什么呢？"

……博物馆是一个致力于激发民众的知识空间，通过展品和现象演示等实际物品或操作，激发公众与展品、与周围人之间的对话，从而传播科学知识、科学方法、科学观点。

（Wagensberg，2006：26-27）

不过，科学博物馆激发的是一种怎样的对话呢？这方面麦克唐纳（Macdonald，2001）发展了本内特（Bennett，1995）与福柯（Foucault，1970，1977）的思想，她认为，科学博物馆可以看作文化性的科技机构，既限定了某些特定的"知识"，也限定了一些特定的公众（Macdonald，2001：5）。换句话说，她的定义与之前提到的阿尔廷斯、丹尼诺夫的定义不同，她认为 SMC 并不是简单地覆盖某一领域的知识，也不是限制知识传播的形式，更不仅仅是一种传播的方式（如瓦根斯伯格提到的"激发"）。我们要理解 SMC 作为一个机构，如何展示知识："致力于科学传播的博物馆并不是简单地将科学放上展示架，而实质上，博物馆也在'建构'某种科学，且赋予这种科学以合法性。"（Macdonald，2001：2）。

由此，我需要阐明本章开始提出的问题：哪种设施在向公众传播科学的时候较为成功？它们有怎样的传播模式？将给科学形象的塑造带来什么影响？

科学博物馆与科学中心的语境

为了回答这些问题，并且预测 SMC 可能出现的形式，我们须清楚，SMC 采用过的那些策略，包括现在采用的新策略，并非仅仅是某些特定的 SMC 选择和实施的结果，而是由更广泛的社会语境所决定的。全球化趋势的影响以及博物馆所处的特定文化环境，都会影响博物馆展示的内容和方式。

SMC 从科学与社会关系的演变中得到启示，采取了一种折中的策略。20 世纪 60 年代，西方社会经历了深刻的社会与文化变迁，而这种变革体现在博物馆，则是对民主的追求，最终导致了博物馆与公众关系的巨大变化。促成这种深刻变化的因素有不断提高的教育水平和生活水准、城市化进程、传播技术的发展、大众旅游的兴起［Hobsbawm，（1994）2004］。英国上议院科学技术特别委员会 2000 年发表的题为《科学与社会》的报告指出，"社会与科学的关系已处于一个关键的阶段"（House of Lords Select Committee on Science and Technology，2000：Chapter 1），英国出现了影响整个社会的信任"危机"，SMC 不能再忽视自身与公众关系的建设。博物馆不是存在于孤岛之上，而需要随着社会的变化而变化。

社会的影响大多是间接的、潜移默化的，但这种影响并非是无效的。当然，有时也会有直接的影响。一个很典型的例子是在加拿大的一项关于性的展览 "Sex：a Tell-All Exhibition"[2]。这个展览首次在蒙特利尔科学中心展出，当时并没有受到抱怨或抵制，反而在 2011 年获得了加拿大科学中心协会与其他组织颁发的两项最佳展品大奖。此后，加拿大科学与技术博物馆[3] 于 2012 年引进此展。然而，加拿大文化遗产部部长詹姆斯·摩尔（James Moore）在展览首次开放前进行了参观，之后就引发了一场争议。那时候，他对来自宗教团体的压力很敏感[4]，认为展览的内容"侮辱了纳税人"（Mercier，2012）。作为回应，加拿大科学与技术博物馆在维护自身独立性的同时做出了妥协，将展览观众的准入年龄从 12 岁提高到了 16 岁。

同样，1995 年在美国国家历史博物馆展出的"美国人生活中的科学"（Science in American Life）也激怒了科学共同体。尽管美国化学学会在该展览筹备的 4 年时间里一直担任主要科学顾问，并且展览也得到了他们的批准，但美国物理学学会提出了异议，并强烈要求该展览做出改变。该展的主要负责人莫勒拉（Molella，1997：131）称之为"史密森学会博物馆前所未遇的情况"。对莫勒拉而言，物理学家们对于"身着社会的外衣来展示当代科学"（Molella，1997：131）的展览的反应，可以解释为，这个展览关注了科学对社会的影响所引起的社会变革和价值观，但传统的（至少在美国的）科学展览所设定的科学形象是完全独立于社会的，科学研究无涉于任何社会价值。莫勒拉认为，科学界的这种反应是对科学家们在当代丧失了其原有的权力和威望的一种抗议。这一解释引入了一个有趣的角度，我们可以设想，当权威人物的角色普遍受到质疑之后，博物馆类机构存在的合法性将何去何从。最后，美国国家历史博物馆对展览进行了调整。尽管如此，制度研究办公室（Office of Institutional Studies）——一所独立机构——做的一项参观者调查显示，与科学家的担忧恰恰相反，大部分参观者对科学是持乐观态度的。但科学家们特别恐慌，认为展览所设置的语境可能会玷污科学形象（Molella，1997）。

莫勒拉认为，"美国人生活中的科学"展览遭受的压力还与寻求私人投资带来的干扰相关："只要依赖投资人的钱，我们就在外来的压力面前变得脆弱，丧失自主性，这种情况在充满压力的时代无疑变得更糟（Molella，1997：135）。哈德逊（Hudson，1988）也对商业赞助可能对博物馆的使命造成的破坏表示担忧，他说"企业的商业赞助强加给博物馆的条条框框未必比来自政治的限制小"（Hudson，1988：112）。意识到博物馆需要考虑社会语境以及由此产生的内在挑战，他补充道：

在当今社会，任何一个科学博物馆，如果不鼓励它的受众去思考科学技术与人类社会的关系，那将必定是不负责任的，是跟不上时代的。不加批判地崇拜"进步"思想可能适用于制造业和广告业，但绝不符合人类的最高利益。

（Hudson，1988：112）

全球化作为外部因素，会潜移默化地，甚至是直接地作用于 SMC。而由博物馆机构形成的仅适用于博物馆领域的环境，则成了内部限制。

尽管 SMC 的目标是传播科学知识，同时也与科学界保持联系以跟进科学的最新进展，但依然不能说它们是科学领域的一部分，它们甚至连外围也算不上。然而，它们却将科学带入现代社会的中心，对科学技术的传播扩散做出了重大贡献（Godin and Gingras，2000）。因此，SMC 被认为是在社会想象（social imagination）与公共空间中展示科学技术。事实上，这正是它们希望去做的，这也正是它们的第一目标。SMC 以科学世界为依托，结合博物馆领域的相关经验，形成了博物馆领域中的一个子领域；但是，博物馆领域的问题与科学界的问题并不相同。SMC 要将自己的发展策略同社会需求与实践联系起来，因为它们与其他类型的博物馆一样，都面临着参观量、经费、赞助、展品更新率、项目承担等压力。

因此，有必要考虑博物馆领域对每个博物馆的使命、目标与实践的结构性影响。这种环境之所以被描述为相关环境，是因为 SMC 与其他类型的博物馆一样，彼此之间有直接的关联，也会因为相互的影响而调整自身。博物馆可以说是处在一个动态平衡之中。这种关联性对博物馆的选择有双重作用，一是整合，二是规范。[5] 这就解释了为什么 20 世纪 80 年代的博物馆，包括 SMC，都借鉴了企业的组织模式（Landry and Schiele，2013）。它们信奉企业管理文化的理念并采用了其操作方法（Paquette，2009）。因此，SMC 开展了一系列以赢取最多观众为目标的活动（Jacobi，1997），与此同时，对人力资源和财政资源的管理进行了合理性调整，使得每一项资源都指向活动目标。这种理性化还扩展到展厅主题的确定、展品的选择以及知识的生产和流动。换句话说，传播科学和最大程度吸引公众这一目标成为博物馆最主要的目标，甚至超过了对科学进展的展示，尽管这仍然是所有 SMC 活动背后的一致主题。

科学博物馆与科学中心发展的四个阶段

科学中心兴起于 20 世纪 60 年代末。尽管最早宣布自己是科学中心的是美国的皮尼拉斯县科学中心（Science Center of Pinellas County，1959 年）和西雅图的太平洋科学中心（Seattle's Pacific Science Center，1962 年），但是 1969 年旧金山探索馆（Exploratorium in San Francisco）和加拿大安大略科学中心（Ontario Science Centre in Toronto）的开馆才真正开启了科学中心的时代。1973 年，北美科学技术中心协会（Association of Science-Technology Centers，ASTC）的成立也象征着科学中心从科学博物馆中独立出来，如今，北美科学技术中心协会已有 600 余个会员。

为了了解科学中心的出现所带来的决定性变化，有必要对 SMC 的历史做一个简短的回顾。参考丹尼洛夫（Danilov，1982）与哈德逊（Hudson，1988）的观点，我们将科学博物馆已有的发展演变划分为四个阶段（图 4-1）。第一阶段是技术史博物馆阶段，第二、第三阶段的科学博物馆聚焦于现代科学，第四阶段的科学博物馆侧重于科学与社会之间的互动。而第五阶段正在形成，将另做阐述。尽管每一阶段都代表着一种新的发展，但这并不意味着后一个阶段会完全取代前一个阶段。相反，每一个新阶段都可以认为是对 SMC 已有形态的一种充实。因而，虽然 SMC 通过互动的展示手段来体现当代科学的进展，但并不摒弃关于科学史的传统展览，如巴黎拉维莱特科学与工业城（Cité des Sciences et de l'Industrie，Paris）展出的"达芬奇：项目、图纸与机器展"（Leonardo De Vinci：Projects，Designs，Machines Show，2012 年 10 月至 2013 年 8 月）；而那些侧重非接触型科学藏品的科学博物馆也不排斥加入互动的元素，如伦敦科学博物馆（Science Museum，London）的豆荚模型展厅就是一个为 5—8 岁的孩子设计的互动展厅。

第一阶段：展示技术的发展史

这一阶段的代表是 1857 年创建的伦敦科学博物馆，其收藏品均为伦敦万国博览会（1851 年）的遗产。同创立于 1794 年的法国国家工艺博物馆（1799 年选址巴黎圣·马丁街，一直保留至今）一样，伦敦科学博物馆"最初是一个教育机构，原计划是向教师及有经验的技术人员提供基础原理方面的教育培训。它是一个教学机构，而且它的收藏品也是为此服务的"（Hudson，1988）。值得注意的是，在法国和英国确立起来的教育功能一直延续了下来，尽管当下对教育功能的理解与 20 世纪 70 年代不尽相同，SMC 仍然在以此证明其产品的合理性。

在那个时期，最重要的是藏品的丰富性及展出方式。博物馆展示它们的藏品，供来访者参观和"瞻仰"。通过展示有代表性的收藏品，它们树立起了教育公众、丰富公众精神生活的典范。法国国家工艺博物馆最初收藏科学仪器，之后扩展到手表、钟表等其他具有技术性的物品；而伦敦科学博物馆的藏品则更多样化，包括技术制

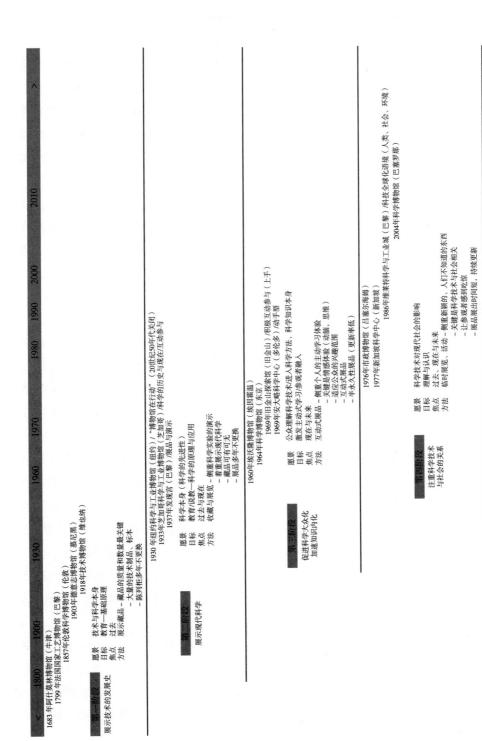

图 4-1 各个阶段的 SMC 及其特征

品、工业制品与艺术制品等。这些博物馆更侧重于技术而不是科学，科学一直是进步的业余爱好者的专利。后来，随着研究集中在大学等学术机构与博物馆（主要是自然科学博物馆）里，科学才走向专业化。在今天的 SMC 看来，这些博物馆事实上是通过对藏品的研究整理来重组和再现技术的历史，包括法国国家工艺博物馆的科学仪器收藏也是如此，它们唤起的是人们对一种实验室技术，而不是对科学思维模式本身的认识。随着 1937 年巴黎发现宫（Palais de la Découverte）的开放，科学博物馆才开始致力于纯科学的展示。

无论如何，有一点是肯定的，那就是：19 世纪的博物馆，在科学的话语权日益显著之时，将科学技术带入了大众视野。正如哈德逊所说，当我们谈论伦敦科学博物馆的时候，"它的象征性意义无疑远远超越了它的实际展出所带来的价值"（Hudson，1988：92）。

第二阶段：展示现代科学，传播科学知识

简单来说，科学博物馆向现代性迈出的第一步有两方面：一是从回溯历史转向关注当下的科学技术；二是强调纯科学的价值，而不仅是技术史。巴黎发现宫的创始人让·佩兰（Jean Perrin）就写道："我们最希望参观者了解到的是那些产生和推动科学的基础研究。"（Perrin，转引自 Rose，1967：206）因而，巴黎发现宫的目标定位是"理解'发现'在文明创造中的决定性作用"（Roussel，1979：2）。为实现这一目标，巴黎发现宫用浅显易懂的方式向参观者再现那些科学史上伟大的实验。事实上，从伦敦科学博物馆的建立，到巴黎发现宫开馆，科学的存在以及随之而来的进步观念在社会和公众想象中得到了肯定。1933—1934 年，在芝加哥举办了主题为"一个世纪的进步"（A Century of Progress）的世界博览会，打出了"科学发现，工业应用，人类适应"（Science Finds，Industry Applies，Man Conforms）的口号，凸显了科学研究与工业之间相互依赖的关系。在开幕当天，通过以光电管捕获大角星（Arcturus）发射出的一束光并用于夜间照明的展示，显示了科学正在成为推动社会变革的力量（Schroeder-Gudehus and Rasmussen，1992）。

世界博览会恰恰打造了 SMC 所梦寐以求的那种与公众的关系。它向所有人开放，无知识门槛，而且还用多种语言提供导览与展厅讲解服务，旨在实现让每个人都能理解的教育功能。它还用实景模拟来实现寓教于乐的效果。世界博览会的四大特色——与学校建立联系、动态与实景展示（包括影院）、导览服务、寓教于乐——对 SMC 的未来发展有决定性的影响，成为 SMC 现在的主要特征。而且，芝加哥世界

博览会在展品摆放上进行了革新，借鉴了百货公司商品的摆放原则，放弃了对物品进行分类，而是按照主题进行分组，让参观者对感兴趣的内容一览无余。SMC 很快便采纳了这种主题式布展，而不再严格按照学科划分的方式来布展。举例来说，法国巴黎 1889 年建立的大动物馆（Grand Galerie de Zoologie），也就是 1994 年重新开放的法国国家自然历史博物馆大演化馆（Grand Galerie de l'Evolution du Museum National d'Historie Naturelle），在今天就是按照 "深海环境" "珊瑚礁" "深海平原" 这样一些主题来陈列标本的，取代了以往分为 "动物" "植物" 的分类学方法。

芝加哥科学与工业博物馆（Chicago's Museum of Science and Industry）从德意志博物馆（慕尼黑，1903 年）、奥地利技术博物馆（维也纳，1918 年）以及那个时代著名的伦敦科学博物馆吸收经验和灵感，在 1933 年再次向公众开放的时候，便有了 "让参观者参与展览" 的理念，让他们有足够的机会跟随问题的答案动态地参观展览（Hudson，1988：104）。

巴黎发现宫（最初是作为 "现代社会中的艺术与技术" 世界博览会的一个展厅开放）也采纳了许多创新措施。它鼓励参观者以无拘无束的好奇心，对未知的事物进行自由的探索，并且最终能有所发现。为了在娱乐中实现该设想，它尝试了现场演示、邀请参观者触摸展品、按按钮等方法（后面两者预示着互动性的产生）（Eidelman，1988）。不过，它还是完全按照学科分类设置的，主要是传播基础科学知识。它基于将实验室—课堂的知识传播转化为娱乐—展品的传播模式，通过人员演示再现重大科学实验，并向参观者讲解，目的是让参观者透过屏幕在外部对概念产生个人感知（Moles，1967：28）。巴黎发现宫的传播模式必定是说教型的，关于此项目的一段原始资料就已经明确说道：

> 演示人员会通过唱片或电影胶片来对演示实验给出必要的说明，在小黑板上写出简短的评论，从逻辑上把实验联系起来，为每一种科学建立一个逻辑的整体，并指出某一发明或实际应用是源自哪项实验发现。
>
> （转引自 Eidelman，1988：180）

巴黎发现宫聚焦当下，运用当时所有的传播手段体现其现代性。最重要的是通过再现那些引发了重大科学发现的决定性实验，以及邀请参观者在演示中追溯这个发现产生的逻辑来源，突破了科学博物馆 "作为展品的博物馆学" 的窠臼，走向了 "作为思想的博物馆学"。

第三阶段：促进科学大众化，加速知识内化

旧金山探索馆与安大略科学中心是第三阶段的标志。这两个馆都于 1969 年开放，以参观者为中心，强调互动性，坚决反对将知识的生产过程作为展教的首要目的，致力于促进公众对知识的内化和应用。从 20 世纪 70 年代开始，SMC 的开放性进一步提高，更加便于观众参观。当时西方社会刮起改革之风，博物馆要么被迫适应，想办法吸引参观者，要么面临倒闭（Dagognet，1984）。时代呼唤新的机构涌现，以弥补公众对传统的文化供给渠道的不满足。对于博物馆的转型来说，这也是一个尝试的过程，因此不可避免地会出现多种多样的发展模式（Mairesse，2002）。科学中心阶段的到来可以看作博物馆领域对新的社会环境的适应，也是对当时个体自由和寻求满足渴望的回应。而且，这些科学中心非常注重年轻的参观者，尤其是学生，并且构建了博物馆与学校的联系网络。

旧金山探索馆自有新的抱负，它完全打破了传统博物馆的做法，不再让展品与公众之间保持距离，而是让公众近距离地接触甚至把玩展品。海恩（Hein）在回忆旧金山探索馆早期经历的时候说道："探索馆引领着尊重自由、表达自由的思维模式，其创始人奥本海默①的个人风格为探索馆的参观者包括员工创造了最大限度的自由与探索空间"（Hein，1990）。这样一种自由的环境使得他们重新审视参观者在博物馆中的角色：每一个人的体验成了展品设计中最主要的考虑因素。展品设计者以及旧金山探索馆所有的工作人员都有一个共识，即"理想的学习应该是无方向指引的、主动的探索，这种探索往往由生活经历所激发，往往会在无意中运用一些资源和概念的时候产生重大发现。他们重视参观者的个人体验，并且认为博物馆有助于丰富这种体验"（Hein，1990）。探索馆的成功之处在于它去除了公众与博物馆展示内容之间的屏障，重构内容，从而让一部分人易于理解，能学到知识，而让另一部分希望获得娱乐体验的人也能满足期望（Desvallees，1992）。

以参观者为本的展览无意于突出某一个科学技术物品，而在于就某个科学话题进行一些解释和演示（Hein，1990）。海恩这样描述探索馆的愿景：

---

① 物理学家罗伯特·奥本海默（Robert Oppenheimer）的弟弟兼同事弗兰克·奥本海默（Frank Oppenheimer）是探索馆的创始人。

探索馆的策略是让公众成为自己的认知实验的主人。博物馆通过互动展品，提供给公众探索和调研的动力与工具。作为主体的参观者可以亲历科学实验，从而分析思考这个过程。

博物馆传播方式的转变与当时博物馆面临的社会压力不无关系。公众不再单单满足于"被动观察者"的角色，不愿被动地接受一套"已实现了的科学成就"（Hein，1990）。参观者必须要参与和主导整个参观学习过程。他们摒弃了从一件展品被动地移到另一件展品的观察模式，取而代之的是按照自己的意愿与这些为刺激他们参与而设计的展品产生交流。

这些博物馆通过提供展品促使参观者与物理的和自然的**真相**［reality，借用瓦根斯伯格（Wagensberg）的隐喻］产生对话。对话包含两个层面：理解博物馆通过展品所呈现的现象、事实、概念和理论；更深层次上，SMC 在呈现**真相**的基础上，对其进行验证，这也是 SMC 区别于传统博物馆的关键。参观者总是会期望知道这些展示给他们的**真相**背后的状态。因此，参观者知道"自己没有被欺骗，也没有被幻象戏耍，更不是在欣赏科幻"（Davallon，1999）。此外博物馆的这些实物藏品的作用正在发生根本性的改变。从 18 世纪末现代博物馆诞生之日起，实物藏品就一直在博物馆中占最主要的地位，博物馆的布展都是以宣传展品为中心。第一、第二阶段的 SMC（巴黎发现宫除外）也依附于实物藏品。而到了旧金山探索馆与安大略科学中心这里，实物藏品的作用仅仅是为了刺激公众与他们在体验过程中所发现的**真相**进行对话。

在这个语境下，设置互动展品毋庸置疑是一条好的路径，可以让参观者参与并开展对话，从而发现博物馆想让他们发现的东西（Hein，1990），进而理解博物馆试图传播的思想，至少对一些思想和理念不再陌生。奥本海默在描绘探索馆的蓝图时说，它将"提供这样一个环境：公众在其中能熟悉科学技术的细节，可以开始通过操作和观看实验室仪器及机械的运作来获得对科学技术的理解；这个空间可以激发他们潜在的好奇心，且能提供答案，至少是部分答案"［Oppenheimer，（1968）1990］。旧金山探索馆与安大略科学中心的创举就在于，它们通过互动展品来呈现思想，邀请公众积极参与。"一个互动的展览就是要参观者能对它的结果或产出发挥影响；如果参观者没有完全投入，那么展览的效果就会减弱，即参观者的参与程度会影响展览的效果"（Beetlestone *et al.*，1998）。换句话说，公众的参与是他们的参观能有所收获的前提条件。

SMC 通过将公众的积极参与社会化，唤起了科学实践的革命，拓展了博物馆学研究。这种参与的观念逐步常态化，博物馆成为公众交流的场所，公众的期待与兴趣成为博物馆项目的核心。

第四阶段：注重科学技术与社会的关系[6]

20 世纪 80 年代初，公众开始对科学脱离社会现实的状况产生不满。公众在有争议的问题上达成一致意见非常重要，却又难以实现。在这样的背景下，SMC 被期待在处理争议性的话题上发挥作用。同时，不断恶化的经济形势也迫使 SMC 重新审视自己的目标定位和工作方式。它们试图平衡两种趋势。

1. 第一种趋势

多年以来，科学与社会的关系都被质疑，这种情况在欧洲或许比在美国还要严重。"进步"这一概念在 10 年前就已经被弱化，而公众在意识到科学技术带给日常生活、工作和环境深刻影响的同时，对其所带来的危害和风险也有了一定的认知。科学成果物化为技术，即技性科学（technosciences），正在以人类历史上前所未有的速度改变着社会，每一个人都潜在地受到影响。博物馆不能再局限于宣传科学文化或弘扬科学的价值，即便有一些博物馆仍对此热衷不已。将科学与社会隔离开来展示的方式已不能满足参观者的期待，他们希望在获取信息的同时还要能参与科学事务的讨论。英国上议院科学技术特别委员会的第三份报告（House of Lords Select Committee on Science and Technology，2000：第 5 章）表达了这种"想要对话"的情绪。洛温塔尔（Lowenthal）的评论呼应了哈德逊 10 年前的观点，即"科学事业引起了人们的恐惧和憎恶，甚至那些已经享受到科学带来的好处的人也有这样的情绪。人们恐惧与憎恶科学，一方面因为它为了保持权威性而远离大众、面貌神秘，另一方面是因为科学带来的意想不到的负面结果"（Lowenthal，1997）。SMC 恰恰面对的是这群已经意识到了技性科学的社会作用并想预知更多后果的公众。他们不再满足于观察到变化，却又只能被动地接受和适应变化的状态。技性科学给社会带来的变化实在太快、太深、太普遍。公众期望挑战科学家、政治家、商业人士替大众做出的所谓好的选择（Le Deaut，2013；Schiele，2013）。公众希望有一条途径，就这些关于他们认为直接与自身相关的技术对社会影响的辩论发声。因此，SMC 不得不适应这样一批有很高的觉悟、明确希望参与决策而不愿再做旁观者的公众。

开放于 1986 年的巴黎维莱特科学与工业城不再将自己定义为科学中心，即使它的部分展品也体现了科学中心的特点（如针对 3—12 岁孩子的儿童城展区）。它推出了一个"科学漫步"（Scientific Stroll）展区，就像它的参观者导览中介绍的，这是一个"来自社会、面向社会的投入"，它涉及"社会和社会问题"以及"我们如何集体地把握未来社会"等。科学城"不能仅仅成为传播文化产品的地方。它必须培育人们对科学、技术与社会关系的反思（这种反思也会被社会所培育）"（Jantzen，1996）。

SMC 里真的要放入争议性议题吗？这很像是一场赌博，而赌博显然是有风险的。科斯特（Koster）在承认确实有必要解决争议性问题的同时，也对 SMC 提出警示："已全身心投入博物馆相关活动那么多年的 SMC，真的有必要冒险踏入有争议的主题领域吗？"（Koster，2012）这样做的风险是无可避免的，可能会遭遇来自科学共同体的反对。受到物理学家们强烈反对的"美国人生活中的科学"展就是一个例子，物理学家们认为其违背了科学"无涉社会价值"的独立形象。科斯特的观点提醒 SMC 领域，在认识到改革必要性的同时，它们也面临着更大的限制和挑战。

2. 第二种趋势

与以上争议对应的是当时社会经济环境的变化。第二次世界大战后虽然有经济全球化的趋势，但总的来说，当时西方经济快速增长的趋势已经停滞。传统的经济复苏手段似乎已不起作用。政府负债限制了其支出能力，因而政府对一些领域进行了资金缩减或是深刻重组，而在此之前，它们还认为自己是这些领域的自然管理者和担保人。教育、研究、医疗、社会和文化项目无疑受到巨大影响，文化传播机构进入了一个充满不确定性的时代。就算在政府支持一直很有保障的国家，例如法国，也遭遇了资源缩减。博物馆现在要自己寻找市场，一方面吸引公众，另一方面加强博物馆之间的合作。在混合经济体制的国家，如加拿大，或像美国这样的政府弱干预的国家，加强合作关系变得至关重要。无论如何，他们都必须面对经济的长期下滑。博物馆也不得不重新思考自身的定位。

管理文化逐渐渗透至博物馆界，并且扩展到广阔的文化领域。在博物馆的传统价值观以及科学辩论的影响所体现出来的对博物馆期望的冲击下，绩效考核与赢利指标在博物馆领域并没有实现预期效果，其潜在影响力也被削弱。同时，博物馆强化了以参观者为中心的理念，但这种理念与 20 世纪 70 年代发展起来的同观众接触和分享的理念并不相同，并且没有观众所渴望的那种参与。正如科斯特前瞻性的警示一样，SMC 在处理争议性问题上保持着谨慎的态度。而且，与那些没有藏品的科学中心相比，以收藏为主的科学博物馆的传统职能，如保存、研究和教育等，与当时兴起的传播、广告、市场等新兴职能格格不入（Tobelem，2010）。随之而来的便是传统职能被边缘化，而想要继续保留和发挥这些传统职能又成本太高。导致的结果就是科学博物馆管理职能的专业化。能否赢利往往成为博物馆挑选展示项目和活动时的重要考虑因素。显然，这一次的演进比前一阶段的更为激进，20世纪六七十年代的转变没有涉及博物馆的实质，而只是对博物馆进行了重新定位，使其展示更民主化。相反，20世纪80年代的这次转变重新定义了博物馆这种机构。接踵而至的经济困难，包括2008年的经济危机，又在一定程度上促成了博物馆管理的职业化以及对布展的经济利益考虑。

博物馆领域的解决方案：临时展览

为应对困难，整个博物馆领域，而不仅仅是SMC，一起发明了临时展览。当然，常规展览项目和活动也有增加。但是，如今占主导地位的还是临时展览。它们还使用了更为丰富的现代传播手段。尽管SMC都有自己的网站，但是它们在脸书、推特等平台上宣传这些临时展览，并且为参观者提供虚拟参观服务，至少提供展览的在线浏览，或是提供参观前的概览以及现场的线上导览。

没有哪个博物馆不需要参观者，也没有哪个博物馆不需要展品。作为博物馆的一分子，科学博物馆的展览长期以来都与收藏结合在一起。第一、第二阶段的科技博物馆向参观者展示收藏品，或部分收藏品。而20世纪80年代转变的重要之处是，它赋予展览以自主性。策划展览的主题不再严格地围绕已有的收藏品，而是具有了更大的自由度。而且，展览的持续时间也缩短了，从几年缩短至几个月。

从管理的角度来看，临时展览[7]给SMC带来了不可否认的好处，因为它有助于实现科技馆吸引回头客的愿望。第一，临时展览可以把实物收藏、标本、仪器、模型等一系列元素集中在同一个空间，在临时展览的有限时间里，参观者可以看到这些往常难以见到的东西，这使得临时展览非常有吸引力。第二，临时展览消除了对馆藏和科学学科的通常意义上的要求，比如，对策展人和科学家的要求，而机构通常会将确保博物馆使命的责任委托给他们。除了主题，临时展览不受任何限制，各种各样的组合或是联想都是可能的。第三，临时展览向参观者提供的解说是紧贴展览主题的，而将各种元素再加以情境化的时候，就可以在形式、色彩、设计上多做文章。举一个极端的例子，加拿大魁北克文明博物馆（Musée de la Civilisation, Quebec）的"蓝色"（Blue）主题临时展览，所有的东西都是根据一个标准选择的，那就是"蓝色"。这就使得参观者不管是在观看联合国士兵的蓝色头盔，还是在观看图阿雷格部族的蓝色服装，都可能会有一个公平的立足点，而不带倾向性。而这样一种将各类元素按一定主题重新情境化的过程对公众也是开放的，公众可以加入自己的理解。在 SMC 里，展览主题一般是围绕科学与技术的，因此会涉及"新材料""新能源""环境变化""纳米科技"这些主题。第四，参观者自身的素质或知识储备已不再重要，或影响甚小。当然，这并不意味着展示给他们的东西是假的，只是临时展览从不预设参观者有一定的知识基础；这也不是通过参观者的参与而不断地调动他们的积极性，而是首先建立一种愉悦的互动关系。然而，通过将这些部分的、碎片化的知识一个接一个地呈现给公众，潜在地就会引导参观者接收一些有意义的信息（Castells，2010）。第五，临时展览还能配合一系列的活动，如讲座、论坛、电影、研讨会等，从而扩大传播范围，吸引更多的参观者。第六，临时展览通常能通过广告、出版物、报道和采访进行宣传，使得活动看起来有特别的意义。临时展览可以发挥不断更新博物馆内容的作用，吸引参观者前来，在感受震撼的同时去探索，在获取信息的同时又获得娱乐体验。

临时展览已成为优秀的博物馆（包括 SMC）招揽参观者的必备方式。科学中心正是办临时展览的先驱，因为它们本来就没有藏品，也不存在传统的束缚。诚然，科学中心依然会提供一些长期的活动项目，但它也会定期地推出新的项目来吸引公众的兴趣。像蒙特利尔的生态博物馆，即使由无法改换的四大生态系统布展，它也会通过临时展览的方式推出一些新的项目。

临时展览在博物馆领域变得如此重要，它不仅能吸引公众，还有助于博物馆活动的理性化和展览标准的确立。临时展览要求博物馆必须遵循"媒体的特定生命周期逻辑"，并已发展成为 SMC 和其他博物馆的一种"标准的展览形式和规范"（Jacobi，2012：138，139）。临时展览的出现"触动了博物馆界"（同上：137），因为它需要经常更新从而维持参观者数量。博物馆开始精简它们的设计与生产技术，就像媒体优化它们的生产技术一样。因此，SMC 开始做大量的展品效果评估工作以更多地了解公众，从而根据公众的文化兴趣、期望与习惯来设计展项。在这个意义上，它们在学习传媒界的做法，根据参观者的期望、品味和技能来调整它们提供的信息内容和水平。创办临时展览需要有一套完善的方法来管理资金，包括销售衍生品以及其他可能产生收益的项目。就此，帕克特（Paquette，2009：64）总结道：

在文化机构，管理表现为一套市场逻辑，用利益来衡量成败，这损害了以公众服务和大众利益为重的体制逻辑……因此……管理主义会使公共事业变成市场服务，将市民转变为消费者。

临时展览的成本有时会非常高，以至于 SMC 需要不断地寻找资金。日益增长的 SMC 数量加剧了本来就激烈的馆际竞争，同时也加剧了 SMC 与其他类型博物馆的竞争。为了创办新的展览，所有的博物馆都不得不在资助稀缺的环境下争夺资源；展品制造的理性化与标准化也没能引导它们吸收工业生产的逻辑或者建立大范围的产品网络，这点不像文化产业（Miege，1996）。由于博物馆媒介空间的特性，它们的参观者永远是有限的。电视、电影和互联网都可以展示和模拟**真相**，但它们并不需要真的做出一个物化的产品来呈现给公众。博物馆展览则截然不同，它必须要用真正的、物质的展品来建立公众与外部世界真实现象的连接，如那些时间上不可经历（如恐龙）或空间上不可接触到（如月球）的**真相**（Schiele，2001）。

现代技术的发展使得利用多种设备来强化参观体验成为可能，如，可以利用虚拟的沉浸式环境，运用增强现实技术，并利用社交媒体让公众提供参观反馈（Ucko，2013）。所有这些技术都能创造出令人兴奋的、多重感官刺激的环境，但并不会消除 SMC 始终要让参观者接触**真相**的使命（Wagensburg，2006），而参观者也正是为了真实的体验而来。因为，如果他们想要别的体验的话，完全可以去游乐园或游戏厅。所以，临时展览的内容必然还是会有一定的范围限制。即使它能像时尚大片一样"卖座"，仍然很难收回成本（Ucko，2013）。就像电视和电影节目一样，临时展览夸口说的原创性到最后看起来还是重复率很高。而且，"日益增多的临时展览会导致逆反的效果，同时开放的临时展览数量过多，让吸引参观者变得更难"（Jacobi，2013）。

因此 SMC 也开始探索新招来应付这样的困境，如联合举办巡回展览。举例来说，2001 年名为"致命诱惑"（Fatal Attraction）的关于动物语言的展览就是为三个不同的博物馆设计的，它们是比利时皇家自然科学博物馆（Institut Royal des Sciences Naturelles de Belgique，布鲁塞尔）、荷兰国家自然博物馆（Nationaal Natuurhistorisch Museum Naturalis，莱顿）和法国国家自然博物馆（Muséum National d'Historie Naturelle，巴黎）。这样的努力反映了科学博物馆寻求合作、共享资源、降低成本的愿望。同时，这一展览通过对动物的求偶行为的科学观察来展示它们与人类行为的相似性，表达了科学博物馆追求原创的决心。另外，一些 SMC 还通过加入一些联合组织来寻求合作，如"NISE 网就有近 200 个会员单位，它们在平台上参与各类资源的开发、共享和调整"（Ucko，2013：24）

说到此，会有人产生疑问。是否科学博物馆第四阶段在趋近尾声？科学博物馆是否在处理科学与社会的关系方面并不成功，也并没有创新措施来应对临时展览的弊病？SMC 以及整个博物馆领域，在不放弃展品的同时，正在将注意力转向事件（events）。这并不完全是经费短缺或者临时展览的平庸表现所致，而是另有原因。

科学博物馆是否转向新的范式？

在过去的 10 年里，社会发生了巨变，但博物馆并没有跟上改革的步伐。数字技术催生了一场深刻的社会变革，其中最显著的影响就是全球即时通信的实现。传播变得极其容易且无处不在（Castells，1996，2004）。网络连接使交流变得及时、直接且未经过滤，无论你在世界的哪一个角落。在一个实现了全球即时交流的社会，已没有中心与边缘之分，时间成为流动的"空间"（Castells，2010）。在这样的传播社会里，我们可以说原则上实现了在任何时间可以获取任何信息，这会引发各种我们难以理解的文化的改变。重要的是，"活在当下意味着什么"（what is means to be now）（Morton 1997：169）。历史上的所有社会生活都倾向于避免无常，可我们的社会似乎已经放弃了这一点，好像只有当下的生活经历是最重要的。

同样，为适应当下眼花缭乱的社会，SMC 不得不转向关注进行中的科学研究，而不是已确定的科学事实，以呈现科学与社会的相关性。梅耶（Meyer，2010）觉得，向公众展示"科学"是一件严肃冷峻的事情：应该表现得客观、独立，且与任何社会意识形态不相关；知识是确定性的，所有的矛盾都已经解决了。相反，展示"研究"文化则是火热而富有激情的：研究是带着感情色彩的，是能够调动人的激情的；同时，不确定的知识伴随着很大的风险。前者展示的是从主流科学中确立起来的事实，而后者则是揭示研究的动因，以及行动者之间的关系与位置。可以说，这种转变是双重的：一是从关注过去转向关注现在，二是从展示客观知识转向关注参与知识生产的行动者（Meyer，2010）。表 4-1 将详述这些转变。

临时展览的制作周期很长，更新速度较慢，许多 SMC 试图设计能够根据最新科研进展进行调整的临时展览，打破这一困局。总体而言，SMC 已经意识到，它们的展览，包括临时展览，都已经跟不上时代，因为"博物馆与其他社会空间的边界已经模糊化了"（Cameron，2010：60）。因此，它们转向了各类不同的设计来持续跟进当下的科学议题，如辩论、论坛、会议，这些设计的影响范围也因网站和博客等传播手段而不断扩展。例如，太平洋科学中心（Pacific Science Center）就开展了让科学家来展示"进行中的科学"活动。它们做了一个名为"科学家视点"（Scientist Spotlight）的交流会，让科学家展示他们的研究，与公众面对面讨论。目的就是要最大限度地增加科研人员与公众就不断更新的科学议题进行直接交流的机会（Selvakumar and Storksdieck，2013）。科研人员还可能需要描述自己的科研生活和真实的生活状态，而不再只是展示科学成果或现象。这个创举正是 SMC 重新定位的尝试——让研究人员扮演场馆的主角，展示和描述他们正进行着的科学研究。而且，这里所列举的转型也在其他的科学传播机构开始了。

表 4-1　展示已完成的科学和进行中的科学

已完成的科学	进行中的科学
一种声音	多种声音
决定性观点	多个竞争者
共识	冲突，不一致意见
答案	问题
真理	挑战
确定	模糊
线性路径	多重路线
物理世界	与人的关系
必须的	偶然性
事实	有争议的话题
结果	试探性结果
成就	失败、缺陷、失常
产品	过程
稳定的知识	未完成的知识
封闭的知识	开放性研究
安全的知识	参与式研究
固定的知识	争议性的研究

整理自：Caleb，2010；Cameron，2010；Koster，2010；Meyer，2010。

当然，常设展览和临时展览都不会在短期内消失。这是因为，即便有非物质文化遗产的增加以及数字文化的进入，物质文化依然是博物馆的基础。不过，SMC 在发生本质的转变。正如卡梅隆（Camerom，1971）所思考的，博物馆到底是应该成为"庙宇"还是"论坛"？被公众不满足于观察而希望参与的热情所激发，SMC 日益转变为对话、交流、讨论的场所。

除了少数例外，到目前为止，还在流行的科学展示方式（第一、第二、第三阶段）依然保持着展示已确定了的科学的老路，很少在公共领域讨论有争议的科学话题。在这个意义上，科学的声音是单一的、不容置疑的，科学是有清晰答案的，存在唯一真理。围绕物质世界，科学解释事实，展示结果，通报已有的成就和产出。只有那些得到广泛、深刻认识的知识才被呈现出来。而相反的路径则是展示自身不确定性的科学，这个趋势在欧洲比在美国更流行。科学进步伴随着风险的观念正在侵蚀科学的权威地位。现代文化变革关注了社会领域中的所有声音，正在进一步侵蚀科学的权威以及所有形式的"制度权威"（institutional authority）（Cameron，2010：61）。展示形成中的科学为争议和辩论开启了大门，突出了参与进来的行动者，以及他们所支持的观点。对于科学研究可能产生的问题、模糊之处、不一致意见、冲突等的披露，使得公众可以参与到与他们相关的议题中，如环境变化、生物伦理、可持续发展、核能、转基因生物与污染，等等。因此，我们所处的时代文化再次凸显了科学与社会的关系问题。这些问题也一直困扰着 SMC，尽管临时展览一度帮它们规避了这些问题，可如今，问题又回来了。

问题与思考

· 19 世纪到 20 世纪初，什么样的社会环境影响了科学博物馆与科学中心的发展？

· 在科学博物馆与科学中心的展览中，公众参与程度的日益强化是如何体现的？

· 科学中心新近发生的改变有何根本性的特征，使范式的转换成为可能？

尾注

[1] 在 2008 年版中，本章（Schiele，2008）详述了科学博物馆从起源到 2000 年的发展史，阐述了启蒙思想是如何影响现代博物馆与科学的，得出了博物馆在重新定位的结论。本章在 2008 年版的基础上进一步深化了关于科学博物馆的重新定位和发展趋势的思考。

[2] 参见网址：www.montrealsciencecentre.com/exhibitions/sex-a-tell-all-exhibition.html（查询时间：2013 年 5 月 20 日）。

[3] 参见网址：www.sciencetech.technomuses.ca/english/whatson/2012-sex-a-tell-all-exhibition.cfm

（查询时间：2013 年 5 月 20 日）。

［4］参见网址：Religious groups mobilised against the exhibition on sexuality presented in Ottawa, Radio Canada, May 17, 2012; www.radio-canada.ca/regions/ottawa/2012/05/17/006-expo-sexe-evangelistes.shtml（查询时间：2013 年 5 月 22 日）。

［5］一些协会的名称体现着它们的职能，如 Ecsite（European Network of Science Centres and Museums），ASTC（Association of Science-Technology Centers，US），CASC（Canadian Association of Science Centres），ASPAC（Asia Pacific Network of Science & Technology Centres），ASMD（Association of Science Museum Directors），ANHMC（Alliance of Natural History Museums of Canada），AZAA（American Zoo and Aquarium Association），等等。

［6］这部分有针对 2008 年第 1 版（Schiele，2008）以及兰德里和席勒的研究（Landry and Schiele，2013）最后一部分内容的反思。

［7］雅各比（Jacobi，2012）谈论了临时展览带给博物馆的重大变革，在此我吸纳了他的重要思想。

（高秋芳　译）

请用微信扫描二维码
获取参考文献

科学传播中的公共关系：
信任的构建与维持[1]

瑞克·博切尔特、克里斯蒂安·尼尔森

导言

公共关系（Public Relations，PR）已经成为科学传播中重要且不可或缺的一部分。不管我们承认与否，科研机构都以各种各样的方式运用公共关系。为录取新生和招聘新职员，高等教育机构会对其项目的质量进行宣传。科研机构（其中很多机构也有高等教育项目）为展示其公信力，同时也期望获得一定公共知名度，进而吸引额外资金，会对外发布新的研究成果，以及宣传政府和私人基金会支持的研究项目。非营利组织也会宣传它们的工作以吸引新的捐助者，或吸引公众关注他们的议题以及他们是如何影响立法或政策变革的。企业、科研机构也会利用公共关系吸引并留住他们的客户或者投资者，或试图改变顾客对其产品或其他相似产品的消费行为。

近几十年，科研机构的公关专业化和制度化不断提高。然而，对于公共关系在科学传播中所扮演的角色，比如媒体对科学的报道，公众对科学的态度，以及互联网对公众获取科学知识的影响，等等，尚未有足够的研究。但也有一些相关研究值得我们关注，包括科学公共信息官（Public Information Officer，PIO）作为传播过程中的"演员"或"看门人"的单一角色（Ankney and Curtin, 2002; Kallfass, 2009），公共关系与科学新闻的关系（Bauer and Bucchi, 2007; Göpfert, 2007; Friedman *et al.*, 1986; Müller, 2004; Nelkin, 1995），风险传播和健康传播中的公共关系（Hamilton,

2003；McComas，2004；Palenchar and Heath，2007；Springston and Lariscy，2003），以及数字媒体对科学公共关系的影响（Duke，2002；Lederbogen and Trebbe，2003）。

本章探讨了这些问题以及科研机构采用的公关方法，这些机构在公共关系上要达到的目标，科研机构在哪些层面上利用了或者能够利用公共关系，在组织行为方面对公共关系的管理，以及从过程和结果两方面对公关实践进行评估的方式。"公共关系"是传播学领域的学术研究者们常用的一个术语。在企业界，这一术语指代一个机构的传播管理功能，但是在科学界，很多情况下，公共关系意味着要花招迷惑或者欺骗潜在客户或公众。在我们看来，公共关系是一门艺术，也是一门与公众建立有意义的联系的科学，而这种联系是一个组织维持工作所必需的。它不应被看作"营销"的同义词，虽然在一些科研机构中营销可能是公共关系实践的一部分。

这里所采用的方法是把科研机构中的公共关系看作建立信任的方式——既为了科研机构，也为了更一般意义上的科学事业，同时也把公共关系作为未来学术研究的一个统一概念。信任的构建与维持有几个因素：透明性、能力、可信性、可靠性、完整性、合法性和生产效率。这就意味着要策划和管理一系列战略传播项目，在科学和不同的群体之间建立多元的关系。正如公共关系学者格鲁尼格和亨特（Grunig and Hunt，1994）所说的，信任的构建与维持取决于科学家、新闻发言人和传播管理者对他们知道的信息如何处理，以及别人又是如何看待他们所说的话的。

科学传播中的公共关系：历史回顾

公共关系是一个较新的领域，企业界和科学界进行公关实践也不过短短百年，学者对它进行研究的时间则更短。在某些形式上，营销和宣传贯串于整个科学的历史之中。从17世纪开始，到19世纪的绝大部分，学术界在追求知识的过程中利用自然神学（natural theology）来建立信任。罗伯特·K. 默顿［Robert K. Merton，（1938）2002］阐明，通过强调早期实验科学的开展与清教主义之间的密切关系，17世纪英格兰的自然哲学家是如何获得了合法性和可信性的。19世纪，有效的大众传播手段的发展为科学家和其他人开辟了一个全新的领域，这些新手段将科学带到兼具公共教育、娱乐、参与和宣传的**市场**（marketplace）环境中（Fyfe，2004；Fyfe and Lightman，2007；Secord，2000）。

到20世纪初，科学本身成为一个高度职业化和专业化的领域。从社会及认识论角度，**真科学**（real science）和公众被划分成界限分明的两个概念。这种观点正逐渐得到认可，部分原因在于，许多人试图让科学在大众之中流行（Shapin，1990）。由于部分地认识到科学和公众之间的差异，美国的科学协会和大学自20世纪初开始聘用公共关系主管并开展新闻服务（LaFollette，1990）。科学服务社（Science Service）是位于华盛顿特区的一个科学新闻传播机构，在1921年由一些关注资金募集和科学公共形象培养的科学家与富有的报纸出版商 E. W. 斯克里普斯（E. W. Scripps）共同创立。对于斯克里普斯来说，公众对科学的信任取决于科学确保民主进程的能力。科学新闻是让科学"民主化"的最有效方式，按照他的说法，科学为"95%的人"提供了"对国家大事形成真知灼见的基础"（转引自 Rhees，1979）。

在欧洲，科学家们参与了20世纪三四十年代科学的社会关系运动，进一步促进了科学成为民主的一个关键要素。在英国，科学传播的主要倡导者之一，结晶学家和公共科学家 J. D. 贝尔纳（J. D. Bernal）提出了一种观点：为战胜法西斯主义，有必要向公众宣传（恰当的）科学信息和世界观。和斯克里普斯一样，他对于媒体缺乏严肃的科学报道深感遗憾。根据贝尔纳（Bernal，1944：304）的观点，通过"向成年人提供欣赏科学正在做什么以及它将可能如何影响人类生活的机会"，科学新闻必须让"对科学的真正理解成为当今日常生活的一部分"。一些科学记者尝试利用贝尔纳和其他科学家的观点提升公众对科学的理解和欣赏能力，比如英国的 J. G. 克劳瑟（J. G. Crowther）和丹麦的 B. 米克尔森（B. Michelsen）。第二次世界大战之后，米克尔森曾短暂领导过联合国教科文组织（UNESCO）的科学与科普部（Division of Science and Its Popularisation），在全球范围内发展科学新闻和公共关系事业（Nielsen，2008）。

像科学服务社和联合国教科文组织科学与科普部这类机构，结合了两种理想类型的公共关系：**宣传**（publicity）和**公共信息**（public information），这两种类型在今天的科学公共关系中仍然占据显要位置（Grunig and Hunt，1984）。宣传旨在将公众的科学意识最大化，这得益于大众传播技术可以让更多的目标信息快速到达大量受众。机构发布的新闻稿数量、被记者采用的新闻稿数量以及新闻稿所产生的报道数量是衡量宣传成功与否的典型标准。一项针对1939—1941年发行的97种美国报纸的早期研究表明，大约有5%的非广告版面致力于科学新闻（Krieghbaum，1941）。相反，公共信息内化了科学家对传播给公众的信息之质量的关注。它致力于增强科学的公信力和公众教育。在20世纪中叶，对于科学记者和其他从事科学公共关系工作的人来说，科学公共关系的一个重要方面是：在对制造新闻的需求与对传播正确信息的强调之间寻求平衡。这一点一直延续至今。

第二次世界大战之后，科学家和科研机构采取了第三种公共关系方法：双向非对称模型（Grunig and Hunt，1984）。这种公共关系模型以（半）科学的方法研究公共舆论，以实现公众在理解、态度和行为方面的重大转变，而非实现大众媒体的最大化报道或者是最大限度地提高科学公信力。1957年，在洛克菲勒基金会（Rockefeller Foundation）的支持下，美国科学作家协会（National Association of Science Writers）委托开展了一项调查，研究大众媒体上的科学对公众的影响（Survey Research Center，University of Michigan，and National Association of Science Writers，1958），这可能是该领域的第一次基于研究的调查。调查发现，只有一小部分报纸读者对科学新闻感兴趣，并且"科学新闻消费者趋向于从科学的视角看待世界"（225）。

从1972年开始，美国国家科学委员会（National Science Board）每两年就公众对科学和技术的态度进行一次调查，目前该调查已经成为年度《科学和工程指标》（*Science and Engineering Indicators*）（National Science Board，2013；另见Miller，1987）的一部分。今天，大多数发达国家和一些发展中国家也在开展类似的调查，结合各种社会经济指标来体现公众的知识水平、对科学技术的兴趣和态度（如China Research Institute for Science Popularisition，2008；European Commission，2010；Korea Foundation for the Advancement of Science and Creativity，2009；Lamberts *et al.*，2010；National Institute of Science and Technology Policy，2002；Shukla，2005；详见本书第11章）。决策者和政策制定者在依据公众的兴趣或缺失来制定科研机构的相关政策及程序时，正在不同程度地使用这些结果。

双向对称模型着眼于对话、参与和对热心公众的回应（Grunig and Hunt，1984）。在20世纪50年代末和60年代，伴随着环保运动和消费者运动的兴起、科学领域公共支出的上升，社会对科研机构提出了新的要求。为了回应公众对科学的透明性和社会责任的关注，一些科研机构开始开展一些公关项目，以促进与相关公众的积极互动。著名的案例包括：20世纪70年代，在荷兰的大学中开设的"科学商店"，目的是使公民或者非政府组织能参与研究；1975年阿西罗玛重组DNA会议（Asilomar Conference on Recombinant DNA）形成的指导方针，呼吁建立"把科学带入公众视野"的机制和模式；20世纪80年代末由丹麦技术委员会（Danish Board of Technology）开创的共识会议，就公民对具有潜在争议性的技术的看法和态度进行沟通交流。20世纪90年代以来，全球的政府、科研机构和非政府组织在让公众参与科学方面投入巨大精力，特别是在争议性的科学和技术议题方面（Bucchi and Neresini，2008）。

互联网时代科学传播面临的挑战：网络科学传播及科学辩论

向对称式公共关系的转变遍及科学传播领域，也渗透到了科学研究的商业化以及随即出现的科研机构企业化进程之中（Bauer and Bucchi，2007）。虽然很多组织和政府在促进科学和公众对话方面做出了不懈的努力，但是，也有一些人在尝试把科学公共关系变为纯粹的市场营销和品牌推广。公众对话和参与已被证明是新型科学治理（20 世纪 90 年代末兴起于欧洲）的一部分，这种治理建立在透明和开放的基础上，以赢得那些对科研机构和政府的风险处理能力持怀疑态度的公众的支持（Irwin，2006）。一方面，科学对社会的影响引起了广泛的关注；另一方面，20 世纪 80 年代以来，贩卖科学（selling science）的概念在美国科学新闻界已经获得认同。这两者之间存在明显的张力，而这种张力在当前的网络科学传播领域显得尤为强烈。

1994 年和 1999 年，针对美国科学作家协会会员开展的两次调查显示，大多数科学记者通常使用电子邮件，并且"毫不避讳把网络作为编写新闻的信息来源"（Trumbo et al.，2001：361）。事实上，这一结果也恰恰证明了在线传播的迅速发展。在 21 世纪初注册的近 2000 名美国科学作家协会会员中，有大约一半的人是准会员，其中大多数是科研机构或者研究型企业的信息官员。他们并没有被纳入上述两项调查，因为调查针对的只是活跃的科学作家。2000 年，另一项专门针对美国科学作家协会会员中的公共关系从业者的抽样调查指出，电子邮件和网络已经成为科学公共关系（特别是媒体关系）工作不可分割的一部分（Duke，2002）。

自此以后，互联网访问量急剧增加，科学的诸多方面都向公众监督和评论开放，科学与公众互动的新模式也相应开启。同时，在线科学的到来加深了知识获取的不平等，即通常所谓的"数字鸿沟"（Montgomery，2009：93）。此外，像科学记者们认为的那样，互联网上的信息鱼龙混杂，辨别哪些信息可靠且值得信赖变得更加困难（Dumlao and Duke，2003）。科学公共信息官必须想办法提高组织在网络上的可信度，而科学记者则需要对来自网络的信息进行批判性评估。如特伦奇（Trench，2007）所言，科学组织必须开展信任管理，以降低科学信息传播因网络媒体过多而导致的不断增长的不确定性。他建议科研机构要为所有新闻条目提供情境信息，为用户群体提供多层次的信息，对文件进行分类（比如，同行评议论文、自费出版的研究报告、企业新闻通稿或者宣传组织的声明），并且以编辑的判断力而非用户的喜爱度为基础对信息的相关性进行评级。

举一个非常重要的案例：在气候变化的公共争议及恰当回应方面，网络传播发挥了非常重要的作用。尽管在气候变化的界定和评估方面，气候科学处于中心位置，但是，研究发现，"气象领域的科学家和科研机构似乎不是网络气候传播的主要参与者"（Schafer，2012：529）。尽管学术研究机构和非学术研究机构——包括参与气候研究的机构——已经在扩展网络公关工作，也实现了专业化，但是，它们在网络气候传播方面的影响力仍然有限。这可能是因为，很多科研机构的网站仍主要是迎合科学共同体的兴趣，而不是以"满足用户获取最新且易于理解的内容的需求"为目标。2000年对德国共22所大学和非大学研究机构的网站开展的调查也证实了这种情况（Lederbogen and Trebbe，2003：350）。先不论是否应该责备科研机构的网络现状，现在的情况似乎是，普通公众更倾向于依赖其他在线资源获取气候变化的相关信息。同时，基于研究机构开展的在线气候传播对专业受众（如记者、科学家、政治家）的影响仍然不确定（Schafer，2012）。事实证明，在线气候传播的信任管理几乎是不可能的。

网络传播的发展为科学公共关系提供了互动性更强、对称性更好的途径。然而，非对称传播模式仍然是很多科研机构首选的公关实践方式。当前，公共信息模式可能是最广为采用的模式。很大程度上，这种实践反映了科学家自身对科学公共关系的兴趣，而大学或者研究机构聘用越来越多的科学作家使用非专业科学语言撰写小册子、新闻材料、网站稿件以及年报等，也是对这一模式的最好诠释。虽然在很长的时间里，这种实践都是美国科学公共关系活动的主要组成部分，但是，在发展中国家和欧洲大部分地区，这样的公共信息工作仍然是相对新颖的（Kallfass，2009；Moore，2000；Schiele *et al.*，2012）。

信任的构建与维持

在科学公共关系方面，科学家关注的两个关键问题是让公众知晓科学话题，以及赢取和维持公众对科学事业的信任（Besley and Nisbet，2013）。因而，对于科学机构来说，公共关系的功能可能会被认为是有效地构建与维持信任（Borchelt，2008）。所谓信任，指的是存在于机构及其众多的利益相关者之间的主要关系。通过培育或者维持对机构从事科学、宣传或者科学决策的能力的信任，有效且有策略地开展科学公共关系事业，有助于该机构的其他部门更有效地开展工作。例如，供职于公共研究机构的公共事务官（public affairs officers，PAOs，公共关系从业者的另外一种称呼，通常用于政府部门）可能会有许多的利益相关者，科学传播有助于建立和维持信任。首先也是最重要的，机构可能关心其资金流，恰当的公关可以帮助该机构或者实验室说服立法者或机构负责人，使他们相信投入该机构的资金适得其所，其研究是高质量的、值得支持的。其次，机构可能需要确保其他科学家和科研人员了解该机构开展研究的范围，以便促进合作，并且了解其他机构开展科学研究的最新情况，以确保他们把该机构作为一个可信赖且可依靠的研究伙伴（或者是未来的雇主）。最后，该机构可能需要同社区周边的人们保持良好的关系。为了在社区环境中开展研究，政府运营的实验室越来越需要维持当地社区的信任和支持。

当然，媒体也是公众的重要组成部分，但是实际上，科学机构很少因为媒体本身而对媒体感兴趣。它们对媒体感兴趣是因为媒体能够接触其他主要的利益相关者，这些利益相关者的行动会直接影响机构保持开放以及开展研究的能力。在这种情境下，媒体是第三方验证者。正如内尔金（Nelkin，1995：124）假定的那样："科学家们通过媒体向控制着他们经费的人传递腹语。"负面报道显然会影响主要利益相关者对机构的态度，相反，正面报道能向那些对机构的研究能力产生重大影响的群体证明机构的工作能力和诚信。然而，好的公共关系从业者从来不会把他们的目标受众与公众本身混为一谈。类似地，好的传播研究者不应该过度地关注媒体在科学传播中的作用。从很多角度——离散的、定量的以及档案的角度——来说，媒体内容研究是很容易实现的，然而，这些研究只能对机构与其真正的利益相关者之间的信任关系提供一幅非常不完整的图景。

信任通常被理解为降低社会复杂性的一种手段。因而，在复杂情况下，对科学的信任使我们在不必审查科学证据的情况下，能以科学研究为基础来解决问题并且做出决策。自20世纪80年代末开始，社会学家吉登斯（Giddens）和贝克（Beck）就提醒我们，科学权威不再被认为是理所当然的了，相反，科学越来越需要积极主动地去获取资金的支持。贝克认为，气候变化等全球风险的出现意味着，科学、商业和政治等关键机构已"不再被视为风险的管理者，它们也被视为风险的来源"（Beck，2009：54）。我们可以补充说，科学不能简单地被视为信任的来源，而应越来越被视为信任的管理者。

具体来说，科学机构构建和管理信任的重要因素包括：

· **责任**：机构需要认识它们的行为、产品、决定和政策的责任并对此负责。机构对什么或者对谁负责？责任的衡量标准是什么？

- 能力：一般而言，科学知识的生产与高水平的能力相关。该机构能否从事它被期望的工作？在那里就职的研究人员有相应的资格吗？他们在其所在的领域中是出类拔萃的吗？

- 可信性：根据公共舆论调查，科学通常有很高程度的可信度。该机构的可信度如何？在处理争议性话题时，该机构能维持其可信度吗？

- 诚信：在依靠外部经费并经常与其他公共机构和企业进行合作的过程中，科研机构必须保持其诚信。外部观察者是否认可，在科学情境下，该机构的研究人员和管理工作可以辨别对错？他们知道开展研究的安全和伦理准则吗？

- 合法性：科学是几乎所有问题的权威。科学被看作影响政府和个体公民生活的一种正确方式，并被广泛接受。机构如何提升这种价值观？科学的合法性基础是什么？如何把它转变为该机构的公共关系？

- 生产效率：科学必须保留它正直、诚实的本性，同时也要对有用且相关的产出（知识和毕业生）需求做出让步。该机构遵从有关生产效率的外部需求吗？决策者、产业领袖和其他人员对机构能在预算之内毫无差错地准时提供服务表示赞赏吗？

实践中的科学公共关系：趋势和语境

管理科学的信任机制是一项困难而复杂的任务。科学的公共信息官、公共事务官和传播管理者如何在实践中完成他们的工作？一项对德国、英国和法国的45所机构开展的以访谈为基础的探索性研究为这个问题提供了某些答案。该研究是在德国研究项目"将科学专业知识整合到公共媒体话语之中"（Integrating Scientific Expertise in Public Media Discourse）的支持下开展的（Kallfass，2009）。这些参加访谈的机构包括大学、大学医院、非大学研究机构以及对研究予以支撑的机构和科学传播机构，其中的大多数机构都只聘用了极少的专职人员负责公共关系和传播（通常只有两人）。意料之中的是，在所有类型的组织中，负责公共关系的人员都会花费大量的时间来培养他们与媒体的关系。这包括反应性的和主动性的传播。在描述他们与媒体关系的总体情况时，公共信息官提到了向媒体记者和编辑提供新闻通稿和背景材料（包括限时禁发的信息），提升机构的品牌形象，保持较高的媒体曝光度和可见度，指导面向不同目标群体（不同类型的媒体）的传播，协调研究人员和记者之间的关系，培训研究人员的传播技能，解决公共争议以及发展与媒体关系的统一模式，等等。

　　内部沟通也被视为机构公共关系的重要组成部分。英国一所大学的某位公共信息官解释说："首先，在同媒体进行有效的对话之前，我们需要有良好的内部沟通。所以，我们需要改善学者和新闻办公室之间的交流，这是一项正在开展的重大工程。"（Kallfass，2009：113）

　　在促进研究人员与媒体的接触方面，一些公共信息官认为，很有必要对三种类型的研究人员进行区分：一类是很受欢迎，习惯于同记者打交道的媒体明星；一类是重视公共关系，经常向新闻办公室或者公关部门寻求建议和支持的研究人员；还有一类是那些认为公共关系不如研究工作重要并敬而远之的研究人员。大多数公共信息官对研究人员的激情表示高度尊重，并煞费苦心地迎合他们的期望，向他们讲解新闻系统的运作（Kallfass，2009）。

　　一项重要的发现是公共关系的情境化特征。在上述调查中，同私营企业和政府等其他类型的机构相比，所有被调查的机构对公共关系的重视程度都较低。科学领域的公共关系，其合法性和可见性来之不易。此外，不同的国家语境也存在着明显的差异。在法国，大多数科学研究都是在国家实验室进行的，这或许可以解释，为什么很少有大学把公共关系纳入组织之中。法国的科学公共关系尚处于萌芽阶段。而在英国，科学公共关系通常被分成媒体关系和高等教育，后者涉及教育项目的推广。英国的媒体关系有很强的合作元素，因为大学和私人基金会通常会通力合作来传播联合资助的研究项目。最后，因为语言方面的原因，德国和法国的公共信息官通常着眼于国内媒体，而英国的公共信息官则把更多的注意力放在吸引国际媒体的关注上（Kallfass，2009）。

　　在其他文化情境下，科学公共关系和科学传播呈现出其他特点（Bauer *et al.*，2012；Cheng *et al.*，2008；Schiele *et al.*，2012）。学者们展示了公众参与科学以及基于对话的科学传播这种全球趋势是如何被转化为本国实践的。在过去几十年里经历了经济快速发展的拉丁美洲国家，如巴西、阿根廷和墨西哥等，见证了很多科学传播方面的新举措，这些新举措不仅与自上而下决策的国家传统有很强的相关性，而且与国家之间高度的文化多元性以及社会运动（比如原住民权利运动以及环境保护运动）的重要作用有密切关联（Polino and Castelfranchi，2012；参见本书第16章）。在日本也一样，自21世纪头10年的中期以来，国家政策在科学传播方面扮演着举足轻重的角色。很多活动，包括科学咖啡馆（一种基于对话和非正规环境的科学传播方式），都嵌入日本大学和研究机构的体制文化中，这些通常都带有一种独特的宣传味道

（Nakamura，2010）。

科学公共关系日益制度化是科尔法斯（Kallfass，2009）对欧洲科研机构开展调查的基础，这种制度化也出现在很多其他国家，只不过是以一种由其他环境形塑的形式出现罢了。自20世纪90年代以来，随着专业组织澳大利亚科学传播者协会（Australian Science Communicators）的成立，以及三个科学传播者培训中心的合并，澳大利亚科学传播领域实现了专业化。科学传播者与大学以及澳大利亚国家科学机构——联邦科学与工业研究组织（Commonwealth Scientific and Industrial Research Organisation）三者之间的联系意味着，科学传播的实践和研究之间存在着密切关系（Metcalfe and Gascoigne，2012）。

就中国而言，特点是高度重视科学普及（这一术语在中文中有很多隐义）和公众科学素养。公众科学素养被定义为掌握科学和技术的基础知识，包括科学方法和科学精神，以及"运用这些知识解决实际问题和参与公共事务的能力"（Ren et al.，2012：73）。2002年，中国政府颁布了《中华人民共和国科学技术普及法》，把科学和技术普及的组织和管理列为"全社会的共同任务"（People's Republic of China，2002：article 13）。有趣的是，西方国家关于研究公众理解科学的恰当方法的争论，正在中国学者中上演。他们对西方国家的指标在中国这样有着不同文化和意识形态的发展中国家的适用性进行着争论（Bauer et al.，2007；Ren et al.，2012）。

科学中的公共关系的未来研究方向

我们对科学中的公共关系了解多少？事实证明，不是很多。从媒体中可获取大量关于科学的信息：记者如何描述科学，以及他们如何同科学家互动。这方面的很多信息同科学公共关系密切相关，因为我们发现，有迹象表明，很多科学机构将媒体关系视为其公共关系的重要组成部分，即便不是最重要的组成部分。我们也知道，包括科学公共关系在内的科学传播，对语境有依赖性。

在为科学中的公共关系制定未来的研究策略时，显然有必要考虑到文化差异；同时，对公共关系采取更加多元的研究方式，而不是把它视为一个机构内某个部门所做的事，可能也是有用的。实际上，科研机构如果能有效地取得公众的信任并与公众建立起令人满意的关系，就必须在四个不同的组织管理层次上做出有效举措。当然，较低层次上的成功传播会促进较高层次上的成功传播。一个机构只有决心实现并保持在更高层次上的成功，才能有效地运用公共关系。

　　项目层面的关系是公共关系整体的单个组成部分，因为后者通常包括媒体关系、出版、活动策划等各类单个项目。通常，可以通过这些项目是否已达到特定的目标来判断其有效性：它们是否改变了目标受众的知识、态度或者行为？但是，机构在项目层面的成功并不能保证，或者也不必然有助于机构作为一个整体的成功，除非所触及的公众是真正关乎机构生死存亡的人，并且该项目有利于培养机构与这些战略受众之间相互满意的关系。如果这些战略受众——比如决策者或者政府资助机构——不阅读报纸，或者他们以其他标准来衡量某个机构的成功与否，那么，即使在全国性报纸中持续报道该机构的相关研究，这样的媒体关系项目也显然与该机构的整体有效性脱节了。

　　功能层面是机构的整体传播功能或者公共关系功能，通常包括上文讨论的所有单个项目。虽然一个机构的公共关系功能可能看起来是有效的——传播团队可能因为在新闻撰写或者活动策划中表现优异而屡获奖励，但是，其有效性取决于它和机构整体管理目标的关系。比如，如果一个生物医学研究机构的公共关系部门没有认识到捐赠者和基金会也是公共关系组合中的一个重要元素，那么，其公共关系功能就不能被认为是成功的。

　　在组织层面上，公共关系必须以某些方式为机构的基本底线做出贡献——对企业实体而言，是财务上的贡献；对大学而言，是吸引新生或留住世界级的师资；对非营利组织来说，则是吸纳新会员或者寻求更多的捐赠支持。在组织层面上，公共关系最有效的功能是帮助机构识别战略公众，并且围绕他们的期望展开互动。这体现了公共关系的管理功能，而这需要公共关系负责人在理事会的高管中占有一席之地，才能够真正成功。

　　公共关系是一个成功机构的战略功能，也是一种战术功能。太多科研机构只看到了公共关系的战术价值，并且满足于通过人力资源部门、实验室行政部门，或是通过那些和公共关系功能完全无关的其他项目，对公共关系进行管理。这对科研机构中公共关系管理者的资历有严格的要求。他们必须真正地理解高层所面对的科学议题，并且带着权威与实验室的科学家和研究人员进行交流。他们自己必须被视为独立的专家——没有他们，首席执行官和其他高级职员都不应该尝试做出任何公共关系方面的决策；在开展面向利益相关者的工作时，他们必须得到高层管理人员全力且无条件的支持，同时他们也必须赢得这些利益相关者的信赖。毫无疑问，科研机构中的这些内部关系对科学传播事业具有重大的影响，然而相关的研究十分薄弱。

　　最后，在社会层面上，公共关系专业人员可以帮助他们所在的机构理解什么是社会责任，并且帮助机构推进开展更负责任的研究。在这个层面上，对信任的构建与维持超越了机构本身同公众之间的信任，它有助于推动整个科学事业领域的信任构建。有社会责任的科研机构有助于培养公众对科学和技术的信任。如果得到管理层的授权，公共关系能够帮助机构找到更好的方式阐明其社会责任，并消除公众对科学本身和科学家的不信任和警惕。

要理解公共关系在科学传播中的作用，需要进行更强有力的研究，以阐明这些组织层面和社会层面的公共关系活动。比如，学者们需要研究项目层面或者功能层面的公共关系实践同组织层面公共关系实践之间的脱节程度。因为严格的信息控制政策，较高层的管理行为常常在双向对话及参与方面削弱项目层面的公共关系职能。因为公共关系是整个机构的职能，而不仅仅是科学传播者或科学官员的职能，科学传播研究者需要把他们的注意力转向高级管理层和公共关系部门之间的关系，以及这种关系如何影响社会层面信任的构建与维持。否则，我们将很难理解公共关系对公众理解科学技术的贡献。在科研机构和政府层面，不同类型的公共关系正不断走向制度化和专业化，它们为建立持续且多元的"科学中的公共关系"研究计划提供了契机。

问题与思考

· 公共关系和科学新闻之间存在什么样的关系？请举例说明这两种实践是互利的还是相互冲突的。这种关系在未来应该如何发展？

· 在一个科学机构中，与高级管理、研究和教育（如果适用的话）等其他功能相比，公共关系处于何种地位？

· 在日常工作中及出现争议时，科学公共信息官的首要任务是什么？

· 科学公共关系的作用在世界各国有何不同？科学公共关系只是西方国家的事情吗，或者说，它能否以一种有意义的方式被引入其他文化情境？如果可以，要怎么做？

尾注

[1] 和本书 2008 年的版本相比，本章进行的修订有：重新撰写了科学传播中的公共关系的历史演化，并加入了一些科学传播史上的案例；增加了两个新的部分，一个是科学中的公

共关系在互联网时代面临的挑战，另一个是实践中的科学公共关系；特别关注了全球的发展；此外，对信任的构建与维持的概念也进行了拓展，纳入了更多要素。

（王大鹏　唐婧怡　王永伟　等译）

请用微信扫描二维码
获取参考文献

6

科学家作为公共专家：期望与责任[1]

汉斯·彼得·彼得斯

导言

通过大众传媒，我们经常接触到这样一些专家，他们或分析经济时势，或提供健康方面的建议，或对全球变暖问题发出警告，或对科技发展的机遇与风险发表评论。这些专家往往隶属于政府机构、企业、医院、非政府组织、大学或其他科学组织。本章即着眼于作为公共专家的科学家们，探究他们在公共场合讨论自己的科学研究时，以及用专业知识向外行公众就个人或政治问题提供建议时所扮演的角色。首先，对于科学家们来说，扮演这种专家角色尤其具有挑战性。因为，大多数科学家主要致力于知识的创造而非实际应用，而要给出建议，仅把科学知识作为唯一参考条件是不够的。其次，作为记者的信息源以及博客、网站的撰稿人，针对某些话题，科学家要在切题的基础上使用非专业读者能够接受并且读懂的表达方式，这也很有挑战性。最后，由于专家建议具有实用价值倾向，作为公共专家的科学家们经常发现自己陷于复杂的政治利益和商业利益之中——并不是所有科学家都喜欢这样的体验。

清楚区分科学家作为公共专家与其他可能的公共身份之间的不同也是很重要的。除了科学专业知识的传播，如在非科学问题上用科学知识来重构公众的想法（典型的有气候问题），科学家们还参与其他两种类型的科学传播：一是以科学为中心，向公众普及科学项目、科学发现、科学成就以及各种科学理论，重构公众对它们的认识；二是针对科学与技术的关系以及科学与社会的关系，进行元话语构建，涉及科学基金与科学政策的争议、科学与社会价值观的冲突等，具体表现在动物实验伦理、人胚胎干细胞的研究等问题上。在科普中，科学家们扮演着教师的角色；在元话语构建中，他们则扮演着利益相关者的角色。当然，这些角色在实际的科学传播中往往混在一起，而非泾渭分明。

学者们采用两种有趣的视角对科学家担任公共专家这一角色进行了广泛的研究：包括作为（政策）顾问的科学家（如 Jasanoff，1990；Maasen and Weingart，2005）和作为公众传播者的科学家（如 Friedman et al.，1986；Peters，2013）。这两者都对科学准则提出了挑战，并且使科学家陷于两难境地（Sarkki et al.，2013）。科学专业知识的传播通常会伴随政治影响，同样，有政治目的的组织和团体也试图控制科学专业知识的成果及其应用（Stehr，2005）。由于与现实问题相关，科学专业知识对新闻业来说具有报道价值。科学专业知识通常会得到媒体上专门的科学板块甚至是其他栏目的青睐。研究表明，在硬科学（hard sciences）领域，记者和研究人员之间口头交流内容的 1/3 着眼于一般性的专业知识，而非研究结果；在人文社科领域这个比例则会更高（Peters，2013）。

例如，就全球气候变化这一问题，多个国家的研究都表明，媒体报道中大量引用了来自科学界的信息（Bell，1994；Wilkins，1993；Peters and Heinrichs，2005）。关于生物科技的报道也是如此（Kohring and Matthes，2002；Bauer et al.，2001）。食品生物科技、干细胞、禽流感和核安全等问题也是科学家通过大众传播积极介入社会现实构建的案例。由于这种现实的公共性，政策制定者不能忽视它。在公共领域，那些经过大众媒体逻辑转化后的科学专业知识，进入了政策制定领域（Petersen et al.，2010）。

科学家在公众传播中的专家角色

学者们就科学知识（scientific knowledge）本身和科学的专业知识（scientific expertise）进行了明确的区分（比如，Horlick-Jones and De Marchi，1995）。从本质上来说，科学知识关注的是对因果关系的理解。科学知识的概念和理论往往是一般性的，是尽可能地从特定情况、观测和实验中概括出来的。相反，专业知识则与特定情况下分析和解决实际问题相关，更多地用于特定情况下为决策者提供建议。毫无疑问，成功的行动需要对这种行动的后果进行预判，从这个意义上来说，因果知识是专业知识的必要组成部分。但是专业知识又要超出科学理解的范畴，它涉及对实际问题的分析，并向负责解决这些问题的客户提供建议。然而，应该注意，科学并不是专业知识的唯一来源；同时，即便科学知识与专业知识存在相关性，也不足以成为后者的充分来源（Collins and Evans，2002）。据以向决策者提供建议的科学专业知识是以科学探索和科学知识为基础的。科学专业知识基本定义的两方面需要我们加以重视：一是它和决策过程的关系，二是它需要在"社会专家—客户"关系中提供服务。

科学知识与决策

就定义来看，专业知识在形成决策的背景下使用，包括决策的定位、相关意见的形成以及具体行动等问题。决策问题可能是关于个人的问题，比如理解某一种疾病并选择一种疗法；也可能是政策问题，比如对食品生物技术的管理，或者改善海岸的防护以应对海平面上升。标准的决策模型将决策选择（及其预期效果）和决策偏好区分开来。在这类模型中，专家作为决策者的顾问有三种功能（参见 Jungermann and Fischer，2005）：明确客户的隐含偏好，提出可能的决策选择，以及利用客户的偏好确定并评估效果。然而，设定偏好仍然是决策者的特权和责任。

这种规范的决策模式在政治上的应用，类似于韦伯（Weber，1919）提出的关于公务员和政治的关系的概念。根据韦伯的概念，包括科学专家在内的专业的公务员，他们负责建言献策以及贯彻落实政治决策，而政治，负责设定目标以及做出决策。哈贝马斯（Habermas，1966）把这个概念称为决策模型（decisionistic model），并且把它与技术专家模型（technocratic model，63）以及他所青睐的实用模型（pragmatistic model，66）区别开来。在技术专家模型中，事实上做出决策的是科学，而政治只是接受这些决定；实用模型则指出了科学和政治之间的重要关系，而不是二者严格的职能划分。

学者们普遍认为，决策模型未能恰当地描述科学与政策相互作用的经验现实。然而，这个模型看起来最适合科学的"主流"自我描述。在争议性议题和政策议题中，对科学专业知识进行的实证分析清晰地表明，科学家提供的专业知识并不是客观的（如 Mazur，1985），而且也表明科学专家不仅提供科学知识、对科学主张进行评价，还会根据他们个人的价值观评估各种选择、决策和政策，并要求采取他们根据自身价值判断做出的政治策略或个人行动策略。

除了价值观问题，作为专业知识的科学还面临着如何处理不确定性的问题。原则上，不确定性，甚至是争议，对于科学来说并不是问题。科学研究会一直继续下去，直到不确定性得以消除并达成共识。这可能需要相当长的一段时间，但是科学家们确信，科研过程最终会产生明确的知识。然而，就专业知识来说，决策可能是十分紧急的，不能推迟到所有不确定性因素都得到消除之后再进行。并且这种紧迫的情况可能是常态而非例外。

范托维奇和拉维茨（Funtowicz and Ravetz，1991）根据不确定性的程度将科学区分为几个领域，并提出了二阶科学（second-order science）概念。在这个概念中，"事实是不确定的，价值也处于争论中，风险很高且急需决策"（同上：137）。在他们看来，这个领域中，专家的中心任务就是管理不确定性，而不是提供已经明确的事实。博盛和韦林（Böschen and Wehling，2004）认为，处理非知识（non-knowledge）的方式是科学认知文化的重要特征，因此，以明确且理性的方式处理不确定性是科学专业知识的核心要素。

媒体也或明或暗地建构着专业知识的确定性与不确定性，这些建构方式包括：在提及专业知识时，有时囊括有时又忽略带有明显不确定性的"保留意见"；用常识这样的非科学知识对专业知识进行挑战；引用几个互证的或互相矛盾的专家看法；等等。在大众传媒中，传播科学不确定性的一个重要的新闻策略就是把该话题刻画成一种专家争议（Boykoff and Boykoff，2004；Ren et al.，2012）。

专家—客户关系和公共专家的责任

心理学家倾向于认为，"专家"是由他们在特定领域的专长来界定的。与专家相对应的是新手或外行。然而，对于社会学家来说，专家角色不只是根据他们拥有的特定知识来界定的，而且还取决于他们给客户提供建议的功能（或者基于知识的服务）（Peters，1994）。因而专家在社会意义上对应的就是客户。对作为公共专家的科学家来说，专家—客户关系在很大程度上不是显性的。有时，科学家的观点被媒体援引时，他们的本意确实是给特定客户提供建议，比如给政策制定者、公民、患者或消费者提供建议。然而，更多情况下，是记者们把科学家放在了专家的角色中，并把科学家的知识同政策议题或者个人问题联系起来——这有时候也会出乎科学家的意料。

专家的任务不只是提供一般知识，然后让人们自己弄懂其含义；他们的职责是用有意义的方式提供最好的建议，以促成理性的决策。2009年4月6日，意大利拉奎拉发生地震后的一系列事件充分体现了公众对专家及其责任的规范性期待。这场地震造了309名居民死亡，而在地震发生的6天前，全国重大风险预测与防治委员会（National Commission for the Forecast and Prevention of Major Risks）的 7 名成员召开了会议，会议主席（一位公职人员）以全体成员的名义发布了一份会议纪要，主要内容是对灾害可能性进行了乐观的预判。地震的发生证明了委员会预判失误，7 名委员会成员被指控过失杀人，经审判后被处以 6 年监禁（Hall，2011；Nosengo，2012；Cartlidge，2013）。法官在裁决中认为，在经历了大地震前一系列的轻微地震后，一些公民采取了预防措施，离开了他们的房屋，而由于委员会给出的意见，一些受害者返回，最终遭遇不幸。

尽管法官也承认地震无法预测，但他裁定委员会成员必须为之负责，因为"他们完全没有正确地分析和解释地震的威胁"（Cartlidge，2013）。一位在地震中失去妻女的居民这样说道："他们（专家们）不清楚什么一定会发生，这是一个问题，而他们不知道如何传播他们所知道的事，这同样也是一个问题。"（Cartlidge，2013）这个案例很复杂，科学家的实际责任也备受争议（参见 Nosengo，2012），裁决和宣判结果已被上诉。然而，与本章有关的问题不是该项判决是否公正，而是公众及法律对发表评估和建议的专家抱有规范性期待。

一般来说，以公共专家身份出现的科学家常负有几方面责任：第一，拥有并能应用与问题相关的所有可用知识；第二，做出系统全面的评估；第三，以支持公众做出决策的方式进行相关传播。在高危情境下，仅发表一篇常识性的科学文章是不够的，比如地震的起因和影响。除了一般性知识，熟悉特定情况的相关特征——如该地区的地质情况、建筑群，甚至是民众心理——也是必需的，并且也需要良好的判断力和娴熟的与公众交流的技巧。当然，拉奎拉地震是一个极端的案例，与记者交流的科学家们通常不会像拉奎拉的委员会成员那样，以正式的专家身份承担法律责任。但当科学家提供的信息影响了公众的决策，改变了他们的行为，并带来严重后果时，这些作为专家的科学家所应承担的责任就始终存在。

科学的权威与信任

特纳（Turner，2001：124）认为，通过"要求规则建立在科学发现或者科学共识的基础上"，政府接受了科学的权威与专业知识。此外，欧洲和美国的公共舆论调查表明，科学机构是公众信任的社会机构之一，并且，和其他职业相比，科学家这个职业拥有较高的公信力（European Commission，2005；National Science Board，2004）。在分析媒体对气候变化的报道内容时，我们发现，一般来讲，科学渠道要比非科学渠道更受人们的青睐（Peters and Heinrichs，2005）。

不过，有些作者认为，科学专业知识的公信力存在危机（如 Horlick-Jones and De Marchi，1995）。特别是当科学家被认为是某利益集团的成员或某一技术的拥护者时（如 Peters，1999），或者当科学家提出公开反对意见时（Rothman，1990），公众对科学专业知识的信任会受到挑战。对媒体接受度的研究表明，如果专家在报道中表达的观点和受众预先存在的态度发生冲突，那么受众就会对这些报道中引用的专家观点"吹毛求疵"（Peters，2000）。信任不是无条件地给予科学和科学家的，而是依赖于具体情境进行修改和指定的，还要考虑到其他的因素，诸如科学家的组织隶属关系（比如，学术界或工业界）以及科学家之间的相互支持。

吉登斯（Giddens，1991）强调了在专家系统（expert systems）以及操纵这些系统的专家中存在的普遍信任。对科学及科学专业知识的信任仍然是被默认的，除了在很少的几个领域中，其权威受到不信任和反专业知识（counter-expertise）的故意摧残。比如，作为反对风险技术统治论（risk technocracy）的策略，贝克（Beck，1988）建议，在有关安全问题的讨论中，向技术风险专家的垄断发起挑战，并且改变安全主张的举证责任。科学的权威如此强大，以至于通常只能通过反专业知识来进行中和。为了有效地支持对既有科学专业知识进行批判的主张，对既有专业知识的批判必须参考科学。比如，在美国，达尔文进化论的反对者为了增强其替代理论的说服力，把很大程度上基于宗教信仰所提出的替代理论称为准科学理论（Park，2001）。

许多公众争议的话题都涉及科学和技术，而科学家作为争论双方的支持者参与其中（如 Mazur，1981；Frankena，1992；Nelkin，1992）。在有关科学和技术的争议中，科学以不同的方式卷入其中：某些科学研究或者基于科学研究的技术（比如核能技术或者基因工程）可能是争议性问题，或者对问题的界定以及政策选择相关的利弊评估依赖于科学专业知识。在上述情况下，对定义的控制（谁是合法专家？）以及公共专业知识的内容（哪些专家将在媒体中对此予以证实？）关系到争议的产生和结束。诺沃特尼（Nowotny，1980）等人发现，科学家担任公共专家的意愿部分地取决于他们在这个争议中所处的位置。在参与公开辩论的过程中，对既有事实发起挑战的专家通常要比那些捍卫某项技术或政府政策的专家准备得更充分。因而，对于非政府组织来说，专家是一个重要的权力资源（power resource）。作为合法的新闻渠道，专家有助于非政府组织获取进入公共领域的机会，专家增强了意见主张的合理性，提供了来自科学权威的合法性，并且有助于构建一个有利于接受其客户诉求的社会。为了更好地获取并控制专业知识的内容，非政府组织建立了研究机构，以及为其提供所需的关键专业知识或反专业知识的专家网络。

所有形式的科学传播都存在的一个共同问题——要把科学传播同受众的相关结构联系起来——给受众一个听取传播建议的充分理由。现代科学的深奥、晦涩及其同日常文化的疏离，使得科学知识与日常话语、常识很难联系起来。媒体惯用"疯子科学家"的形象（如 Haynes，2003）、科学"奇迹"以及科学的实际应用（Fahnestock，1986）等语义结构来构建科学和日常世界的关联。科学专业知识则通过处理众所周知的相关问题而与日常世界保持密切的联系。

专业知识也因为相关性和可理解性而吸引了新闻业的关注。与专门的科学普及不同，关于科学专业知识的报道不仅仅面向关注科学的特殊受众，也面向对健康、环境、技术风险等实际问题感兴趣的广大公众。因而，科学专业知识并不局限于科学栏目或科学节目中，它通常还出现在一般的新闻报道中。

科学专业知识和其他形式的知识

就定义来看，科学专业知识是一种致力于理解和解决实际问题的科学知识。有时候，正是科学才让我们发现一些问题。比如，如果没有科学，我们将不知道臭氧空洞或者全球气候变化。然而，更多时候，问题是显而易见的，或者已经是人们熟知的经验，而且或多或少地已有一些有效的应对策略被用于实践。当科学家提供专业知识的时候，他们的知识通常会遇到其他知识来源的挑战：日常知识（基于实践经验的特定知识）或传统知识（比如来源于宗教、民俗智慧或者本土文化的传统知识）。

科学知识和其他类型知识的竞争会产生两类问题。首先，关于某个主题的先验知识（prior knowledge）可能会妨碍对新知识的理解和接受，在解释新知识时产生问题。罗恩（Rowan，1999）分析了外行习得科学知识所产生的认知问题。作为解决这些问题的解释性策略，她建议厘清日常知识和科学知识之间的矛盾关系。其次，关于哪种类型的知识能够更有效、更恰当地解决问题，温（Wynne，1996）对"科学知识本身要比基于经验的地方性知识高级"这一传统认识提出了质疑。

很显然，解决实际问题需要多类知识共同作用。即使有了有效且相关的科学理论，在实践中为了得出干预措施的条件和效果，也需要对具体问题的情况及约束条件有深入了解。比如，为制定有效的行动策略，有必要清楚掌握可利用的资源、法律、政治条件、心理约束条件，了解执行障碍。一个研究气候的学者在媒体采访中建议，在未来10年里减少一半能源消耗，这很快会促使记者提出下一个问题："如何减少？"

在复杂的问题中，我们不能指望单个专家回答所有问题。为了解决一个实际问题，需要使用不同来源的知识，并且加以整合。整合专业知识的需求，对于包括新闻策略在内的知识管理及知识生产都会产生影响。比如，在有关当前生态问题研究策略的辩论中，人们几乎异口同声地呼吁采用跨学科（interdisciplinary）或超学科的（transdisciplinary）研究，这种研究超越了科学的学科边界甚至科学的经典框架（Somerville and Rapport，2003）。吉本斯等人（Gibbons *et al.*，1994）认为，一种新的知识生产方式（模式2）业已出现，这种方式涉及更广泛的参与者，比如从业人员和知识的使用者，它产生于科研机构之外，并且产生了更具情境性和社交性（socially robust）的知识（Nowotny *et al.*，2001）。格伦沃尔德（Grunwald，2003）甚至探讨了把超越主观的（transsubjective）常规性建议作为科学专业知识一部分的可能性。

大众传媒中作为专家的科学家

科学专业知识与普通公众之间存在多种沟通渠道。例如，科学家发表关于气候变化或阿尔茨海默病的公开演讲，或者为相关问题的展览等公共活动提供支持。但在媒体社会，大众传媒——电视、报纸（网络版或印刷版）、网站和博客——对公共领域的影响最为关键。另外，科学家也可能注册了他们自己的个人网站或博客，或者为大学、政府机构、非政府组织提供信息。研究机构、政府机构及制药公司提供的健康交流平台，作为患者和医护专家的信息来源，对于医患关系产生了重要影响。YouTube及其他视频分享平台上也存在大量介绍某些问题的专业知识视频，如气候变暖或心脏病预防相关视频——多由科学专家或自称专家的人提供。这些网络信息常常被大众使用，他们通过搜索引擎或社交网络（如推特、脸书等）中放置的链接积极寻找相关信息。

尽管科学家、科学组织和科学媒体的直接传播越来越重要，新闻仍然是科学专业知识的一个重要公共媒介。新闻大众媒体在科学和科学专业知识传播中的作用已经受到了大量关注。除了媒体报道自身，学者们也研究了科学家作为记者的信息源的作用。在一项关于报道大麻争议的案例研究中，谢泼德（Shepherd，1981）发现，被媒体作为"专家"的人并非与该议题最相关且最有经验的人，而是卫生管理人员以及很出名的科学家，无论他们是否从事相应领域的工作或研究。从记者的角度来看，界定一个人能否成为优秀公共专家的标准不是其科研的产出量，而是一些其他特质。比起某一问题的实际研究人员，行业从业人员以及有概览性知识和基本经验的资深科学家更适合把研究和决策问题结合起来，也适合整合不同知识来源并提供情境化的专业知识。罗斯曼（Rothman，1990）从几项关于专家争议的案例研究中得出结论，他认为，记者们对专家的选择是存在偏见的：代表少数人立场的专家在新闻报道中通常被过度报道。克普林格等（Kepplinger *et al.*，1991）认为，媒体倾向于选择那些支持他们编辑政策的专家。古德尔（Goodell，1977：4）推断说，媒体聚焦于相对少数的可见的科学家，而且他们选择科学来源不是"为了探索发现、普及科学，或者引领科学共同体，而是为了在充满政治斗争和争议的喧嚣世界中活动"。

对记者来说，选择专家资源是个复杂的过程。在这个过程中，科学的生产力和声誉并不是唯一的因素。在选择专家资源方面，新闻的主要标准是能否产生一个好的报道或改进一个报道。然而，对于什么才是好的报道，不同媒体之间、不同部门和项目之间，以及不同的话题之间，有不同的标准。相关性是决定科学家能否出现在媒体中的一个重要因素：科学家必须能够对受众相关的问题发表评论。有些时候这种相关性是十分明显的，比如医学疗法、环保风险或政府决策。新闻价值观的概念（如 Badenschier and Wormer，2012）描述了记者用来评估公共相关性的一些标准，其中还有可见性、易获得性和媒体适用性。

通过参与科学以外的事件和辩论（比如作为政策咨询委员会的一员，或者作为某些政府委任的专家意见书的作者），科学家得到了记者的关注。如果他们在记者定期搜索的期刊（比如《科学》和《自然》）上发表文章或者在会议（比如美国科学促进会的年会）上发言的话，其可见性会增强。此外，在科学组织（包括协会）、期刊和会议上的公关表现也会极大地影响科学家的知名度。最后，已有的媒体报道也会让科学家更具知名度。这形成了媒体关注的反馈回路，由此产生了古德尔（Goodell，1997）所描述的可见的科学家。

记者们的工作常基于有限资源且在时间上较为紧迫。易获得性，即同科学家打交道所需的预期付出，是选择科学家的一个重要标准。记者们更愿意接触那些乐意并且能够爽快、简明叙述的科学家，善于回答问题的科学家，能做比较、打比方来解释复杂问题的科学家，以及那些敢于大胆下结论的科学家。此外，记者们还偏好于那些在组织中有较高地位和声望的科学家，从这个意义上来说，他们在媒体上表现更得体（有媒体适用性）。

科学专家和记者之间的互动

科学家与记者之间关系紧张，彼此互动困难，存在以下几个原因。一系列调查研究了科学家对媒体的态度以及他们和记者的关系（如 Dunwoody and Ryan，1985；Hansen and Dickinson，1992；Peters *et al.*，2008；Bentley and Kyvik，2011；Kreimer *et al.*，2011）。其中有两项研究对科学家和记者进行了匹配性的问卷调查，发现这两个群体在相互的心理预期方面存在着几处系统性的错位（Peters，1995；Peters and Heinrichs，2005）。这些错位与传播规范、新闻模式和传播控制等问题有关。

科学家倾向于把科学传播的规范运用到公众传播中去。他们更喜欢着眼于自己专业领域的知识，并且，和记者相比，他们喜欢严肃的、实事求是的、谨慎的且具有教育风格的传播。在新闻中与他们互动的那些人虽不至于完全不同意这种做法，但他们寻求的是概览性知识，他们喜欢清晰的信息、取向性的评论以及娱乐性的风格。

科学家更认同服务模型（service model），期望记者帮助他们达成科学的目标。而基于职业规范，记者——至少在口头上——坚持与他们的报道对象保持一定距离，以坚持自己的独立性及监督视角。

在主导权的问题上，科学家与记者之间也存在着明显分歧：由谁来控制大众传播及媒体传播的内容？在英国（Gunter *et al.*，1999）和中国（Chen，2011）进行的类似研究都反映了这一问题。记者们认为自己是第一责任作者，而科学家是他们的**信息源**。根据新闻业的规范，记者应该公平地对待他们的信息源（比如，正确地引用），但也仅此而已。特别是，他们对来自信息源一方近乎严格的审查制度感到不满。然而，科学家认为他们才是真正的作者，并且应该主导传播过程，因为他们是那些即将向公众传播的信息的源泉。按照科学家所坚持的新闻服务模型，他们往往认为记者的角色不过是一个传播者而已。

虽然科学专家和记者之间在某些方面存在分歧，但有两项来自德国的调查（Peters，1995；Peters and Heinrichs，2005）结论却指出了二者之间出人意料的一致性（co-orientation）。在很多方面，双方的期望实际上是一致的，并且在其他许多方面也分歧不大。他们只是在传播的控制方面表现得截然对立。科学家和记者似乎已有良策以解决上述由期望不同而产生的问题。更重要的是，调查表明，在很大程度上，科学家不仅能够接受媒体对科学的处理方式，并且期待媒体进行报道。几个国家的调查表明，科学家对他们自己同媒体的交往有着惊人的满意度（Peters *et al.*，2008；Peters，2014）。

公众对科学专业知识的（重新）建构

科学的公众传播不能被单纯地理解为**翻译**。翻译需要源语言与目标语言结构上的对等，需要一个共享的现实世界作为背景来使信息有意义。而科学语言与日常语言既不对等，也不存在共享的现实世界。现代科学的世界是深奥的，仅通过日常推理很难理解。

因而，科学家和媒体都需要采用来自日常世界的语言、比喻、比较和概念来建构科学这一神秘世界以及科学事件的公众形象。至于公共专业知识，则意味着专家建议本身可以用日常语言来表达，并且涉及日常世界的对象和事件，但关于建议的科学论证通常是晦涩难懂的。因而，科学专家很难向其客户证明建议的有效性，而只能使它看起来是合理可信的。最后，客户不得不信任他们的专家。然而，要建立信任，专业知识的社会背景（比如，利益、中立性和独立性）就变得至关重要，这类社会背景也成为新闻调查和报道的一个合法领域（Kohring，2004）。

媒体中的科学专业知识是如何被建构的，是一个亟待研究的领域。不过，关于科学以及科学专业知识的公共建构的一般特征，已有一定的研究。大量研究（如Singer，1990；Bell，1994）发现，媒体忽视科学细节和精确性，不仅不是新闻专业性缺乏的标志，恰恰相反，它是新闻专业主义的一种结果。记者不会采用科学的质量标准，比如精确性，而是遵从他们自己的标准（Salomone *et al.*，1990）。科学上的错误和不准确只是科学自身建构和公众对科学的建构之间语义差异的冰山一角。

邓伍迪（Dunwoody，1992）等人利用叙事框架的概念来解释记者们在报道中会吸纳或排除哪种类型的信息。这些框架不仅指导着报道的信息结构，同时也指导着新闻调查。在彼得斯和海因里希斯（Peters and Heinrichs，2005）开展的对气候变化专家和记者的调查中，有2/3的受访记者表示，在联系科学家的时候，他们心中已经有了整篇报道的框架；有1/3的受访科学家表示，他们能感觉到采访他们的记者想听到一些特定的故事。通常，记者不仅是在向科学家提问的时候带有自己的倾向性，还会对他们的立场给出一定的评判。

比较科学家和记者就同一主题所写的科普文章后，法恩斯托克（Fahnestock，1986）发现，两者在对建构大众科学的某些新闻准则的理解上存在一些系统性差异。比如，记者要比科学家更关注对研究目的的解释，而且喜欢强调实际应用。与科学家相比，记者们不太关注研究的科学结果，而是更关注评估和行动方面的结果。在分析记者如何将从气候变化专家那里获取的信息应用到媒体时，彼得斯和海因里希斯（Peters and Heinriches，2005）发现，记者期望的是问题导向的知识和阐释性的知识，而不是纯粹的科学研究结果。通过与具体的事件或者问题相关联，记者们赋予从科学家那里接收到的信息以一定的情境。此外，记者忽略了科学家的保留意见，从而使得研究结果看上去比科学家们想要表达的具有更少的不确定性，也更加笼统（Fahnestock，1986）。对新闻业来说，处理科学的不确定性是一项特别的挑战，在对风险问题的报道中，这一点尤其重要（Friedman *et al.*，1999；Singer and Endreny，1993）。

在许多情况下，新闻不仅使科学专业知识公共化，强调研究是以专业知识为基础的，而且积极地促进公共专业知识的创造。记者针对一些特定的事件（如天气异常）向科学家寻求相关信息，让他们解释这些事件，并强烈要求他们评论政策问题。将科学知识情境化，并将它与非科学形式的知识联系起来，这可能是（科学）新闻的重要任务。斯平纳（Spinner，1988）讨论了两种不同形式的理性以及它们在解决问题方面各自的优势和劣势。他把记者称作**偶然理性**（occasional reason）的代理人，并且赋予他们一项任务——用偶然理性对基于原则的科学技术理性发起挑战，例如对特定的、局部的、临时的事件和情况进行巧妙的介绍。

科学家可能日渐适应了这种期许，把他们的知识和非科学问题联系起来。比如，许多气候研究人员接受了政治角色，在公众传播中跨越到科学事实之外，把敦促政府推行缓解气候变暖的政策作为目标（Peters and Heinrichs，2005）。但是，许多气候研究人员的强烈政策导向可能暗示着气候研究的信誉危机。通过对关于流行病的新闻报道的解释学分析，阿伦娜·荣格（Arlena Jung，2012）发现，记者在把科学描述得与政治或经济紧密关联时，他们往往会质疑科学的公信力。

结语

和纯粹科学知识相比，专业知识是由它所涉及的社会问题、决策及其实施来界定的。科学家被塑造为公共专家也暗含着这样一种期望：科学家利用他们的知识来解释非科学问题，并提出解决方案。一方面，提供专业知识对科学家来说回报更高，因为，和难懂的科学发现或科学理论相反，专业知识通常能很容易地同媒体及其受众所考虑的相关事情建立起关联；另一方面，成为一个公共专家意味着跨越科学的边界，以参与者的身份进入社会领域，并使自己暴露于学术界内部和外部社会的批判之中。作为公共专家，科学家对相关知识并不拥有垄断的权利：价值观和利益会参与进来，公众争议会逐步出现，而且科学的公信力也可能会受到挑战。

尽管有些科学家已准备好参与政策或者公共卫生议题，但其他科学家可能还不太情愿进入这个"充满政治和争议的喧嚣世界"中（Goodell，1977：4）。然而，记者往往把焦点放在科学知识同非科学世界的联系上。在接受采访之前，科学家会在自己知识的实用意义方面有所准备，但是记者可能会经常迫使受访科学家突破（甚至是超越）其所准备的材料的底线。因而，新闻不仅在科学专业知识的大众传播方面具有重要作用，而且在产生科学专业知识方面也有重要作用。

问题与思考

· 相对于科学家可能承担的其他公众角色，他们的专家角色的具体特征是什么？

· 在当代社会，公众对专家，包括科学专家的期望发生着怎样的变化？

· 在为社会建构科学专业知识方面，新闻扮演了什么角色？

· 在基于科学问题的公众讨论中，除了科学专业知识，还有哪些类型的专业知识会起作用？

尾注

［1］本章的修订包括：纳入了更多最近的相关研究，增加了一项最近的案例研究，即在拉奎拉地震中提供建议的地震专家的遭遇，并增加了关于专家使用网络媒体的扩展性讨论。

（王大鹏　唐婧怡　王永伟　等译）

请用微信扫描二维码
获取参考文献

大众文化中的科学家：
明星科学家的塑造

德克兰·费伊　布鲁斯·莱文斯坦

导言

2012 年 1 月 8 日，即史蒂芬·霍金（Stephen Hawking）70 岁生日的 4 天之前，《新科学家》发布了对这位"世界上伟大的物理学家之一"的独家专访。在问到他一生中最令人兴奋的物理学进展时，霍金回答说是大爆炸理论的确认。在问到他最大的科学错误时，他回答说是他的错误观点，即认为黑洞摧毁了它们所吞食的信息。在问到他如果还是一位年轻的物理学家将会做什么时，他回答说将会构想出开启全新领域的新观点。最后，在问到他白天思考最多的是什么时，他回答说："女性，她们完全是个谜"（New Scientist，2012）。

全世界的新闻媒体，包括 CBS 新闻、《卫报》、《电讯报》（*The Telegraph*）、澳大利亚新闻公司网站、印度的《教徒报》（*The Hindn*）以及美国的《赫芬顿邮报》（*The Huffington Post*）都围绕霍金最后的回答进行了多方位的报道。媒体上的持续报道促成了一个专门的座谈会。这场座谈会在霍金生日当天于剑桥大学召开，以庆祝他一生的工作成就。伦敦科学博物馆（London's Science Museum，2012）以一场霍金展来纪念这个重要时刻，特别展出了人们未曾见过的霍金旧照、手写的研究笔记、一幅鲜为人见的霍金肖像［艺术家大卫·霍克尼（David Hockney）1978 年为他画的］、1999 年霍金在电影《辛普森一家》（*The Simpsons*）中出演时的带注释的脚本，以及他在 2007 年零重力飞行时所穿的蓝色飞行服。当月，一本新的传记《史蒂芬·霍金：无拘无束的思想家》(*Stephen Hawking：An Unfettered Mind*) 出版。这些事件和出版物表明了霍金在文化领域的突出地位。学者们称霍金是有史以来成为媒体明星的少数科学家之一（Coles，2000：3），一位融入了大众文化的科学家（Leane，2007：35）。

科学家们在大众文化中持续存在，不仅有虚构的科学家，例如维克多·弗兰肯斯坦（Victor Frankenstein）博士，还有越来越多成为大众明星的真实的科学家：玛丽·居里（Marie Curie）、阿尔伯特·爱因斯坦（Albert Einstein）、玛格丽特·米德（Margaret Mead）、卡尔·萨根（Carl Sagan）、斯瓦米纳坦（M. S. Swaminathan）、丽塔·莱维-蒙塔尔奇尼（Rita Levi-Montalcini）、拉奥（C. N. R. Rao）以及其他许多科学家。这些科学家经常参与公共讨论，是受各国政府尊敬的顾问，也是大众一眼就能认出的人物。尽管他们通常是因为自己的科学成就而首次公开亮相，但是，也有一些科学家在积极地塑造公众形象。本章将探讨，在过去的一个世纪里，科学家如何越来越多地出现在大众文化之中（某种程度上是通过他们自己主动参与公共事务）、大众文化对科学家本身以及对科学家形象的影响。要理解当前大众文化中的科学家，一个关键方面将是理解名人在科学中的作用。

历史视角

科学家出现在大众文化中并不是件新鲜事。18 世纪中期，一本关于艾萨克·牛顿（Issac Newton）及其成就的儿童读物问世（Secord，1985）。作为一位发明家、工程师和企业家，托马斯·爱迪生（Thomas Edison）的公众形象却主要体现在他的科学成就上（Kline，1995；Pretzer，1989）。在英国，爱迪生的竞争对手萨巴斯蒂安·费兰蒂（Sebastian Ferranti）被描绘成一位横跨伦敦的巨人（Hughes，1983）。20世纪初，特斯拉（Tesla）、马可尼（Marconi）和其他发明家都是公众人物（Kline，1992；Douglas，1987）。20世纪二三十年代，保罗·德·克鲁伊夫的《微生物猎人传》（1926）把科学家们刻画为创造现代世界的英雄，这本书成为一本世界性的畅销书。

但是，到了 20 世纪后半期，科学在公共生活中的重要性日益增强，科学家和大众文化之间也呈现出新的关系。科学在公共生活中日益增强的重要性在美国和英国得到了最好的记录，本章的大部分内容都是以这些记录为基础的。但是，在可能的情况下，来自其他国家的证据也将突显出类似的现象，并且也将有可能促使我们对科学家和大众文化的关系进行新的研究。过去，科学家只在公开场合是可见的；而在现代明星文化中，科学家已经成为更广泛的完全参与者。我们的目的就是要找出推动科学家发生这种角色转变的特征。关于可见的科学家的主要分析类别，之前已有文献进行了识别确定（Goodell，1977；Bucchi，2014）。

自 19 世纪初以来，科学在公共领域的呈现并不稳定。但是，自 20 世纪 70 年代开始，媒体和其他文化的影响力大大增强。到了 21 世纪初，从统计上看，科学在公共领域的呈现已经比过去 200 年的平均水平都高出两个标准差（Bauer，2012）。20世纪七八十年代，在美国，多家报纸开辟了科学栏目，多本印刷精良的大众科普杂志开始发行，新的科学周播电视节目也开播了（Lewenstein，1987）。20 世纪 70 年代中期，《纽约时报》畅销书排行榜上的科普书籍数量经历了一个拐点：从每年不超过10 本书转变为每年不少于 10 本书（Lewenstein，2009；也可参见本书第 2 章）。英国（Bauer，1995）、意大利（Bucchi and Mazzolini，2003）和保加利亚都呈现类似的趋势，即便后者在 1945 年到 1989 年受到了苏联的影响（Bauer *et al.*，2006）。这些趋势和本书第 11 章所记录的公众舆论数据都表明，在整个 20 世纪，尤其是 20 世纪末，科学在大众文化中已经越来越扮演着社会权威的角色。

随着科学在公共领域的呈现不断扩展，科学家作为创造关于自然世界的可靠知识并建立科学体系的人，也越来越多地出现在大众文化中。媒体记者和制片人早已懂得，聚焦于某位特定的科学家是使科学变得人性化并为读者、听众和观众所喜闻乐见的有效途径，并能为好故事提供戏剧性的核心内容（LaFollette，1990，2008，2013）。虽然 1919 年爱因斯坦的相对论被证实后，报纸和杂志对其进行了大量报道，但是，将爱因斯坦打造成明星却是一个复杂的相互作用的过程，这个过程突出强调了他作为一个人的特点（包括他的政治观点），而非他的科学成就（Missner，1985）。同样，克鲁伊夫的《微生物猎人传》聚焦于科学家们的个人特征，以一种独特的风格来描述科学家：在表达对科学家的赞美时，作者难抑激动之情；而在揭露这些英雄不过是复杂而有缺陷的普通人时，他又显得冷酷无情（Henig，2002）。

在第二次世界大战后的几年里，越来越多的可见的科学家成为公众面前的科学人物，诸如格伦·西博格（Glenn Seaborg）、玛格丽特·米德。西博格发现了很多最早的超铀元素并帮助创建了现代元素周期表。他在 1951 年获得了诺贝尔化学奖。作为科学机构的一员，他因为在一个与大学体育有关的委员会工作，尔后作为加利福尼亚大学伯克利分校校长和美国原子能委员会主席，而被大众所知。米德在 1928 年凭借《萨摩亚人的成年》（*Coming of Age in Samoa*）一书引起了公众的关注，并很快成为一位著名的人类学家。不同于西博格，她不是一个政府内部人士，而是凭借自己的声望对当时的公共议题进行评论，特别是对性别和性别角色的相关问题。她充分利用了自己作为直接研究这些议题的人类学家的可信度。他们以及其他可见的科学家在大众文化中崭露头角，是因为，他们具备古德尔所称的 5 个显著的媒体导向特征，即符合大众媒体的价值观及要求的个性和专业特征：这些科学家能言善辩，颇具争议，有可信的声誉，有着有趣的形象，并致力于热门话题的研究。古德尔指出（Goodell，1977），她所观察的可见的科学家，包括米德和昆虫学家保罗·埃尔利希（Paul Ehrlich），能够成为重要的文化人物，也是因为他们利用大众媒体来拥护政治议题。这说明了大众媒体日渐突出的重要性。利用大众媒体这一场所，科学家们可以提出并讨论科学问题，从而潜在地影响有关科学及科学政策发展的公共舆论的形成。

新近的著名科学家并非都是接受了正式训练而成为科学家的，也并非全部拥有传统的学术或研究职位。例如，发明家和探险家雅克·库斯托（Jacques Cousteau）曾是一名法国海军领航员，他帮助研制的一种水中呼吸装置是现代轻便潜水（也叫水肺潜水）的第一次实际应用。他的目标是可以在水下待更长时间以便他进行拍照和电影制作，进而通过这些照片和电影揭示海底生命奇观。他为杂志撰写图片故事，1953 年在《国家地理》（*National Geographic*）杂志上发表了他的第一篇封面故事。那一年，他还出版了自己的第一本书《寂静的世界》（*Silent World*）。这本书连续 30 周位于《纽约时报》的畅销书排行榜上。1956 年，他与路易·马勒（Louis Malle）共同制作的同名电影《寂静的世界》甫一上映就获得全世界的好评，并斩获金棕榈奖和奥斯卡最佳纪录片奖。库斯托（被记者称为"人鱼"）将科技发展与水下探测、水下考古、科普创作和电影制作结合到一起，是最早的科学经理人之一（Dugan，1948：30）。

还有一种情况，有的科学家成为杰出的科普者，但他们所进行的科普工作不一定与自己的工作领域相关。其中，最为突出的是雅各布·布朗劳斯基（Jacob Bronowski）。在职业生涯伊始，他是一名数学家，他在第二次世界大战期间和之后的几年里都在从事统计学和运筹学的研究。不过，他也开始在文学杂志上发表文章。到 20 世纪 50 年代，他定期地出现在英国电视节目《智囊团》（*Brains Trust*）上，凭借渊博的知识被大众所知。他撰写了科学哲学著作，包括被广泛阅读的《科学与人类价值》（*Science and Human Values*，1956）。1972 年和 1973 年，布朗劳斯基的《人之上升》（*Ascent of Man*）系列在 BBC 播出；1974 年，该节目在美国被转播。这些节目的脚本被编辑成书并出版，且连续 40 多周位居《纽约时报》的畅销书排行榜上（Moss，1977）。

《人之上升》的成功促使美国公共广播系统委托制作了一套新的系列节目——邀请天文学家卡尔·萨根对宇宙进行更广泛的探索。当时，卡尔·萨根已经凭借畅销书《伊甸园的飞龙》（1977）获得了普利策奖。萨根在太空探索的创始时期成为一名天文学家（Bucchiand Trench，2008：1），而新节目聘请的制片人正是《人之上升》系列的制片人——阿德里安·马隆（Adrian Malone），他开始有意着手打造一位天文学家"明星"（Davidson，1999：321）。他成功了，也许是太成功了，以至于1980年的系列片《宇宙》遭受了很多的批评，批评者认为该系列太过专注于萨根的强大自我。这套节目非常成功，而节目配套的书籍（这一次是专门写的，并不是简单地对脚本进行重新印刷）连续70多周位列《纽约时报》的畅销书排行榜（Davidson，1999；Poundstone，1999）。萨根证明了一种越来越重要的现象：既上镜又有媒体头脑的科学家是公众崇拜的对象。

乔伊·亚当森（Joy Adamson）的《生而自由》（*Born Free*）（1960年）描述了她同狮子幼崽近距离的生活。这本书连续34周位列《纽约时报》畅销书排行榜，之后，在1966年被改编成剧情电影，并直接促进了野生动物保护运动（尽管像库斯托一样，亚当森并不是一名正式的科学家）。这些作家展示了其著作的内容和成为明星之间的复杂关系。库斯托的体格以及他的科学贡献都令人赞赏，而亚当森对丛林里的生命的母性反思和她的行为学观察同样重要。甚至对萨根本人来说，很有可能，他在《约翰尼·卡森今夜秀》（*Tonight Show with Johnny Carson*）[①]上的表现就足以让他出名，并且知名程度不亚于他因其著作达到的程度。萨根标志着从可见的科学家到明星科学家的转变。在一种本身越来越重视名人和声望的大众文化中，他是一位明星（Maddox，1998；Rodgers，1992）。萨根的传记作者说道，对萨根来说，即便是一家人外出就餐，都需要特别注意避开他的粉丝（Davidson，1999）。

拉福莱特（LaFollette，2013）在她的一档讲述科学史的美国电视节目上指出，在电视时代成为明星，标志着科学家吸引公众关注的方式上的一个重大变化。在她看来，电视倾向于选取这样的科学家：他们会遵从电视台对于披露其个人细节的要求，以及对于他们个人形象的强调。她赞扬了萨根、库斯托和布朗劳斯基等有成就的研究人员所做的卓著工作，认为他们充分利用了媒体的潜力来传播科学。但是，她指出，通常，通过将科学家描述为明星，电视把科学家变成了与大众娱乐中的其

[①] 《约翰尼·卡森今夜秀》是一档喜剧或脱口秀类的电视系列剧，1962年10月1日在美国首播。——译者注

他人物类似的平凡人，这也是媒体之所以未能充分发挥其潜力来向更广泛的社会大众进行科学教育的一个原因。这一观点回应了名望研究中一个存在已久的主题，即名声对公共文化的质量具有侵蚀性（Evans and Hesmondhalgh，2005）。

某些科学事件和争论也将特定的科学家（或被认定为科学家的人）引入公众意识之中。最为突出的例子就是执行水星、双子座和阿波罗太空任务的宇航员们，他们因为对新知识做出的贡献而受到公开的称赞，虽然很大程度上，他们不过是强大的运载工具和实验装置的操作者罢了。生物社会学、计算机、人工智能、种族和智力之间的联系等话题的相关争议，也将一些研究者打造成明星，例如威尔逊、史蒂芬·古尔德（Stephen Could）、理查德·道金斯等（Wilson，1975；Could，1981；Dawkins，1976；Lewontin and Levins，2002；Weizenbaum，1976）。科学家们，例如DNA结构的共同发现者詹姆斯·沃森（James Watson），转向科普创作来塑造自身形象，在某种程度上也是为了给他们所捍卫的领域招募新的科学家（Watson，1968；Yoxen，1985）。

一些科学家利用他们的公众形象来为尚未被科学界接受的科学理论进行辩护。弗雷德·霍伊尔杜撰了"大爆炸"（big bang）一词来嘲弄他所反对的一种天文学理论，最后，他发现，他的很多理论因为其他科学家的批评而无法发表。他另辟蹊径地选择撰写科普文章和科幻小说，并经常出现在BBC电台，以这些方式来向更广大的公众阐述他的观点。这些活动为他赢得了公众声望，虽然这些声望与他的科学家同事们赋予其科学理论的价值没有直接的关联（Gregory，2005）。史蒂芬·古尔德利用他在《自然史》（*Natural History*）杂志上的专栏作为公共平台而成为畅销书作家，并且，出版方面的成功吸引了更多读者来关注他对布尔吉斯页岩化石的详细解释。古尔德赢得的认可使其科学对手们深感不安，其中，布尔吉斯页岩领域的一位主要对手写了一本观点相左的竞争性科普图书来挑战古尔德的解释（Gould，1989；Conway Morris，1998；Conway Morris and Gould，1998）。

明星文化中的科学家

尽管明星并不仅仅是20世纪的一种现象，各种媒体形式（包括大众化报纸、电影、电视和最新的数字媒体）的急剧发展都意味着，明星已经"是当代西方文化中普遍存在的一个方面"（Drake and Miah，2010：49）。在这种文化环境中，到20世纪的最后10年，科学明星的涌现显而易见。20世纪八九十年代科普读物的日渐普及表明，萨根、霍金等多位科学家作者已经成为明星（Turney，2001a）。《时尚》（*Vogue*）杂志写道，在"严肃的科学变得迷人"的时期，写畅销书的科学家引发了人们的"英雄崇拜"（Turner，1997：41）。英国《独立报》（*The Independent*）说道，这是一个科学受控于媒体超级明星的时代（Connor，2001：11）。

在这种环境下，新闻记者和作家把个体科学家称为明星。同霍金一样，理查德·道金斯被称为"真正的明星"，他于 1995 年成为牛津大学第一位致力于公众理解科学的教授（Kohn，2005：319）。《纽约时报》将美国天体物理学家尼尔·德格拉斯·泰森（Neil deGrasse Tyson）描述为"洞察太空的明星"，他不仅管理着纽约的海登天文馆，还是多部天体物理学科普书籍的作者（Martel，2004：E5）。《自然》杂志称苏珊·格林菲尔德（Susan Greenfield）为明星神经科学家，她是牛津大学神经科学教授、英国皇家研究院前院长，也是很多神经科学科普图书的作者（Nature，2004：9）。《科学》杂志称她是活跃在聚光灯下的科学"摇滚"明星（Bohannon，2005：962）。

非英语母语国家的科学家也表现出这些特征。例如，出生于加拿大的法国天体物理学家于贝尔·雷弗（Hubert Reeves），几十年来都在书籍和电视上普及科学，同时，他也因倡导环境保护而被公众所知。《世界报》（*Le Monde*，2010：16）称雷弗是"讲述星星的故事的人"，并描述了他对古典音乐的热爱。数学家塞德里克·维拉尼（Cedric Villani）赢得了著名的菲尔兹奖，并向非专业人士介绍他的研究领域，塑造了一个独特、时髦的公众形象。《世界报》描述道，他在一次采访中佩戴着他的两个"传奇的"标志性配饰：一只大蜘蛛形的胸针和领巾式的领带（Clarini，2012：3）。

这些明星都有一个值得注意的方面，那就是男性特征的过度呈现。最近的研究中反复出现的主题即为科学家在性别和性方面的文化描述。拉福莱特（La Follette，2013）说，女性在电视剧、纪录片、新闻报道和谈话节目中都没有突出表现，这是一种"隐形文化"造成的结果。但是，她指出，即便出现了女科学家，她们多半也被描绘成被科学事业所消耗的、刻板的女超人，或是"像玛格丽特·米德和珍·古道尔（Jane Goodall）那样浪漫又爱冒险的明星"，或是无比机敏的、虚构的超级英雄（LaFollette，2013：186）。但是，她认为，到 20 世纪 90 年代，这种表现形式开始发生了变化，部分原因在于女性电视制片人数量的增加。然而，任何变化都不会是巨大而突然的。例如，钦巴和基辛格（Chimba and Kitzinger 2010）指出，英国报纸上对女科学家的描述，有一半会提到她们的外貌、衣着、体形或发型；相比之下，对男性科学家，只有 1/5 的描述会谈到这些。性别和性的问题可能也影响着媒体对男性科学家的描述。一项话语分析发现，媒体以性别方面的词汇对英国最著名的科学家之一、物理学家和电视节目主持人布赖恩·科克斯（Brian Cox）进行了描述（Attenborough，2013）。《每日邮报》（*The Daily Mail*）报道说，"网络上出现了很多科克斯的粉丝俱乐部，他们痴迷地浏览着'狐狸：科克斯教授'（Prof Cox the Fox）的相关内容"（Fryer，2010：15）。

我们要如何解释日益增多的明星科学家及其历史背景、关注焦点和性别特征的复杂性呢？接下来，我们将提出一些关键的问题。

科学家转变成明星反映了媒体的文化作用和影响力的增强。可见科学家的媒体导向特征使得他们成为如今我们所称的科学媒介的先驱。在过去的几十年里，科学与媒体的关系在不断发展的历史进程中已经变得越来越紧密（Franzen *et al.*，2012）。这个过程被嵌入一种更广泛的文化转变中。在这种转变中，媒体通常不仅在公众舆论的形成方面变得越来越重要，而且，它们自身也越来越强大，塑造着科学的公共意义以及公共生活的其他领域（Hansen，2009；Collini，2006）。因而，大众媒体日渐掌控着公共事务（包括涉及科学的公共事务）的架构和表达。这个过程导致了一种公共文化的形成，文化评论员里奥·布劳迪（Leo Braudy）说道（1997：601），在这种公共文化中，"人们可以对每一个观点和事件发表看法"，这种"复杂的现象使得典型的个体特征变得模糊"。结果，明星成为创造和检验文化及社会意义的重要载体（Turner，2004）。正如布奇（Bucchi，2014）所指出的，媒体对科学家及其他具有广泛影响力和吸引力的公众人物的重点关注导致了一种现象的产生："关于社会中的科学的优先性及其意义的讨论被简化为各种重要的公共人物和观点之间的比较。"于是，明星的观点就建立在了可见性的观点之上。[1] 这种概念的变化反映了从可见的科学家到明星科学家的一种历史转变。

文化研究学者格雷姆·特纳（Graeme Turner，2004：9）把明星定义为："一种表征和一种话语效果；它是一种通过促销、宣传以及媒体行业来进行交易的商品，媒体行业制造明星及其影响力；它也是一种具有社会功能的文化形态。"（也可参见Rojek，2001；Evans and Hesmondhalgh，2005）明星作为一种表征意味着，媒体对于个人的描述是极度个性化的。他或她被描绘成一个独特的个体，其公共自我和个体自我都被融合在这种描述之中。明星是商品，因为他们的名声包含着声望的商品化（Hurst，2005）。他们不仅为自己的书、广播和其他文化产品营销，还可以推销其他的商品（包括政策）。他们的名字被作为其他产品的促销助推器（Wernick，1991）。对于明星科学家来说，产品可以是他们的书、广播，也可以是科学本身。

名人具有社会功能这一观点对于理解明星至关重要。这意味着，明星帮助受众理解社会，因为名人能言善辩，而且代表着隐晦的价值观和信仰，他们"给公共世界提供了一种人的维度，使得那些可能非常抽象的事物变得人性化或者个性化"（Evans，2005：6）。明星的这种象征性特征非常重要。正如霍姆斯（Holmes，2005：12）所说，人气持久的明星与"他们时代的意识形态背景有着深刻的结构性关系"，这意味着，他们的形象成为解决他们所处时代的实用问题的一种手段。公众人物成为明星的过程被贴上了一个不太实用的新标签——"名人化"，这个过程包括：媒体如何关注他们的私生活，他们如何成为商品，以及他们如何象征更广泛的文化问题（Evans，2005）。把科学家描绘成明星非常重要，因为，精英人物所表现出来的公众形象集中于他们独特的个性和个人的生活，而明星的其他精英特质则被从公共领域剔除了出去（Turner，2000）。如果不成为明星，科学家将不会在大众文化中占有突出地位。

明星科学家的分析框架

通过综合名人的构成特征以及第二次世界大战后在大众文化中非常突出的科学家特征，可以确定明星科学家的六个显著特征。这些特征形成了一个分析框架，可以用来深入分析文化上杰出的明星科学家个人或集体。我们以几位以英语为母语的明星科学家——霍金、道金斯、格林菲尔德和泰森——为例来阐明和揭示科学声望的特征。

1. 科学家的代表性形象使得他或她的公共生活和私人生活变得界限模糊

当媒体从报道一位科学家的公共生活转向报道他或她的私人生活时，名人化就发生了。这种特征体现在媒体对萨根和其他可见的科学家的报道之中，但实际上却可以追溯到媒体对达尔文的报道（Turner，2004；Browner，2003）。《卫报》称，道金斯是"一位40多岁、有着凶猛且强硬的外表、极具超凡魅力的、救世主式的电影明星"（Radford，1996：T2）。科恩（Kohn，2005：319）描述了道金斯的勤勉谦恭，并强调，科学家是"如何广泛地注意到，通过打扮并以时尚的眼光来选择饰品，从而使外表形象达到最佳效果"。此外，科恩指出，"道金斯同他的第三任妻子拉拉·沃德（Lalla Ward）生活在豪宅里，享受着明星光环带来的奢华"。2000年，泰森的私生活也被大篇幅报道，专门报道明星新闻的《人物》（*People*）杂志称他为"最性感的天体物理学家"，"身高1.88米的泰森沉溺于对葡萄酒和美食烹饪的热爱，但他也忠诚地挚爱着他结婚 12 年的妻子爱丽丝·杨（Alice Young）——一位 44 岁的数学物理博士，爱丽丝下个月将生下他们的第二个孩子"。《葡萄酒鉴赏家》（*Wine Spectator*）杂志描述了他收藏的 700 瓶葡萄酒。《乌木》（*Ebony*）杂志写道，泰森"梳着厚厚的非洲头盔式的发型，系着奇特的繁星点点的领带，穿着同样类型的背心，对宇宙万物都有着极具感染力的热情，这些使他相当上镜"（Whitaker，2000：58）。泰森的推特账号已经将他的公共生活和私人生活融合到一起：他的大部分推文都是关于宇宙的事实和细节，但是，它们也允许"后台访问"（Marwick and Bord，2011：144），因为它们提供了可以加强泰森与其追随者之间亲密关系的个人细节。例如，2012 年 7 月 25 日，他写道："@adinasauce：我的叔叔今晚去世了。你对原子和宇宙的思考使我感到安慰。感谢你。// 不，感谢宇宙。"①

苏珊·格林菲尔德的公共生活和私人生活也被融合起来进行报道，特别是 1999 年，她出现在《你好！》（*Hello*）杂志上，为她时任院长的皇家研究院做宣传。她与当时的丈夫——化学家彼得·阿特金森（Peter Atkins）的合影被刊登在杂志上，并且，她在一次采访中描述他们的关系："我们非常亲密且不感情用事，我们是最好的朋友和灵魂伴侣。"（Kingsley，1999：109）在与阿特金森的婚姻结束后，她的私人生活被公开，接受着进一步的公众监督。他们的离婚不仅令阿特金森，而且让整个科学界和政界感到震惊（Churcher，2003：22）。史蒂芬·霍金的前妻简（Jane）写了一本关于她和霍金一起生活的书《音乐移动群星》（*Music to Move the Stars*，2000），描述了他们浪漫感人的生活中的亲密细节。《名利场》（*Vanity Fair*）杂志详细报道了霍金的第二次婚姻，包括警方对霍金在这场婚姻关系中遭受的一系列明显而令人起疑的伤害所进行的调查（Bachrach，2004）。

2. 科学家是一种可交易的文化商品

科学家通过出版畅销书或播出商业电视片，与更广泛的受众进行交流，其中包含他们作为作者或主持人的品牌效应和市场营销，通常也还包括协同效应，即同一产品以不同形式、通过不同的媒体进行销售。例如，1992 年，《时间简史》电影的上映就伴随着《时间简史续编》（*Stephen Hawking's A Brief History of Time：A Reader's Companion*）一书的出版发行。《名利场》杂志称该书是"关于《时间简史》这部电

---

① 推特（Twitter），国外的一种社交网络及微博服务网站。"后台访问"即推文正文后互动评论区的交流互动，符号"@"后的账号即为被回复者的推特账号。通过这种方式，推文发布者及评论者可以实现直接的互动交流。——译者注

影的书"（Lubow，1992：76）。乔恩·特尼（Turney，2001b：8）在评述霍金的《果壳中的宇宙》（*The Universe in a Nutshell*，2001）一书时指出，自 1988 年以来，物理学没有显著的进展，出版这本新书几乎没有什么必要，"除了出版商班特姆（Bantam）想要继续保持特许经营权"。澳大利亚《时代报》（*The Age*）对电视节目《史蒂芬·霍金的宇宙世界》（*Stephen Hawking's Universe*）的一篇评论指出，霍金的名字被用作促销助推器，"霍金只是在每集的开头和结尾部分偶有评论，他在这里的存在不过是提供其名字的价值罢了"（Schembri，1998：2）。另一个例子是：2006 年，英国第四频道播出了关于理查德·道金斯的工作的纪录片《万恶之源？》（*Root of All Evil?*），同年，他出版了《上帝的错觉》（*The God Delusion*）一书。同样，泰森与他人合著了一本关于宇宙进化的书——《起源》（*Origins*，2004），美国公共广播公司推出了一档分两部分播出的同名、同主题广播节目，两者被认为存在密切关联。

3. 科学家的公众形象围绕真理、理性和合理性话语而构建

不同职业的声望与不同的话语息息相关。例如，电影明星的话语构建围绕个性和自由，电视明星的话语构建围绕熟悉和被广泛接受，流行音乐明星的话语构建围绕本真（Marshall，1997）。明星科学家则涉及真理、理性和合理性等话语。科学家的公众形象与科学发展也密切相关（Lewis，2001），这一形象具有认识论的维度，与真理及后续观点保持一致——科学方法使得科学在揭示自然世界的真理方面具有独特地位。例如，在对霍金的表现手法上，存在一种反复出现的模式——将他的思想放在其身体之外的另一个知识探究领域里。这种模式也反复用于对牛顿等历史上的代表性科学家的描述之中（Lawrence and Shapin，1998）。《时代周刊》（*Times*，1978a）写道："霍金无助地坐在轮椅上，他的思想似乎正在广阔的时空里翱翔，去揭开宇宙的秘密。"1983 年，《纽约时报》发现了一项重要的事实：虽然霍金的身体在逐渐衰弱，但是他的思想却改变了人们对于宇宙的构想，这种反差使他"逐渐成为一个大脑型的人"（Harwood，1983：16）。这已经成为他的核心公众形象，尽管，正如伊莲娜·米阿莱（Hélène Mialet）在《合成的霍金》（*Hawking Incorporated*，2012）一书中表明的，他实际上依靠着一个庞大的支持服务体系帮助生活和工作，其中包括护士和研究生。媒体的报道系统地塑造了一个支撑其成为明星的形象，将理性作为他成为明星的基础，抹去了支撑着他的更广泛的社会体系。同样，道金斯的公众形象与他关于真理的观点相联系。他写道（Dawkins，2004：43）："如果叫我用一句话来描述我作为公众理解科学教授的特征，我认为我会选择'倡导无私的真理'这

句话。"道金斯早期的著作侧重进化论，在这之后，随着时间的推进，他的公共事业走向了一个理性主义者的"改革运动"，这一运动与科学共同体进行的有组织的计划项目无关，而是与无神论者、理性主义者和怀疑论者的倡导工作相关。他创立了理查德·道金斯理性与科学基金会（Richard Dawkins Foundation for Reason and Science），并将其使命定位为支持"科学教育、批判性思维以及对自然世界的循证理解，以克服宗教原教旨主义、迷信、偏执并消除苦难"（Richard Dawkins Foundation for Reason and Science，2013）。基金会早期的使命中，有一部分是这样写的："启蒙运动正遭受威胁。它就是理性。它就是真理。"（Trench，2008：122）对于霍金和道金斯而言，明星是建立于对自然世界的可靠知识之上的，即真理或科学的承诺之上。

4. 科学家与他们时代的意识形态张力有着结构性的关系

那些经久不衰的名人是他们那个时代的社会、文化及政治张力的象征。作为一名非裔美国人，泰森在其自传《天空不是极限》（*The Sky is Not the Limit*）中，把自己的生活和事业部分地描述为他是如何在 20 世纪 60 年代后的美国长大的。他描述了自己是如何成为一位天体物理学家的，尽管美国国家航空航天局（NASA）太空署早期只送白人宇航员上太空，而那时，贫民区黑人社区的贫困正在不断加剧。他写到他作为一个没有成为运动员或艺人等公众人物的黑人，是如何处理种族偏见的。他还写到他是如何在一个与种族无关的话题领域成为一位公共专家的。《纽约时报》在评论中说道，这本书最强大的地方在于泰森把他的个人生活经历和事业发展联系了起来（Knowles，2004）。同样地，从 20 世纪 70 年代晚期开始，记者们在《新科学家》《时代周刊》《名利场》和《读者文摘》（*Reader's Digest*）等文化领域的出版物上对霍金进行了详尽的报道，当时他在黑洞和相对论宇宙学方面进行了开创性的工作，人们对此兴趣激增。他关于黑洞的专业话题引起了更广泛的文化关注。《时代周刊》（*Time*，1978b）杂志说，黑洞与同时期"流行的超心理学、神秘学、不明飞行物、有思维的植物……以及其他伪科学噱头"相联系。道金斯的公众形象在一系列关于科学的社会争论中形成。此外，作为 20 世纪 70 年代末生物社会学争论的一部分，道金斯卷入与古尔德及其他著名人物的争论——关于进化的特定机制的不同解释。这些争论在大众图书和文章中都有体现。而这些著作也都体现了文化和政治的维度，因为它们与生物学对人类行为的影响方面的持续争论有关（Swgertrale，2000）。随着《上帝的错觉》出版，道金斯成为 20 世纪头十年里关于科学与宗教之间冲突的社会争议中的关键人物。这本书为大众所知的"新无神论"奠定了基础，道金斯的推特也成为一个更广泛的世俗论者在线社区的中心（Cimino and Smith，2011）。

5. 科学家们的表现体现了名声所固有的张力和矛盾

古德尔（Goodell，1997：202）指出，20 世纪六七十年代可见的科学家"被公众赋予了过高的可信度"，这一特征与反复发生在明星科学家身上的一点非常相似：他们的科学地位和公众声望之间存在张力。物理学家认为，霍金的名气远远超过了他在科学领域的声望（Coles，2000）。同样，神经科学家们质疑格林菲尔德的工作质量。例如，一位匿名的科学家告诉《观察家报》："她说的很多话在学术上是不及格的。英国在神经科学方面非常强大，与该领域的领军人物相比，她根本不在同一个级别上。她从来没有被研究论文引用过。"（O'Hagan，2003：5）科学史家费恩·埃尔斯顿－贝克（Fern Elsdon-Baker，2009：223）指出，道金斯的一些同行并不认为他是一个科学家，"一些研究团体普遍认为，他没有代表这门学科说话"。这一论点反复表明，这种张力很可能是科学明星的一种结构性特征。

6. 科学家的明星地位使他们可以对自己专长以外的领域发表评论

《上帝的错觉》常为人所诟病的一点是：道金斯没有对他所质疑的知识和神学立场做出公正的描述（一个典型的例子，参见 Eagleton，2006）。2012 年，霍金与加利福尼亚理工学院的物理学家和作家勒纳德·穆洛迪诺（Leonard Mlodinow）合著出版的《大设计》（*The Grand Design*）一书也遭受了类似的批评。批评指出，哲学已死，人们也不需要上帝来解释宇宙的起源。神学和物理哲学领域的专家们都对这本书进行了尖锐的批评（Cornwell，2010；Callender，2010）。21 世纪初，神经退行性变性疾病专家格林菲尔德在大众图书和媒体上提出了一系列观点，认为孩子们沉浸于屏幕技术会损害他们的大脑。其他科学家同样对这些说法进行了批判。例如，神经心理学教授多萝西·比舍普（Dorothy Bishop，2011）在她的博客中写道："近年来，你的猜测已经跑到了我的领域，这开始让人有些恼火……我希望你能专注于你的专业领域的传播，因为神经退行性变性疾病涉及许多的公共利益。"

结语

在过去的一个世纪里，科学家在大众文化中扮演了越来越重要的角色，他们日益显耀的名声就是例证，而被媒体集中塑造的大众文化也已经成为一种名人文化。

作为个体而言，明星科学家是连接科学和更广泛文化的代理人。他们是科学本身的象征，他们独特的公众形象使得复杂的思想和概念具体化。从经典的社会学意义上看，他们是边界对象（boundary objects），其同样的行为在不同文化中运行时，可以以不同的方式加以解释。在科学界，他们是大使和传教士，把科学思想带到科学之外的领域。然而，在其他领域，他们作为独立的演员来参与和塑造文化，就像演艺明星、政治家和商人一样。在这种文化中，长期与广大受众成功沟通的科学家必然成为明星，因为正是通过名声，科学思想在公众中才得到充分的描述。

识别明星科学家的特征可以帮助我们理解科学参与公共事务的方式。从20世纪中期的可见的科学家到21世纪的明星科学家，这种转变标志着科学越来越融入大众文化。在一个明星时代，这种整合及融入意味着科学家必须是明星。通过明星文化，明星科学家以突出的声望来传播科学思想和科学概念，主导与公众相关的问题和争议的公共讨论，如进化和智能设计，尽管在很大程度上，明星科学家们在公众的态度确立和意识提升方面的实际影响仍未得到证实。

明星科学家的这一框架仍有几个问题有待未来进一步研究。本章主要侧重于英国和美国的科学家，因而，未来的研究可能需要检验其他国家或地区的杰出科学家是否符合这里所列的明星科学家的特征。例如，不同的国家和文化背景会产生科学名望的其他独有特征吗？进一步的研究也可以考察一位科学家脱颖而出成为明星的不同路径。这是阐明科学家成为明星的一个非常重要的过程，因为一位诺贝尔奖获得者变得有名（Bucchi，2012；Baram-Tsabari and Segev，2013）的方式很可能与克雷格·文特尔（Craig Venter）等创业科学家赢得公众声望的方式不尽相同。

考察明星科学家也可以评估他们的名声可能对科学实践本身产生的影响，这将有助于科学媒体化的相关辩论。有迹象表明，明星科学家的文化力量可能反过来影响嵌入文化中的科学。明星科学家在科学中拥有地位（进而拥有权力），这种地位（和权力）有时超越了他们具体的技术成就。当泰森和海登天文馆将冥王星从太阳系中剔除时，他们推动了关于如何界定行星的科学讨论（Mwsseri，2010）。当霍金成为科学巨星，物理学家杰里米·邓宁－戴维斯（Jeremy Dunning-Davies）指出，他的同事们的论文被杂志拒绝"仅仅是因为最终结论与霍金的观点不一致"。他写道（Dunning-Davies，1993：85），"纯粹从科学角度质疑霍金的论文未能成功发表，是因为在某种意义上，他的名声已经超越了纯粹的科学"。科学越来越多地被嵌入大众文化，通过考察明星科学家，我们可以看到，大众文化是如何影响知识生产本身的。

问题与思考

· 从你们国家的大众文化中识别出一位可以被称为明星科学家的杰出科学家。他们符合本章所描述的特征吗？他们有其他特征吗？

· 当代女性科学家在大众文化中是如何被描述的？对她们的描述与对男性科学家的描述有所不同吗？

· 科学图书、杂志和电视节目是如何培育一种科学文化的？

尾注

[1] 我们关注可见性和明星之间的差异，这对于了解过去 40 年里学术文献的发展非常关键。古德尔（Goodell, 1977）把"明星"和"可见性"当作同义词，但是，自 20 世纪 70 年代末起，来自明星研究领域的观点提供了一套新的概念工具来审视科学明星。然而，古德尔识别出了可见的科学家的特征，他们能言善辩，颇具争议，有着有趣的形象、可信的声誉，并致力于热门话题的研究。从广义上讲，一位科学家想要获得更广泛的文化可见性（知名度），他们可能需要具备某些个人和职业的属性，就这一点来说，古德尔描述的这些特征仍然是有用的。但是，当一位科学家变得可见，他或她可能会成为一位明星，也可能不会。因此，作为一个概念，明星是建立在可见性之上的，用来描述科学家作为公众人物的独有特征，这样，他们的声望就可以被商品化，并且在大众文化中获得一种象征性的价值。

（李红林　任安波　译）

请用微信扫描二维码
获取参考文献

8

电影中的科学技术：主题及呈现

大卫·A. 科比

导言 [1]

在电影行业开创伊始，电影与科学就交织在一起。实际上，电影装置的出现就是源自埃德沃德·迈布里奇（Eadweard Muybridge）和艾蒂安－朱尔斯·马雷（Etienne-Jules Marey）的科学研究。他们在 19 世纪末为了研究动物的运动而探索各种技术手段（Tosi，2005）。这些技术手段及设备等后来演变为电影装置。然而，直至最近，对剧情片 [1] 中的科学进行考察的相关研究都还很缺乏。当前，明确讨论电影中的科学的学术研究开始数量激增。这可以归因于多种因素。其一即为，我们正生活在一个科学电影电视的黄金时代。很多商业上成功的电影都以科学为内核，且制作于最近 10 年里，包括《蜘蛛侠》（*Spider-Man*，2002）、《海底总动员》（*Finding Nemo*，2003）和历史票房冠军《阿凡达》（*Avatar*，2009）。类似地，近 10 年里受欢迎的诸多电视节目都专注于科学和技术，包括《犯罪现场调查》（*CSI*，2000）、《豪斯医生》（*House*，2005—2012）以及《生活大爆炸》（*The Big Bang Theory*，2007）。科学在娱乐媒体上的日益流行与极客文化在互联网上的兴起是相一致的。现在，io9 和 Boing Boing [2] 等大量网站都在颂扬科学在虚构作品中的使用。

对电影中的科学进行的学术探讨不断增长，更重要的原因在于对科学传播共同

---

① 根据人为创作程度，可将电影区分为虚构类电影（fictional cinema 或 fictional film）和非虚构类电影（non-fictional cinema 或 non-fictional film），也可称为剧情片和非剧情片。对于虚构类电影，本章均译为剧情电影或剧情片。个别地方因上下文需要，译为虚构类电影。——译者注

体的一种新的理解：科学的含义（meanings），而非科学知识，可能是影响公众对科学的态度的最重要因素（Nisbet and Scheufele，2009）。根据艾伦·欧文（Alan Irwin，1995）的研究，公众构建了自己的科学公民权（science citizenship），并在他们的日常生活、已掌握的知识、经验和信仰结构的语境下来理解科学。大众电影通过塑造、培养或强化科学的文化含义而极大地影响着人们的信仰结构。从关注科学素质到关注科学的文化含义，这种智识转变的结果之一就是：一些知名度高的科学机构，包括美国国家科学院和英国维康基金会等，都将电影、电视作为科学传播的合法媒介，并促进电影和电视节目制作中的科学参与。

电影中的科学不能仅仅被定义为事实信息，还包含了我称为"科学体系"的系统。科学体系包括科学方法、科学家之间的社会交互作用、实验室设备、科学教育、科学产业、科学与国家的联系，并部分地存在于科学共同体之外的科学的各方面，如科学政策、科学传播和科学的文化含义等。最后，关于科学和电影的研究应该聚焦于几方面：科学体系是如何在电影中得到描述的；这些描述是如何随着时间的变化而发展的；当代电影制作实践是如何影响这些描述的；这些描述又是如何影响现实世界的科学体系的。

虽然关于科学与电影还有很多工作需要去做，但现在已经有了一些关于科学电影的研究文献。[3] 这些研究吸收了众多学科的各种研究进路和方法，包括传播学、社会学、历史学、电影研究、文化研究、文学和科幻研究等。就像对科学与新闻媒体的研究一样，对大众电影中的科学传播的探究围绕四个基本的问题展开：①电影文本创作中，科学是怎样被描述和表现的（电影制作）；②大众电影中有多少科学内容，它们是哪类科学（内容分析）；③大众电影中科学技术的历史及当代文化解释是什么（文化含义）；④电影中关于科学的虚构描写对公众科学素养、公众理解科学以及公众对科学的态度是否有影响，如果有，产生了什么样的影响（媒体效应）。在本章中，我将从这四方面对学者们已经开展的相关研究进行总结，并指出仍需学术界关注的一些领域。

电影制作

关于电影制作的学术研究主要集中于科学家和科学机构在电影制作过程中作为科学顾问的身份和作用。电影制片人聘用科学顾问可以追溯到早期的电影，如《盲目的契约》（*A Blind Bargain*，1922）和《迷失的世界》（*The Lost World*，1925）（Kirby，2011）。[4] 关于科学家参与电影制作的一些研究聚焦于具体的电影。例如，对《原子弹秘密》（*The Beginning or the End*，1947）电影制作的一些研究显示，执行曼哈顿计划的科学家对电影的最终版本拥有实质性的控制权，有权删改任何他们不同意的部分（Reingold，1985）。在制作某些议题性的剧情片时，公共卫生专员、医生和医药研究者们经常与电影制片人合作。美国公共卫生署署长（US Surgeon General）就参与了保罗·埃尔利希传记片（传记图片）《埃尔利希博士的魔弹》（*Dr. Ehrlich's Magic Bullet*，1940）的制作（Lederer and Parascandola，1998）。事实证明，这部电影对美国公共卫生署（US Public Health Service）很有用处。在电影公映 3 年之后，美国公共卫生署说服华纳兄弟对其进行修订、翻拍以适用于教育目的。约瑟夫·图罗（Joseph Turow，2010）也表明，美国医学会（American Medica Association）在确定虚构的电影和电视节目中的医生形象方面行使着重要的权力。马丁·裴尼克（Martin Pernick，1996）探究了电影业早期剧情片被同时作为支持和反对优生学的宣传工具的状况。这些剧情片通常都邀请医生和公共卫生官员做咨询专家。

科学咨询在娱乐媒体中变得很普遍。事实上，当前，如果一档包含科学内容的电影或电视节目在制作过程中没有聘请科学顾问，那将会是一件很奇怪的事情（Kirby，2011）。一些科学家就自己从事科学咨询的经历撰写了个人回忆录，诸如弗雷德里克·奥德韦（Frederick Ordway，1968）为《2001 太空漫游》（*2001: A Space Odyssey*）、伊恩·利普金（Ian Lipkin，2011）为《全境扩散》（*Contagion*，2011）、唐娜·纳尔逊（Donna Nelson）（科学娱乐交流项目[①]，2011）为《绝命毒师》（*Breaking Bad*，2008—2013）、戴维·萨尔茨伯格（David Saltzberg）为《生活大爆炸》（*The Big Bang Theory*）系列做科学顾问。我在撰写《好莱坞实验服》（*Lab Coats in Hollywood*，2011）一书时，曾经访谈了大量的科学家和电影制片人，谈论他们在好莱坞电影制作中的合作经历。我发现，科学家以各种方式帮助电影制片人，包括确认科学事实、塑造视觉形象、建议演员的选取、增强故事合理性、创造剧情情景以及将科学置于其文化语境之中。我还发现，科学家和科学机构也从这些准备中获利，因为大众电影可以促进研究进程，激励技术发展，对科学争论做出贡献，甚至激发公众参与政治行动。

科学机构关注娱乐媒体对于公众的科学素质以及公众对科学的态度的感知性影

---

① 科学娱乐交流（The Science & Entertainment Exchange）是美国国家科学院的一个项目，旨在建立娱乐行业专业人士和高级科学家、工程师之间的联系，以创建电影和电视节目中科学的准确性和引人入胜的故事情节之间的协同效应。通过对一些特定需求的快速确认，该项目能方便快捷地推荐各个学科的专家。该项目的目的是利用大众娱乐媒体这一途径来传播科学信息，这些信息有时候是微妙的，但又是强有力的。详细信息可参见其网站：http://www.scienceandentertainmentexchange.org。——译者注

响。最近，他们开发了各种项目来促进电影和电视节目制作的科学参与。其中最突出的包括：美国国家科学院的科学娱乐交流项目、美国国家科学基金会（NSF）与娱乐行业协会（Entertainment Industries Council）的合作、美国国会的好莱坞卫生与社会项目、美国电影学会（American Film Institute）的斯隆科学顾问项目、美国国家航空航天局与好莱坞黑人电影节的合作，以及德国联邦教育与研究部（German Federal Ministry of Education and Research）的 MINTiFF 计划。这些项目的发展极大地提升了科学家与娱乐媒体在节目制作中的合作水平。很多组织和科学家个人，出于推广目的，甚至已经开始打造他们自己的音乐短片了（Allgaier，2013）。对于那些想要将科学纳入自己的电影项目中的编剧们来说，还有一些新的资助来源。艾尔弗·斯隆基金（Alfred P. Sloan Foundation）的科学电影计划就支持探索科学主题的电影的发展，而维康基金会和英国电影协会（British Film Institute）都设置了一项生物学和医学相关的最佳电影编剧奖。一些聚焦科学主题电影的国际电影节也不断涌现，包括想象科学电影节、巴黎国际科学电影节及欧洲科学电视和新媒体节。甚至主流的圣丹斯电影节也开始有科学主题电影的特别展映单元，该单元由斯隆基金会赞助（Valenti，2012）。

围绕科学咨询现象进行的学术研究指出，娱乐媒体对科学的展示体现了一种张力，这种张力不仅存在于媒体的叙事形式和科学的叙事形式之间，而且存在于娱乐产业的需求和科学共同体的需求之间（Kirby，2011；Kirby，2003a；Frank，2003）。一方面，致力于大众电影的科学家和科学机构想要电影制片人保持科学叙述的准确性；另一方面，电影制片人只需要宣称他们的电影具有准确性，并且请科学家帮助他们保持一个能被公众接受的逼真度。这种目标的差异导致了对"准确性"的多重解释。对于科学家来说，准确性意味着整个电影都要保持科学的逼真性。而电影制片人面对同一个问题时，考虑的则是在预算、时间和叙述的约束范围内，尽可能地让电影在科学上是准确的。所以我主张真实性，而非准确性，应该作为一个更好的透镜，我们透过它来看科学电影（Kirby，2011）。真实的科学不必是准确的科学，并且，聚焦于真实性使得科学家和电影制片人能实现一种双方都满意的共同目标。

内容分析

科学传播研究人员主要通过对报纸的内容分析来判断有哪类科学内容出现在新闻媒体中，以及出现的数量有多少。但是，只有极少数对虚构作品进行的研究采用内容分析的方法，譬如，对电视的研究（如 Dudo *et al.*，2011）。在剧情电影方面，有两个有关科学电影的广泛量化研究。电影学者安德鲁·都德（Andrew Tudor，1989）对 1931—1984 年的 990 部恐怖电影进行了全面的内容分析。恐怖电影通过引入一种对稳定状态的巨大威胁而引起人们的恐惧。都德发现，从历史上看，"科学"是恐怖电影中最常见的一种恐怖威胁（990 部电影中有 251 部是这种情况，占总数的25%）。然而，20 世纪 60 年代以后，以科学为基础的恐怖电影的比例大幅减少。这种减少并不完全意味着观众对科学的态度发生了改变，而是代表着恐怖电影制作的变革——20 世纪 70 年代，心理上的恐惧成为主导性的威胁形式。

彼得·魏因加（Peter Weingart）及其同事选取了 80 多年中拍摄的 222 部各种类型的电影进行了定量研究，试图寻找科学电影的叙述中反复出现的主题和不断变换的模式（Weingart *et al.*，2003）。不出所料，由于医学在新闻媒体上被大量报道（参见 Pellechia，1997），医学成为电影中最常被描述的研究领域，接着是自然科学（化学和物理）。这些领域也是最可能被描述为存在"伦理问题"的领域，譬如电影《昏迷》（*Coma*，1978）中的描述。并且，这些领域的科学家形象也最可能被描述为在秘密实验室里工作的人，譬如电影《隐形人》（*Hollow Man*，2000）中的描述。此外，魏因加等（Weingart *et al.*，2003）发现，电影中的科学家绝大多数是白人、男性和美国人。上述两个研究所描绘的压倒性的图景就是一部电影史，它表达了 20 世纪人们对科学和科学研究根深蒂固的恐惧。

这两项研究主要都关注发源于好莱坞的主流剧情片。还有一些研究对非美国的科技电影进行了量化内容分析，但是，这些研究无一例外都关注非剧情片。譬如，弗兰西斯科·保罗·德·塞格里亚（Francesco Paolo de Ceglia，2012）分析了 20 世纪上半叶以来的意大利科技纪录片。他发现，与魏因特等（Weingart *et al.*，2003）对剧情片的研究发现一样，这些非剧情片都聚焦于生物学和微观的自然现象。罗莎·麦地那–多门里奇和阿尔弗雷德·梅安德士·纳瓦多（Rosa Medina-Doménech and Alfredo Menéndez-Navarro，2005）发现，在弗朗西斯科·佛朗哥（Francisco Franco）专治时期制作的西班牙新闻影片中，对医学技术的描述都是以一种与过去决裂并使佛朗哥政权合法化的方式来进行的。

文化含义

以上讨论的研究可以归纳为对内容的"传统分析"或"定量分析"范畴。然而，许多研究者使用了一种对内容分析更宽泛的界定，纳入了定性研究方法，包括框架分析。事实上，关于电影中的科学表征的研究，最活跃的领域是由乔恩·特尼提出的"影像的文化历史"。在这一领域，对剧情片的文本分析为研究者提供了一种标准，用来判断社会对科学技术的关注点、态度及其变化。流行的文化产品，如电影剧情片，不仅反映了人们对科学和技术的认识，而且在科学和文化的相互塑造中，建构了公众和科学家对科学技术的感知。

电影中的科学家形象

"电影中的科学家"（movie scientist）这个词通常没有积极内涵。对于大多数人而言，这个词让人联想到科林·克莱夫（Colin Clive）在 1931 年环球影业的经典恐怖片《科学怪人》（*Frankenstein*）中栩栩如生的表演，他扮演的弗兰肯斯坦博士（Dr. Frankenstein）疯狂地重复："他还活着！"疯狂的科学家可能是最容易被识别的电影中的科学家，但它并不是科学家在荧屏上的唯一形象。罗斯林·海恩斯（Roslynn Haynes，1994）对文学和电影中有关科学家的描述进行了全面研究，她确定了 6 种最常见的科学家固有形象：炼金术士 / 疯狂的科学家、心不在焉的教授、不人道的理性主义者、英雄冒险家、无能的科学家和社会理想主义者。对科学家的描述特别重要，因为他们代表了科学的公众形象（Pansegrau，2008）。雷纳托·希贝（Renato Schibeci）和利比·李（Libby Lee）认为，通过将科学置于其社会文化语境之中，荧幕上的科学家形象在构建学生的科学公民权方面起到了重要作用（Schibeci and Lee，2003）。这些固有形象在电影中反复出现，是因为他们具有叙事性的功效。突出固有形象是一种帮助电影迅速展开剧情的方法。采用这种方法，观众很容易就能辨认出这些科学家的形象，因此制片人不需要占用宝贵的荧幕时间来对角色进行背景铺垫（Merzagora，2010）。虽然这 6 种基本的固有形象在荧幕中反复出现，但是，在不同类型的电影中他们出现的频率也不尽相同。恐怖电影中经常出现疯狂的科学家，喜剧片中描述的往往是心不在焉的教授，戏剧作品中出现的大都是社会理想主义者。同样，动作片中充满了英雄科学家，科幻电影中则多是不人道的理性主义者和无能的科学家。电影中流行的固有形象随着时代的变化而改变（表 8-1）。在 20 世纪早期，电影中经常出现的是对实验失去控制的无能的科学家，例如电影《扭转达尔文理论》（*Reversing Darwin's Theory*，1908）。虽然，在电影史上，对实验失去控制的科学家形象一直存在，但是，有着可怕后果的实验则有更加不祥的色彩。另外，20 世纪二三十年代是疯狂的科学家形象的鼎盛时期，其中，克莱夫扮演的弗兰肯斯坦博士就是一个典型代表（Tudor，1989；Skal，1998；Frayling，2005）。不同于无能的科学家，疯狂的科学家形象成为一个更易于辨认的固有形象，这一形象现在主要存在于自我指涉的谐谑剧［例如《新科学怪人》（*Young Frankenstein*，1974）］和讽刺剧［例如《奇爱博士》（*Dr. Strangelove*，1964）］之中。

20 世纪三四十年代也是好莱坞科学家传记电影的发展高峰。这一时期，好莱坞科学家传记电影的手法可以归结为两个词："奇迹"和"灾难"（Elena，1997）。《万世流芳》（*The Story of Louis Pasteur*，1936）是标准的科学家传记电影范例，它的成功所掀起的好莱坞科学家传记电影的热潮，一直持续到 20 世纪 40 年代中期。在这部电影中，巴斯德（Louis Pasteur）必须克服教条的科学思维和个人的悲剧，才能将细菌学的真相公之于众。此外，科学家传记电影，尤其是托马斯·爱迪生等发明家的传记电影，在叙事过程中把科学实践和资本主义制度联系了起来，科学被描述为大规模生产的潜在资源（Böhnke and Machura，2003）。

曼哈顿计划中的科学家们可感知的动机导致了 20 世纪 50 年代大量相关电影的产生。这些电影里描述的科学家都是与道德无关的理性主义者，他们拒绝为他们的研究所带来的后果负任何责任（Jones，2001；Vieth，2001；Frayling，2005；Weingart，2008；Wiesenfeldt，2010）。电影《怪人》（*The Thing from Another World*，1951）描述了一位不人道的理性主义者给人类带来的危机。电影中，科学家坚持研究冷冻的外星人身体，造成了影片中的危机。正如电影中一个角色所说的："知识比生命更重要！"电影《肥佬教授》（*The Nutty Professor*，1963）和《飞天老爷车》（*The Absent-Minded Professor*，1961）中，心不在焉的教授形象经常会与不人道的科学家形象结合在一起，成为这一时期的电影里最常见的科学家固有形象（Terzian and Grunzke，2007）。

在 20 世纪 90 年代和 21 世纪初的 10 年里，英雄科学家形象在荧屏上占据主导地位。灾难电影的流行为描绘英雄科学家提供了大量机遇，如电影《山崩地裂》（*Dante's Peak*，1997）和《地心末日》（*The Core*，2003）对科学家的描述（King，2000）。这一时期的独特之处在于，很多英雄科学家角色都是女性（Flicker，2003）。一些研究对电影中的一些有历史意义的性别表征提出了质疑，尤其是有关灵长类动物学（Kanner，2006）、环境（Jackson，2011）的电影以及《侏罗纪公园》（*Jurassic Park*，1993）系列之类的电影中的性别表征（Franklin，2000）。乔斯林·施泰因克（Jocelyn Steinke，2005）对 20 世纪 90 年代 74 部以科学为基础的好莱坞电影进行了调查，他发现，其中 34%（25 部）的电影以女性科学家和女性工程师为主角。同以往的描述不同，20 世纪 90 年代的女性科学家角色更真实，而且并不完全遵照传统的性别模式设定。但是，这些女性科学家的相貌和着装仍然符合传统观念中的女性气质，而爱情故事也是这些电影的一个重要主题。此外，女性形象强化了人们对科学和工程领域女性角色的社会文化设想。

表 8-1　不同时期占主导地位的科学家固有形象、科学主题和代表电影

时间段	科学家固有形象	科学领域	代表电影
1900—1910 年	无能的科学家	电学 X 射线 进化论	《X 射线》（*X-Rays*，1897） 《扭转达尔文理论》（1908）
1911—1920 年	无能的科学家	优生学	《损坏的物品》（*Damaged Goods*，1914）① 《玛格丽特的再生》（*The Regeneration of Margaret*，1916）
1921—1930 年	疯狂的科学家	内分泌学 工程学	《盲目的契约》（1920） 《大都会》（*Metropolis*，1926）
1931—1940 年	疯狂的科学家 传记片	医学	《科学怪人》（1931） 《万世流芳》（1936）
1941—1950 年	传记片	医学 心理学	《流芳百世》（*Shining Victory*，1941） 《居里夫人》（*Madame Curie*，1944）
1951—1960 年	道德无涉的科学家	空间科学 核科学	《登陆月球》（*Destination Moon*，1950） 《他们》（*Them!*，1954）
1961—1970 年	心不在焉的科学家	空间科学	《肥佬教授》（1961） 《2001 太空漫游》（1969）
1971—1980 年	道德无涉的科学家	生态学	《宇宙静悄悄》（*Silent Running*，1971） 《超世纪谍杀案》（*Soylent Green*，1973）
1981—1990 年	无能的科学家	计算机科学	《战争游戏》（*War Games*，1983） 《机械战警》（*Robocop*，1987）
1991—2000 年	英雄科学家	基因工程 天文学	《侏罗纪公园》（1993） 《天地大冲撞》（*Deep Impact*，1998）
2000 年至今		生物医学 纳米技术	《人兽杂交》（*Splice*，2009） 《机械公敌》（*I, Robot*，2004）

大众电影中的热点科学主题

随着时代的变化，与科学家的固有形象一样，电影中盛行的特定科学学科也在

---

① Damaged Goods，直译为"损坏的物品"，在美国俚语中有"乱搞男女关系的人"之意。美国史上第一部性教育电影，重点关注梅毒。影片中，男主角在一次婚外幽会中感染了梅毒，导致其孩子天生感染该病，于是他便自杀谢罪。——译者注

不断变化。在 1900—1930 年，很多电影的科学主题都源自 19 世纪末的科学发现。1895 年，威廉·伦琴（William Roentgen）发现了 X 射线。同年，路易斯·卢米埃尔（Louis Lumière）的电影放映机取得了专利权。不久之后，电影制片人围绕 X 射线进行电影开发，例如电影《X 射线》（1897）。电的发现也引起了制片人的兴趣，20 世纪头 10 年中的大量电影都包含了电这一主题，它被看作一种神奇的物质，例如在电影《奇妙的电动带》（*The Wonderful Electric Belt*，1907）中的描述。1919 年，内分泌学家泽格·沃罗诺夫博士（Dr. Serge Voronoff）因为将猴子睾丸移植到老年富翁体内以令他们"返老还童"而成为国际知名人士。这使得内分泌学成为 20 世纪 20 年代恐怖电影的主题，如电影《盲目的契约》（1992）。此外，在第一次世界大战中化学武器被使用之后，20 世纪二三十年代的大量电影都强调化学的黑暗面（Greip and Mikasen，2009）。这一时期，戏剧性的影片也涉及科学话题，但这些影片都是围绕一些争议性社会问题的宣传电影，而这些社会问题通常具有科学基础，包括优生学（Pernick，1996）。

20 世纪 50 年代，随着军工复合体的崛起，科学活动的数量和威望都得到了前所未有的增长。全社会都将科学进步看作引导战后社会走向乌托邦的途径。尽管科学的可见度日益提高，但是美国向日本投放原子弹作为一个独立事件，塑造了 20 世纪 50 年代的电影中科学的普遍形象（Weart，1988；Shapiro，2002）。这一时期的电影大多将科学描述为一种善的或恶的力量。这个时期的科幻电影都在讨论科学带来的进步和科学的破坏力之间的对立关系，例如引领潮流的电影《他们！》（1954）。

20 世纪五六十年代的电影中，核科学并不是唯一的热点。电影《登陆月球》（1950）开创性地使空间科学成为电影的一个重要主题。这部电影将太空探索描述为一场令人兴奋的探险，更重要的是，这种探险在技术上是可实现的，从而通过公众舆论对美国的空间政策产生了巨大影响（McCurdy，1997）。当放射性和空间科学在 20 世纪五六十年代占据科学影片主要地位的时候，一些大众电影也在讨论科学研究的其他方面，包括 DNA 双螺旋结构的发现（Kirby，2003c）以及人文科学中的进展（Vieth，2001）。

到 20 世纪 60 年代末，放射性不再是核心的科学关注点，至少从电影中看来是如此。受到蕾切尔·卡森《寂静的春天》（1962）一书的启发，20 世纪 70 年代的电影题材更多地关注生态灾难（Lambourne *et al.*，1990；Ingram，2000；Brereton，2005）。20 世纪 70 年代早期出现了大量基于环境问题的科幻电影、生态灾难片以及大自然复仇影片，包括电影《青蛙》（*Frogs*，1972）和《超世纪谍杀案》（1973）。

很多电影聚焦于人口过剩和资源使用问题，并向观众灌输了一种印象，即政府部门的无能或不作为是这些问题的主要原因。到 20 世纪 80 年代乃至 90 年代，电影的潮流转向了更严肃的剧情片——从强调政府行为转向了强调企业责任及个人责任，例如电影《丝克伍事件》（*Silkwood*，1983）和《永不妥协》（*Erin Brockovich*，2000）。在 21 世纪，这类电影的关注点仍然在个人行为和企业的贪婪上，但是主流电影转向了儿童动画电影，包括《快乐的大脚》（*Happy Feet*，2006）和《瓦力》（*Wall-E*，2008），以及《后天》（*The Day After Tomorrow*，2004）和《阿凡达》（2009）等高预算动作大片。

20 世纪 80 年代，计算机科学开始成为剧情电影的核心主题，影片抓住了人类和数字技术的关系的两个不同方面。一方面，这些电影对人类是否能真正掌控这些我们控制论的产物提出了质疑，如电影《战争游戏》（1983）和《终结者》（*The Terminator*，1984）（Dinello，2006）。另一方面，其他电影则塑造了仿人类的机器人/半机器人形象，代表作品有《银翼杀手》（*Blade Runner*，1982）和《机械战警》（1987）。这些电影中的仿真人类代表了一种最有效的方式，用以测度人们对人性的定义范围，观众在观看电影时需要判断这些角色是不是真正的"人类"（Telotte，1995；Wood，2002；）。恰如堂娜·哈拉维（Donna Haraway，1991）所声称的，"半机械人"表明了生物体和机械之间的分界线是如何逐渐消弭以至于二者无法分辨的。

20 世纪 90 年代和 21 世纪初的 10 年中，生物科学成为大量电影的关键情节，诸如《深海狂鲨》（*Deep Blue Sea*，1999）中对阿尔茨海默病的研究，《珍爱泉源》（*The Fountain*，2006）中对癌症的研究以及《人兽杂交》（2009）中对制药学的研究。甚至，在很多超级英雄电影（21 世纪初的主流电影形式）的情节里，超级英雄的诞生如《美国队长》（*Captain America*，2011）和坏蛋的诞生如《蜘蛛侠 2》（*Spiderman 2*，2004）都涉及生物医学研究。对生物医学的关注与 21 世纪初纳米技术成为电影中的一项核心科学不谋而合（Thurs，2007）。与 20 世纪 50 年代核科学的状况类似，纳米技术已经成为创造电影怪物的首选科技，如《绿巨人》（*Hulk*，2003）、《机械公敌》（2004）和《地球停转之日》（*The Day the Earth Stood Still*，2008）所呈现的。

20 世纪 90 年代和 21 世纪初的 10 年中，人们深入研究了电影及其对基因组学和基因工程的文化含义的影响。多萝西·内尔金和苏珊·林德（M. Susan Lindee）对大众文化中的遗传基因学的突破性研究表明，虚构作品对于塑造 DNA 的**文化含义**起到了非常重要的作用（Nelkin and Lindee，1995），虽然电影并不是她们的研究焦点。过去 25 年中的一些电影影响了基因组学和基因工程的文化含义，例如《纳粹大谋杀》

（*Boys From Brazil*，1978）、《双胞胎》（*Twins*，1988）和《拦截人魔岛》（*The Island of Dr Moreau*，1996）（Van Dijck，1998；Jörg，2003；Kirby，2007；Stacey，2010）。

以克隆为主题的电影代表了以基因工程为基础的电影的一种独特亚类（Haran *et al.*，2008；Eberl，2010），这类电影对克隆的描述呈现"一边倒"的消极态度，即便事实上，大量有关基因技术的新闻报道都表明它是一项积极的进展（Jensen，2008）。克隆人要么被描述为畸形人，譬如《天赐》（*Godsend*，2004）；要么被描述成未能意识到自己身份的人，当获悉自己的出身时就会经受认同危机，如《逃出克隆岛》（*The Island*，2005）。即使恐惧和极度反感已成为对克隆的主导性电影描述，但是，自1996年克隆羊多利诞生以来，电影中有关克隆的设计已经转向了"希望"和"医学治疗"这两个主题（O'Riordan，2008）。

在过去10年里，有两部电影受到了学术界的特别关注：《侏罗纪公园》（1993）和《千钧一发》（*GATTACA*，1997）。《侏罗纪公园》深刻影响了公众对生物技术的认知，这正是大量的学术探讨围绕这一电影展开的原因（Franklin，2000；Stern，2004）。电影《侏罗纪公园》讲述的是基因工程在不经意间使史前庞然大物复生，而《千钧一发》谈论的则是我们以基因工程来塑造人类自身的能力（Kirby，2000；Wood，2002；Stacey，2010）。实际上，《千钧一发》是一部极为罕见的电影，它在人类操控基因的前提设定下严肃地探讨关于生物伦理的系列问题。因为，大部分的电影都支持这样一种观点：人类的基本特性取决于基因组，而且基因组可以通过技术方式得到改善（Kirby，2007）。另外，《千钧一发》还传递着这样的信息：我们不只是我们的基因之总和，作为人类意味着我们能够"超越"我们的基因障碍。基本上，20世纪90年代和21世纪初的10年中有关基因工程的电影都将基因学看作一门有关信息、控制、转换和认同的科学。

受众研究和媒体效应

虽然大量的文献体现了媒体效应研究的困难和局限性，但仍有一些对媒体上的科学进行的经验研究表明，虚构的表征会影响公众对科学的态度（Greenbaum，2009；Nisbet and Dudo，2010）。如前所述，这种影响正是科学机构越来越积极主动地帮助电影制片人进行电影制作的原因。通过发出"关于……真实的科学"的评论，科学家也开始对他们认为不好的电影科学做出回应。一项"真实的科学"分析通常指的是科学家对他们从一部电影中看到的不准确的科学内容进行的批判，正如物理学家西德尼·佩克维兹（Sidney Perkowitz）在电视节目《好莱坞科技》（*Hollywood Science*，2007）上的表现。美国国立卫生研究院（US National Institute of Health）也支持了一个长期播出的大众系列电影，其中包括科学家对电影中的科学进行的批判。尽管初步的证据表明，娱乐媒体会对科学素质和公众的科学认知产生负面影响，但是，电影中的科学对公众的影响仍然是一个相对空白的研究领域。越来越多的对公众接受度的传统研究考察娱乐媒体对科学素质、态度和行为的影响。近期的一些研究开始考察娱乐媒体对科学教育的影响。但是，对于这一问题的大部分研究都是基于社会学的，并且，越来越多的研究领域在考察剧情电影对于科学问题意识的影响。

公众接受度研究

对科学和电影的公众接受度研究非常有限，因而很难准确地说出剧情电影对公共舆论产生了什么影响。研究表明，观众对电影的理解总是多元的，并且会因不同的社会语境而发生变化，因而很难确定一部电影是如何影响观众的态度或行为的。例如，玛莎拉尼和莫雷拉（Massarani and Moreira，2005）发现，电影可能会对人们关于人类基因工程的态度产生消极的影响，但是，公众在电影上映之前对该问题已有自己的态度，这让她们的研究结果变得复杂。尽管存在这种困难，仍有一些研究表明，电影可以通过塑造、培育或强化科学和科学家的文化含义而极大地影响观众对科学的态度。罗什（Losh，2010）表明，20 世纪 90 年代和 21 世纪初的 10 年中，娱乐塑造了更加英勇的科学家形象，这种转变影响了观众对科学家的认知。施泰因克及其同事（Steinke *et al.*，2009）也发现，媒体素质技能的提高能够帮助公众识别媒体塑造出来的科学家固有形象。如果研究者只想确定观众是如何接受事实信息的，那么，难以区分虚构作品的影响和观众的固有态度就不是那么重要的因素了。沿着这一路线，近期的一项研究（Barriga *et al.*，2010）讨论了观众在以科学为中心的影片中准确识别科学事实的能力。他们发现了性别之间的差异。当科学作为电影的核心情节时，男性更有可能辨别出事实性的错误；当科学对人物关系来说非常重要而对情节来说比较次要时，女性则更能发现事实性错误。

关于剧情电影的公众接受度研究的另一个困难在于，如何将一部电影的影响从其他媒体报道以及其他文化语境中分离出来。研究者们需要能够对观众看完节目前后的反应进行研究。这需要确定一个合适的电视节目或电影，并以足够的时间来安排调查、分组和访谈。电影《后天》促成了这项研究的完成。电影播出前后，德国（Reusswig *et al.*，2004）、英国（Lowe *et al.*，2006）和美国（Leiserowitz，2004）的研究者们以调查和焦点组为基础就观众对全球变暖的态度进行了研究。这些研究表明，电影对气候变化的公共舆论有着交叠的、文化上的特定影响（Schiermeier，2004；Nisbet，2004）。在美国，并没有证据表明观众看完电影后对气候变化的观念发生了改变。在英国，电影对观众产生了积极的影响，他们在气候变化方面采取行动的动机更强了。而在德国，电影却对观众有关气候变化的信念产生了消极的影响。然而，所有这些研究发现，这部电影引发了人们对气候变化这一问题的关注。

虽然关于电影的公众接受度研究很有限，但是，对于法医类的电视节目和所谓的 CSI 效应，已有大量的研究。对于 CSI 效应的关注点之一即为，以法医科学为基础的电视节目，已经让人们产生了一些不切实际的期望——希望检方能获取复杂的法医证据。虽然，新闻媒体的 CSI 效应并没有得到证据支持，但是，有大量来自调查、焦点组及模拟审判研究的证据表明，电视节目是观众的法医科学知识的主要来源。并且，这些节目对陪审员们也产生了影响，譬如让他们高估了各类科学证据的合法性，（潜在地）降低了他们的定罪标准（例如 Schweitzer and Saks，2007；Shelton et al.，2007）。尽管如此，比起非 CSI 观众，CSI 观众更有可能会批判模拟审判研究中的法医证据不够有力。然而，并没有证据显示，2000 年 CSI 播放以来，美国的无罪开释率变得更高（Cole and Dioso-Villa，2007）。

科学电影的科学教育功能

虽然这听起来有悖常理，但是观众很难准确区分事实和虚构。这使得电影成为在传统教育环境下进行非正式科学教育（informal science education，以下简称 ISE）的有用工具。研究者认为，电影是一种非常受欢迎的形式，它们能提升学生对科学课程的兴趣；并且，在课堂上，电影的可视化特性可以引起学生的关注；此外，学生们指出电影中的事实性错误的能力会提升他们的自信（Dubeck et al.，2004；Barnett and Kafka，2007）。美国国家科学教师协会（National Science Teachers Association，2012）承认了娱乐媒体在非正式科学学习中的重要作用，并在其关于 ISE 的立场声明中纳入了电视和电影。

关于电影作为教育工具的探索性研究可以聚焦于两个领域。一个领域通过一些零散的案例，关注教育者和科学家在课堂上使用娱乐媒体的最佳实践（例如，Rose，2003；Efthimiou and Llewellyn，2007）。另一个研究领域包含了实验性的 ISE 研究，即从经验上说明剧情电影是如何提升学生对科学概念的理解的。教育研究者发现，电影可以创造人们对于概念的持久的精神意象，而这些概念与潜在的科学理论有关

（Knippels *et al.*，2009）。电影可以帮助学生更好地理解并记住很多科学中涉及的抽象概念，尤其是化学、物理学和地质学概念（Barnett *et al.*，2006）。电影的另一个优点是，它提供了概念和应用之间的一种连接。学生们在学习一个概念并且想要将其应用于现实世界的情境中时，经常发生概念和应用之间的脱节，而电影可以帮助学生避免这种脱节（Dubeck *et al.*，2004）。

科学电影的娱乐教育功能

娱乐教育（entertainment education）领域的研究也已表明，娱乐媒体上的科学可以显著地影响公众的行为，尤其是在健康议题上。娱乐教育包括使用虚构作品以提升公众对社会问题的意识并改变个体的行为（参见 Singhal *et al.*，2004）。这些研究几乎全部聚焦在通过使用电视改变个人在公共卫生问题上的行为。极有可能，电视是一种比电影更有效的娱乐教育媒介，因为电视节目中的人物形象会每周频繁地出现。有一些组织已经参与娱乐教育，譬如南加利福尼亚大学的好莱坞健康与社会研究中心，以及凯撒家庭基金会和环境媒介协会。电影在诞生的早期，就经常被公共卫生的倡导者们用来改变人们在健康方面的行为。20 世纪早期，有关公共卫生问题的警世题材的电影非常之多，而且，很多电影是在公共卫生官员、内科医生和医疗研究人员的合作下拍摄的（Pernick，1996；Lederer and Parascandola，1998）。

大众电影对科学的影响

剧情电影能以各种方式影响科学，包括增加资金投入的机会、促进研究议程、影响公共争议和推动内部专家的交流等（Kirby，2011）。凯（Kay，2000）提出了一个有用的概念——"技性科学想象"（technoscientific imaginary），用来解释在科学和更广阔的文化领域中共有的代表性实践。技性科学想象包含所有方式的叙事（科学的以及公众的），它设计一个话题并赋予其文化价值。一部电影对公共舆论存在假定的影响就可以让其在政治舞台上发挥实效，无论这些电影是否对公众产生了实质性的影响，因为它们已经成为技性科学想象的一部分，电影《后天》就是一个例子（Nisbet，2004）。

电影对公众的科学技术认知最大的影响之一是，通过电影来提升公众对某一议题或科学领域的认识（Kirby，2011）。对于那些以一部新电影的上映或一档新电视节目的成功作为新闻内容的新闻机构而言，娱乐媒体起到了一种议程设置的作用。娱乐媒体提升科学议题的可见度的能力已经对国家科学政策产生了极大影响，包括有关克隆和干细胞（Haran *et al.*, 2008）、近地物体（Kirby, 2011；Mellor, 2007）、核能（Sjoberg and Engelberg, 2010）和新兴病毒（Tomes, 2000）等方面的辩论。电影也被证明是一种使公众对未开发的技术产生兴奋感的有效手段，这种兴奋会从电影转到现实世界（Bleecker, 2009；Kirby, 2010）。

然而，电影中的科学很少以一个独立实体的形式存在。以电影《侏罗纪公园》为例，人们只需要看看它的载体，例如小说、电影、连环漫画册、电脑游戏、电视纪录片以及新闻报道等，就能看到科学媒体中高度的文本互涉。希瑟·席尔（Heather Schell, 1997）将大众文本和正规的科学论述之间的相互影响称作"风格渗透"。电影《恐怖地带》（*Outbreak*, 1995）的风格渗透尤为明显，大众科学文本、纪录片、政治论述和科学作品都借用了该电影的意象和叙述。新闻媒体对刚果民主共和国正在暴发的埃博拉出血热进行报道时，就借用了该电影的影像和叙述，当时这部电影正在美国和欧洲的电影院上映（Vasterman, 1995；Ostherr, 2005）。很显然，电影适用于布鲁斯·莱文斯坦（Bruce Lewenstein, 1995）提出的科学传播的网络模型，在这个模型中，电影、其他大众媒体和技术媒体以复杂的方式互相作用，包括信息传递和相互参考。

结语

本章所述的研究表明，电影中科学和技术的存在是一种强大的文化力量，可以对我们的科学传播理念和公众对科学的态度产生重要的影响。电影的科学描述包含了科学形象的创造和表征，无论这种形象与真实的科学有何关系。有关科学家在电影制作中的作用的研究显示，在虚构的背景下，制片人以一种灵活的方式来决定真实性意味着什么。科学的准确性永远不如故事情节重要。电影的目的并不是进行准确的或有教育意义的科学传播，而是创造能让人愉悦的科学形象。

尽管越来越多的研究关注科学家在电影制作中的作用，但是，研究者们仍有必要探究制片人到底是如何以及为什么要创作科学的电影形象。编剧是如何处理科学的？科学在剧情中扮演了什么角色？对特效技术人员来说，科学有多重要？对于制片设计师和美工部门来说，科学扮演了什么样的角色？在剧情电影中，科学的准确性意味着什么？

在媒体效应方面，研究者们已经开始思考科学和超出媒介范围的电影对科学素质产生的影响了，如果这种影响存在的话。甚至那些为电影科学撰写"关于……真实的科学"评论的人们也明白，这些行动都必须是娱乐性的，或者是出于 ISE 的教育目的，而不是对电影制片人在电影中如何处理科学进行严肃的评判。

通过引起人们的反应，让人们对科学技术更加兴奋，或者产生恐惧，有时候两者兼有，电影图像可以对公众的科学观念产生影响。然而，问题在于，这种影响到底是什么，它的程度有多深？这个问题需要对剧情电影和科学的媒体效应进行创新性的研究，这种研究需要超越对公众接受度进行定量研究的传统方法，应该探究特定的文化群体，如科学家、宗教团体和政策制定者等，是如何回应和使用科学电影的。

自 2008 年美国国家科学院实施科学娱乐交流项目以来，科学和电影的图景发生了巨大的变化。一些重要的科学机构如美国国家科学院和维康基金会参与到电影和电视制作之中，这是科学传播领域的一项令人兴奋的发展。所有源自科学机构的近期项目，包括科学电影节，为从作品、文本或接受度等角度研究电影中的科学提供了大量机会。以此作为开端，科学传播学者们可以分析科学娱乐交流项目等新项目是否有效果，这些措施是否极大地改变了科学在电影中的呈现方式，它们是否提升了好莱坞制作出更好电影的能力，这些项目是否改变了公众对科学的态度或修正了他们的行为。科学传播研究者们具有很好的条件为这些机构提供证据，让他们对通过电视和电影来传播科学的尝试进行改进或调整。

问题与思考

· 除了提供事实信息，你希望科学家为电影制片人提供什么类型的建议？
· 剧情电影中科学准确性概念到底有多明确？
· 对于科学来说，科学家的固有形象有问题吗？
· 除了科学素质，我们可以用哪些方式来测度电影对公众或对科学本身的影响？

线上资源

· 美国国家科学院的科学娱乐交流项目：www.scienceandentertainmentexchange.org/
娱乐行业协会：www.eiconline.org/
· 美国电影学会的斯隆科学顾问项目：www.afi.com/conservatory/admissions/sloanadvisors.
aspx
· 南加利福尼亚大学好莱坞健康与社会研究中心：hollywoodhealthandsociety.org/

· 想象科学电影节：www.imaginesciencefilms.org/

尾注

[1] 自本书的第 1 版（Kirby，2008）出版以来，有关电影中的科学以及科学机构参与电影电视制作这两方面的研究都发生了一些急剧变化。第 2 版考虑到了公众接受度方面新的学术研究，包括非正式科学教育、科学素质、CSI 效应以及娱乐教育，等等。同时，本章还考虑到了一些具有明确立场的科学机构如国家科学院发起的一些行动。国家科学院的科学娱乐交流项目为电影制片人和电视创作者们获得科学建议提供了便利。此外，本文还考虑到了科学电影节的兴起和 YouTube 时代短篇剧情电影在科学拓展活动中越来越多的使用。

[2] 参见网址：http://io9.c0m；http://boingboing.net。

[3] 本章的讨论主要指大众剧情电影。虽然电影和电视作为视听媒介有很多相似之处，但是电视有自己的制作手法、市场、传播途径、接收场所和文化背景。关于电视上的科学，也有相关的学术研究文献。同样的问题和经验教训都可以应用于其他虚构的媒体，包括文学。另外，必须指出的是，本章的研究主要针对好莱坞的主流电影。

[4] 在本章的篇幅中，不太可能对电影做完整的描述，想要了解文中提到的更多电影，可以浏览互联网电影数据库（www.imdb.com）。

（李红林　译）

请用微信扫描二维码
获取参考文献

环境科技传播：主张与批判[1]

史蒂文·耶利

导言

2003 年，英国的读者们在报纸上看到了一幅整版广告。广告中的人物与米开朗基罗的"大卫"非常相似，但外生殖器却很小。图片下方的小字体文本显示，绿色和平组织（Green peace）发布了一份关于人造化学品对人类和环境影响的报告，这些图像就是他们结合这一报告展示的（Greenpeace，2003）。随附的信息表明，人们应该开始担心，类激素物质在环境中的释放对男性生殖能力造成的威胁（这是该专题的主要早期报告之一，参见 Cadbury，1998）。据称，增塑剂及应用领域其他被广泛使用的化学物质可能会使环境"雌性化"，导致雄性生育能力下降，这种现象在人类和野生动物身上都存在。

这则广告可以被看作绿色和平组织的一贯策略。它用一种吸引眼球的方式传达一个假定的事实：一种全新的、难以预料的环境污染形式带来了一种新的危害。实际上，这个假定的事实具有一定的误导性，因为，无论怎么看，这些化学物质都不太可能对男性外生殖器的大小造成威胁，可能危害的大概是精子的健康。这则广告也反映了非政府环境保护组织公共传播策略面临的一个重要挑战：它们需要在强有力的、能引起共鸣的宣传形象和知识的准确性之间寻求平衡。

绿色和平组织和其他环保组织经常因为热衷于华而不实的图像远远超过精确的信息而受到反对者的诟病。但是，这些有趣且重要的批评却隐晦地承认了一些更根本的东西，即环保组织会被要求就这一问题进行准确的说明，因为他们的信息对公众来说是有说服力的。这一点非常关键。在人们的观念中，环保组织的论断都是有准确的事实基础的，而不是个人观点。环保主义者比任何其他类型的活动家更需要说服公众相信，事情其实就是他们说的这样（Yearley，1992），即使他们提出的一些主张看起来（至少乍一看）是违反直觉的或令人难以置信的，譬如塑料制品可以使你（和鱼）不育，或者煤、石油和天然气的燃烧会影响全球气候。

因而，在气候变化这个当前著名的环境争论中，环保主义者热衷于断言地球变暖确实正在发生着，而且是由人类造成大气变化而导致的，人类需要为此承担责任。实际上，气候变化尤其依赖于科学证据，正因如此，环保主义作家马克·林纳斯（Mark Lynas）宣布了他对转基因作物看法的重大转变。他在2013年的声明中明确表示，对科学的尊重是他改变观念的关键所在。他说道，他转变观念的原因是：

> 很简单，我发现了科学的重要性。在这个发现的过程中，我希望能成为一个更好的环保人士。在写了两本关于全球变暖的书后，我开始明白，拥护气候科学与攻击生物技术学是不相容的。

> （Lynas，2013，n.p.）

这里的关键点是，林纳斯觉得，支持科学界关于气候变化的主张是很重要的。这促使他重新评估他对科学家们关于农业生物技术的观点所持的怀疑态度。

简而言之，我在本章提出的观点是，环境保护组织与科学主张之间存在着一种选择性的亲缘关系，而很大程度上，在不同的压力团体中，这些科学主张又是不尽相同的。这使得环保人士和绿色运动团体对科学传播问题产生了急切的兴趣，并使他们成为重要的科学传播行动者。

气候变化：环境科技传播的挑战

在大量的环境议题上，环境保护组织变得非常重要，因为它们能为这些议题提供观点，并且公开一些问题。本章不是对所有环境议题进行评述，而是首先将重点放在一个主要的例子上，从这一案例中推导出一些原则；然后将这些原则应用到一个差异较大的案例中来，评估它们的可适性。在此，首先要研究的就是气候变化。

一个多世纪以来，科学家们已经意识到气候发生了重大的变化，并且一直担忧人类社会无法拥有一个永远稳定的气候环境。从某种程度上来说，由于20世纪七八十年代以来计算机能力的增强，气候研究变得更加精准化，大多数意见支持较早期的一种观点：大气中的二氧化碳所导致的气候变暖在不断增强，这是人类短期和中期最可能面临的问题。据报道，环保组织起初对这个问题的相关活动保持谨慎态度（Pearce，1991），因为，这些行动看起来很难成功，而且风险很大。当酸雨问题被提上议程时，许多国家的政府都极力否认有关酸雨的直接影响的科学说法。因而，要在20世纪80年代公开宣称废气排放会导致整个气候失控，风险看起来还是太大了。更糟糕的是，从环保主义者的角度出发，每次当他们寻求具体的解决之道时，几乎总是挑起持续的争论。全球各地过去的气温记录整体都不太乐观，且存在着一种危险：西方城市的气温上升趋势基本是人为造成的。或许，城市变得越来越温暖，只是因为城市规模越来越大。其他的人则对二氧化碳排放增加会导致大气构成变化这一观点表示质疑，因为大部分的碳是在土壤、树木和海洋里。植物和海洋生物只可能吸收更多的碳。因此，即使科学共同体关于大气中二氧化碳累积的说法是正确的，要搞清楚这些将会带来怎样的影响，并举办引起当地共鸣的宣传活动，也是极其困难的。

哈特和维克多（Hart and Victor，1993）追踪了20世纪50年代到70年代中期气候科学与美国气候政策之间的相互作用。在这一段时期，温室气体排放已经开始"被定位为污染问题"（Hart and Victor，1993：668）；"科学领导者发现，气候可以被描述为一种在工业化冲击下需要被保护的自然资源"（同上：667）。随后，根据博丹斯基（Bodansky，1994）所述，出于其他考量，该话题的政策重要性得到了提升。比如，1987年臭氧洞被发现的消息增加了一些观点的可信度：大气很容易受到环境恶化的影响，而且，人类可能会在无意中造成全球范围内的危害。同样重要的还有1988年的巧合，参议院关于这一议题的听证会正赶上美国非常炎热和干燥的夏天。尽管如此，大多数政治家对于20世纪80年代炎热的反应还只是呼吁更多的研究。

而支持更多研究的一个重要结果就是：1988年，在世界气象组织（World Meteorological Organisation）和联合国环境规划署（United Nations Environment Programme）的支持下，一种新形式的科学组织——政府间气候变化专门委员会（Intergovernmental Panel on Climate Change，IPCC）成立了。IPCC旨在会集气候变化各个领域的领军人物，以一种权威的方式来确定气候变化的性质和规模，并做出可能的政策反应。这一举措被赋予高度的政治权威性，并且在很多方面具有极强的创新性。它的创新之处在于，不仅有大气科学，还明确地包含了社会和经济分析，而且政府代表参与了报告摘要的商定和编写。"虽然这不是科学家们在国际层面上第一次担任顾问角色，但IPCC的进

程却是迄今为止最广泛且最具影响力的。"（Boehmer-Christiansen，1994：195）

众所周知，IPCC 和主流气候研究遭到了坚决的批评。有学者和温和的批评者担心，IPCC 的程序倾向于排斥反对的声音，而特定的政策建议（比如《京都议定书》）可能并不像支持者所声称的那样明智或符合成本效益（例如，Prins and Rayner，2007）。还有很多由化石燃料行业支持的顾问，他们对气候变化的主张提出质疑［弗罗伊登伯格（Freudenburg，2000）提供了一个关于"非问题"（non-problems）社会建构的讨论］；他们还加入了一个以右倾的政治家和评论员为主的联盟，以对抗特定的监管举措，麦克莱特和邓拉普（McCright and Dunlap，2000，2003；也可参见本书第 13 章）对此有详细的阐述。很多非正式网络（通常是基于互联网的[2]）建立起来，以允许气候变化怀疑论者宣传他们的观点。这些非正式网络也欢迎各种各样的参与者，从《京都议定书》的直接敌对者，到更遥远的盟友，譬如风力发电场的反对者，以及将气候变化警告视为核工业阴谋的阴谋论者。

小说家迈克尔·克莱顿（Michael Crichton）也介入了这场争论。他在小说《恐惧状态》（*State of Fear*，2004）里，就气候科学中的各种错误附上了的一篇技术附录和作者信息。在书中，克莱顿甚至提出了对下一个世纪全球变暖程度的估计（0.812436℃）（Crichton，2004：677）。克莱顿等人不仅关注科学结论（以及他们对这些科学结论的异议），而且还关注对"确立的"科学中持续存在的错误进行的假定性解释。与此同时，主流的环境类非政府组织只是简单地认为，我们应该相信科学家关于气候变化现状的描述。事实上，在 2007 年伦敦希斯罗机场的气候行动营，环保人士抗议机场的进一步发展计划时，举着一条巨大的横幅，上面写着"我们只用经过同行评议的科学"（Bowman，2010：177）。

20 年前，地球之友（Friends of The Earth）在伦敦的战略就已经预示了为主流科学发声的修辞困境。1990 年，英国第四频道播出的《昼夜平分时》（*Equinox*）系列节目质疑全球变暖的科学证据，使致力于气候变化问题的竞选人颇感不安。该节目甚至暗示，科学家们可能会为了获得科研经费，对一些紧迫的问题做出极端且能引起轰动的论断。该节目受到地球之友的杂志《地球事务》（*Earth Matters*）"活动新闻"栏目的批评。批评指出，该节目所持的怀疑观点同 IPCC 的结论之间的比较是不合适的——"节目拿十几个采访与为 IPCC 准备科学报告的 300 多名重量级科学家进行比较"（1990：4）[3]。而地球之友本身也是基本赞同 IPCC 的科学分析的。当资深科学家们很明显无法达成一致时，调用大多数人的力量似乎是一个合理的选择。但是，很显然，在很多领域，当环保主义者属于科学少数派时，他们仍然会认为自己在事实上是正确的，至少在最初是这样。2007 年 3 月，第四频道重复了寻求关注的策略，播出了一档节目，并且毫不含糊地命名为《全球变暖大骗局》。非政府组织和绿色评论家们对此做出了基本一致的反应：我们应该相信绝大多数认可气候变化证据的优秀科学家的建议。环保组织试图发现并利用批评人士可能的既得利益，从而弄清楚节目制作者和编创者们持续的怀疑态度的来由。

在 IPCC（事实上是整个气候变化监管共同体）和它的批评者之间的关系中，科学以及科学被合法化的各种方式都在受到攻击（参见 Lahsen，2005）。批评者群体的既得利益很快被指出：他们获得经费的多少取决于所警告的潜在危害的严重程度。因此，或者正如有人指出的，他们不可避免地会受到一种结构性的诱惑来夸大那些危害。由于工作在这样一个多学科领域，且相关政策建议有着很高的风险，所以 IPCC 试图广泛扩展其网络，尽可能地把所有相关的科学权威人士纳入其中。显然很重要的一点是，IPCC 不应由气象学家或大气化学家所主导。但是，这意味着 IPCC 陷入了同行评议和公正性的困境之中。事实上，没有一个同行不在 IPCC 里（参见 Edwards and Schneider，2001）。传统的同行评议依赖于少数的作者和许多（或多或少是利益无涉的）同行的存在，IPCC 却以各种方式反转了这种情况。这一发展也给环保主义者"只用经过同行评议的科学"的口号带来了问题（参见 Bowman，2010：177），因为 IPCC 的这种同行评议本身是有潜在局限性的。

一旦遭遇挑战，IPCC 就倾向于后退到经典的"政策科学"（science for policy）理论上（Yearley，2005），借助其成员的科学客观性和公正性使自己合法化。但批评人士指出，专家组成员的资格是由 IPCC 自身认定的，因此，他们有可能成为一个自我延续的精英群体。这正是克莱顿指出的。他的主要观点是：关键的要求是对有关气候变化的主张进行独立的验证，并确保能获得公正的信息。然而，善意地说，这显然是一个不切实际的要求，因为在这个领域，没有任何一个具备科学技能的人可以振振有词地声称自己是完全利益无涉的。能够统筹事实与理论的阿基米德支点并不存在，环保主义者可以非常合理地宣称，对审查的要求是推迟行动的主要方式。克莱顿进一步提出，自己要把对未来气候变化的预估精确到小数点后第 6 位数字。尽管这种荒谬的精确度明显带有开玩笑的意味，但是，连他（一位医学出身的作家）都可以提供一个温度变化预报，这暗示着，有很多人能够做出独立的判断。而事实上，只有很少的人能做出这样的判断。对于环保主义者来说，科学传播的一个核心挑战就是，要区分哪些人可以做出令人信服的评论，哪些人不能。

尽管环保主义者发现，他们很难参与核心的科学辩论，而在捍卫主流科学的正确性方面，他们又不得不秉持（对他们来说）不寻常的立场，但是，他们已经找到了其他可以采取的行动。例如，在美国，环保主义者一直积极尝试寻找新方法来敦促政府改变对气候变化的立场，从简单地增强气候科学的说服力，到试图反驳批评人士的主张。2006年，生物多样性中心（Center for Biological Diversity）、自然资源保护委员会（Natural Resources Defense Council）和绿色和平组织别出心裁地利用濒危物种法案起诉美国政府，要求政府保护北极熊及其在阿拉斯加的栖息地，并赢得了政府的让步。在这次运动中，生物多样性中心曾认为，在遥远的北方进行石油勘探会危害北极熊和它们的狩猎场；但他们也指出，全球变暖引起的冰川融化会导致更多的栖息地丧失，并对北极熊造成危害，因为它们在春季需要大片的坚冰来狩猎。[4]潜在地看，濒危物种法案可能会迫使政府审查美国的所有行动对北极熊的影响（比如能源政策），而不仅仅是在北极熊栖息地当地的行动。

环境类非政府组织对世界主要环境问题的看法，得到了主流科学界的完全认可，这使得他们陷入了一种困境。的确，在2004年1月，英国政府的首席科学顾问大卫·金爵士（David King）做出了他的判断：气候变化带来的威胁大于恐怖主义。[5]因此，他们的主要努力是重申和强调官方的发现，寻找新颖的方式来宣传这一信息，并反击温室怀疑论者的主张。造成这种困境的原因是，非政府组织的声明与科学机构的客观性观点是一致的。这意味着，在其他情况下，他们很难与科学家的结论保持距离，从而使得他们难以摆脱武断或有倾向性的嫌疑。

对于环保主义者来说，在过去10年中，由于社会和技术的发展，气候变化的科学传播问题变得更加复杂。从某种意义上说，21世纪初，围绕气候变化和政策选择的争论看起来还是相当清晰的。除了那些不愿与国际协议合作的国家外，其他所有人都认为，我们的目标是远离常规化石燃料。问题不过是我们以多快的速度和以什么样的方式远离。应对气候变化的一个关键策略是找到方法，通过转向使用其他类型的燃料来减少碳排放。同时，在核能和风能方面，环境保护主义者的难题也出现了。核能作为大规模的低碳能源已经强势回归，尽管2011年日本东海岸的福岛核电站承受了被大地震引发的海啸淹没的灾难，重新唤起了人们对核安全的长期担忧。福岛核电站灾难的影响深远，德国政府选择了放弃核能（发展），而瑞典和英国则继续推进。环保人士一直未能就这一问题达成一致意见——一些人将碳减排的优先级置于核安全问题之前，但另一些人则持相反的观点。

在这一背景下，另一个被提及的主要能源是风能。30年来，风能在丹麦发挥了重要的作用；而在过去的10年里，德国也大力增加了风能的使用，风能发电量接近总发电量的 10%。这一切都是众所周知的"能源转型"（Energiewende）的一部分。在这一领域，中国和美国的工程公司也有很强的代表性。在这种情况下，很少有人讨论这项技术的安全性，多数人聚焦于它在景观、设施和野生动物保护方面的可接受性。在英国，风力发电遭到了广泛而有组织的反对。这些争论针对涡轮机安装地点的选择不当、对景观的重视不足、涡轮机地基对景观可能造成损害，甚至是在建厂过程中会大量排放二氧化碳，等等。人们的反应通常集中在风力发电场的建设阶段，以及它们最终的运营。最后，还有人提出发电机桨叶的使用对鸟类甚至蝙蝠的生活造成影响（Aitken，2010）。转向使用海上风力似乎会消除一些设施方面的争论，尽管海景的价值再次被提出，而有关对沿海鸟类影响的争议仍在继续。在很多情况下，风能反对派和气候怀疑论者建立起了联盟，他们以一种田园式的保守主义将这两者解读为强加给乡村环境的现代骗局。

对于环保主义者来说，风能和核能的评估是很复杂的，环保人士的立场也相互矛盾。但是，这些利害攸关的问题至少是相对可预测的。然而，自《京都议定书》制定以来，还有另外三个问题引起了人们的重视，也为环保主义者带来了更重要的科学传播问题。首要的问题源自发展中经济体的成功。这些国家不受《京都议定书》的限制，但在随后的几年里，工业的快速发展使它们成为主要碳排放国。很显然，二氧化碳排放量大的国家很难拥护这样的政策。但更深层的复杂因素是，在很大程度上，中国发展得如此迅速，是因为它承接了以前位于欧洲、北美和日本的工业生产的一部分，而正是这类生产活动产生了大量的二氧化碳。实际上，欧洲委托中国进行生产，而生产排放了大量的温室气体。换句话说，英国、德国和荷兰在 21 世纪二氧化碳排放方面的良好表现，至少有一部分是因为它们通过进口中国制造的产品，将二氧化碳的排放转嫁到了中国头上（Helm，2012）。[①] 赫尔姆（Helm）认为，在宣传气候变化对经济的影响方面，环保主义者做得不够好，他们将首要任务放在了大气科学和某些人权问题上。他认为，环保主义者们心照不宣地签署了一份对碳排放问题的解释说明，而这与经济现实是不相符的。

目前的能源政策也受到了化石燃料开采创新的决定性影响。在北美，人们在油

---

① 本书出版于 2014 年，因此近年来中国在应对气候变化和环境保护等方面实施的卓有成效的战略及相应措施并未纳入作者的研究范围。2020 年 9 月，中国明确提出 2030 年"碳达峰"与 2060 年"碳中和"目标；2021 年 10 月，发布《关于完整准确全面贯彻新发展理念做好碳达峰碳中和工作的意见》及《2030 年前碳达峰行动方案》；在推进产业结构和能源结构调整，大力发展可再生能源，加快降低碳排放，引导绿色技术创新，倡导绿色、环保、低碳生活方式等方面，进行着持续不懈的努力。——译者注

砂和页岩中发现了大量的新化石能源。这些非常规燃料来源迅速发展，减少了对全球能源市场的依赖，降低了国内能源价格。同时，如果天然气取代了碳排放重得多的煤炭，则会带来一些碳收益。作为非传统化石燃料开采的最新进展，水力压裂技术改变了美国的能源输出。尽管一些资深政策人士已经表态支持重新使用水力压裂气体（即天然气），但环保人士通常会抵制这些举措，他们反对从油砂中开采石油，尤其是用水力压裂技术。从油砂中提取石油要比传统的从油井中获取石油消耗更多的能源，因此碳排放量也相应增加。因为水力压裂技术是利用石油工业技术，用泵送的水在高压下分裂软岩，从而使天然气流出，这使得人们一直担心现在已经被污染的水的命运。人们还担心，岩石地层破裂可能导致地面下沉，甚至可能引发轻微的地震。环保人士面临着一种艰难的局面：希望把天然气留在地下，即使天然气有可能取代煤炭这个对气候变化更糟糕的贡献者。

围绕气候出现的另一个传播问题是地球工程，它使得环保主义者之间、科学家和工程师之间的关系变得更加复杂。地球工程指的是，通过直接干预气候变化的后果来解决气候变化问题，例如，寻找方法将碳从大气中移除，或者减少到达地球的太阳热量来抵消全球变暖的影响。有一些相对简单可行的策略，比如把屋顶或整个建筑涂成白色，但是这些简单的想法带来的收益很有限。对于干预措施还有一些宏大的设想，包括，设计一个太空反射器用以减少太阳到达地球表面的热量，或是往大气中喷射材料以模拟大规模火山喷发的效果，因为在过去，火山喷发曾导致温度下降（Hamilton，2013）。科学家们和工程师们的目标是查明他们是否能够直接应对气候变化。俄罗斯和美国都热切希望能够探索出这些方法。然而，环保主义者发现自己有一个难以传播的信息。就像地球工程的拥护者一样，他们想强调的是，应对气候变化刻不容缓。但是，他们通常又想采取不同于地球工程的方法，部分原因在于他们不相信地球工程会取得成功，而主要原因是，他们担心，如果地球工程是可行的，那么它就会消除减排和经济脱碳的所有动力。出于这个原因，环保主义者倾向于反对就地球工程的可行性进行研究。在英国，他们反对气候工程学的平流层粒子注入（Stratospheric Particle Injection for Climate Engineering，SPICE）项目，这一项目的部分设计就是为了测试一种将物质注入大气的方式。研究人员无法组织任何利益相关者就设备进行对话，研究也受到了某种程度的干扰，尽管纯粹的工程学方面的研究还在实验室中继续进行。

很明显，即使是在气候变化这个议题下，环保主义者也致力于支持科学家关于现实气候问题的主张，但是，他们在水力压裂技术和地球工程的问题上采取了更独立的立场。他们不想支持任何可能的实践回应或政策回应。从这个意义上来说——就像迈克·胡姆（Mike Hulme）在 2009 年的《卫报》上指出的[6]——气候行动阵营里的活动人士们不仅仅有同行评议，还有自己的政治和伦理观点，而这些观点有时候会不同于主流科学家的观点。

转基因的安全与风险传播

某种意义上，转基因（或基因工程）生物在科学传播方面的情况与气候变化正好相反。至少在最初，环保组织的观点与科学机构的观点是不一致的，相应的科学传播问题也不尽相同。而在转基因的案例中，主要问题是解决安全与安全测试的问题。作为一种新的产品，无论是转基因农作物、动物还是细菌，都需要评估其对消费者和自然环境的影响。所有主要的工业化国家都有某种用于测试新食品的程序，但最核心的问题是，转基因产品有多么新颖，以及相应地，它们应该接受什么样的测试。对一些人来说，转基因体以不可预测的方式自我复制或与现存近缘生物杂交的潜力表明，这是一种前所未有的创新形式，因此需要前所未有的谨慎和监管。另外，工业界代表以及许多科学家和评论家声称，这远非前所未有。人类通过动物杂交来进行农业创新已经有几千年的历史了。现代（虽然仍然是传统的）植物育种使用了特殊的化学和物理程序来刺激突变，而这种突变可能被证明是有益的。从这一角度看，监管机构已经做好了应对可再生物种的创新方面的准备（参见 Jasanoff，2005）。

在此情况下，环保行动组织认为，监管体系不够严格，新技术的后果也没有得到足够严密的检验。他们认为，各国政府热衷于促进经济上的成功，支持农业综合企业和养殖部门，没有给予消费者和环境足够的重视。事实上，转基因争论与之前的环境争论有两点不同：①转基因争论忧虑的是新技术对环境和健康的影响；②转基因争论在 20 世纪 90 年代末进入一段新时期，环保组织和官方机构之间的合作不断加强，他们通常在以"持续性发展"为目标的项目上开展合作。对基因工程的研究工作已有 30 年的历史，而在 20 世纪 90 年代主要的转基因产品进入市场之前，环保行动组织就已经准备好了他们的论据。在美国，这些产品较快地通过了相关的食品安全和环境检测。环保行动组织的问题是，如何表达对这项新技术的可取性的怀疑。反对者们担心的是具体的影响——可能对环境产生的不利影响，以及可能存在的食品安全问题——但是，他们也严重地担忧，这项技术（至少原则上）可能对自然界产生潜在的直接干预。

随着争论的展开，一些具体的问题成为运动的焦点。比如，转基因作物影响有益昆虫、有机作物种植者可能难以保证其作物免受转基因污染、转基因食品可能带来不利影响、转基因食品对过敏人群可能产生影响（因为，农作物促发过敏症的性状可能会意外地因杂交而进入以前无害的食品中）。此外，尚存争议的证据表明，转基因作物的营养可能在某种我们意想不到的方面低于现有的作物。与此同时，环保人士也意识到，对这项新技术提出非常具体的反对意见存在着一种风险，如果这些反对意见被成功地反击，那么反对阵营可能会开始瓦解。环保人士担心，任何与新技术的和解都将为转基因敞开大门。此外，即使可以证明转基因农业对环境的危害比当今的集约化农业更小，人们仍然担心，转基因路线是通向与自然新关系的单向旅程，因为人们无法想象转基因"污染"如何能被消除（Stirling and Mayer，1999）。

为维持与欧洲转基因反对者的统一战线，环保行动组织以一种极其投机取巧的方式将它们的科学传播与其他策略融合在了一起（参见 Priest，2001）。一个广泛的反转基因联盟出现了，这个联盟的人群包括直接破坏试验转基因作物的群体，以及那些做详细研究工作（例如，研究检验转基因作物的花粉可以传播到多远）的人。反对全球化的抗议者也加入了环保人士的队伍——尤其是在法国，这些团体致力于保护小农的生计和生活方式，反对大型种子公司和农业化学品公司。

更专业化的运动组织开始聚焦于宣传和分析环境危害。关于健康危害效应，其科学证据是有争议的，而且不容易开展活动，但是，大家更容易就一些机制达成共识，认为通过这些机制，转基因作物可能会对环境造成危害。在英国，作为政府政策的一项意外结果，这种观点得到进一步的传播。政府在几年时间里组织了一系列的田野实验，目的是调查转基因农业实践对野生植物、鸟类、昆虫等的影响。这一研究的重点是对农村环境的影响，而不是对消费者的影响。官方的农村保护机构和更多的保护组织也希望看到这样的实验。考虑到今天的转基因食品作物主要通过杀死害虫或控制杂草来提高产量，因而它们很可能会对野生动植物产生负面影响，尽管它们能够达到预计的增产目标。杂草数量减少，杂草种子和以之为食的昆虫数量就会减少，从而能养活的野生鸟类也会更少。当然，很难相信，田间杂草数量的下降是个人消费者是否购买转基因食品的主要考虑因素，但是，它提供了一个合理的客观根据，使人们可以声称转基因农业对农村会产生负面影响，从而使反转基因的立场彻底合法化了。

在实践中，欧洲关于转基因的争论围绕一系列问题展开，但欧盟对转基因作物和食品进行法律评估的根本问题是其风险问题：这些新作物比现有作物的风险更大吗？这个议题的框架在北美也占据着主导地位。由于抗议者成功挑起了公众对转基因产品的忧虑，美国公司及其盟友政客们试图通过向世界贸易组织（WTO）申诉来对抗欧洲对转基因产品进口的抵制。2003 年，美国提出了一项正式申诉，希望利用 WTO 迫使欧洲市场向美国的种子公司开放并支持美国的农产品进口。活动人士预期，WTO 的裁定很大程度上会支持美国（事实也确实如此）。虽然由于发达国家消费者的抵制，这一裁定对欧洲的影响很小，但是，这将使世界其他地区尝试对转基因农业进行监管的人们感到沮丧。WTO 的决策者们对这一裁定的基础持狭隘的观点，认为它应该是关于风险评估的。人们对此感到担忧（Winickoff *et al.*，2005）。环保行动组织和学者们并没有成功地就这一问题展开讨论，也未能让 WTO 相信这种风险评估方法存在缺陷。

围绕转基因科学传播的最后一个独特的机遇出现在公共协商活动中。这类活动在欧盟一些国家和其他地区（如新西兰）兴起，试图为公共政策赢得合法性，甚至这类活动本身就是做出公共决策的一种方式（Hansen，2005）。英国"转基因国家？"（GM Nation?）运动（Horlick-Jones *et al.*，2007；也可参见本书第 17 章）在一定程度上被认为做了一些事情，但它实际上也没有真正地决定是支持或还是对转基因农业。环保行动组织投入了大量精力鼓励人们参与公共辩论，然而，很明显，许多参与者感到挫败，因为辩论只是让他们知晓国家政策，而不是决定国家政策。

环境科技传播的公众参与

近年来，公众参与环境政策的范围有了极大的扩展。这种参与的确切理由因情况而异，从希望公民能在民主决策过程中发声，到建议公民对当地环境给出自己的见解，因为这些见解可能是传统的科学专家无法获知的（参见 Kasemir *et al.*，2003；Yearley，1999），等等。就本章的目的而言，关键的问题是环保组织对这些行动的反应。

人们可能认为环保组织会支持这些运动。社会运动往往在民主社会蓬勃发展，拥护民主原则。在很多情况下，他们呼吁政府响应人民的意愿，例如在欧洲的转基因食品问题上。但是，与此同时，这些组织也意识到，并不是所有的环境目标都是受欢迎的，最受欢迎的政策也不一定是对环境无害的。在英国，布莱尔政府允许在唐宁街网站上建立官方在线请愿平台的决定产生了巨大的反响，一时间，超过 100

万人表达了他们对 2007 年初道路收费的反对意见。公众行动似乎更倾向于支持个人消费而对环境目标无动于衷。

因此，环保组织之所以不愿放弃对这些公共咨询行动的政策议程进行控制，部分原因是他们担心，这样的运动可能会被政府（或商业机构）操纵，也因为他们担心，民众可能并不支持对环境来说最好的选项。在很多方面，和政府一样，环保组织不情愿将环境政策的选择权交给公众，尽管当公众碰巧与他们持有相同目标时，他们会乐于称赞公众的智慧。因此，他们认为，公众在转基因食品问题上是明智的，但在风力发电机问题上则不那么明智，热衷于汽车的拥有和使用这一点则最不明智。

公众协商和参与的问题首先在开放、多元化的社会中涌现出来。在东亚及东南亚地区，最近的一些分析都聚焦于网络传播的作用（Yang，2003）。正如杨指出的：

> 对基于网络的环境非政府组织来说，互联网弥补了他们的资源不足，并帮助他们克服了一些限制。尽管限制性规定为注册非政府组织设置了障碍，但基于网络的组织可以在互联网上生存。

（Yang，2005：59）

莫尔（Mol，2006）也注意到，在中国和越南，互联网在传递信息和使人们获取信息等方面的作用，这些信息是他们在互联网之外很难获得的。

互联网的潜力在北方工业化国家也得到了开发。在那里，互联网不仅是一个论坛，也是提供技术信息的手段。例如，英国的地球之友通过提供关于当地化学污染的在线地图信息，击败了官方的环境机构。市民可以通过输入他们的邮政编码来寻找潜在的化学危害来源。在羞辱了官方环境机构，促使他们改进其公共信息之后，地球之友撤销了这个网站。越来越多的应用程序将移动设备转变为网络分布式环境监测系统的组件，而越来越多的众包技术被用于收集环境信息。

结语

本章的核心主张是，比起其他大多数政治和改革运动，环保主义者越来越有义务扮演科技传播者的角色，因为关于自然环境状况的经验主张是他们的信息核心。通常，他们不得不在对大部分科技机构设定的方向持有异议的情况下进行传播，并且他们已经开发了处理这项工作的论辩工具。在气候变化问题上，他们首先必须制定一项新的战略来支持 IPCC 和其他主流科学，然后又需要找到方法使自己在不鼓励怀疑论者的前提下，与科学主流（在水力压裂技术和地球工程上）保持距离。互联网已经被证明为这种传播提供了丰富的信息资源，因为它可以处理详细的信息，而且用户可以通过输入地理数据（区号或邮政编码）进行个性化设置。在环保组织的活动面临限制的情况下，互联网已经成为环境传播不可或缺的手段。

问题与思考

· 与其他社会活动家（例如关心性别平等、无家可归者或种族差异的活动家）相比，在信息的科学性方面，环保主义者有什么不同？与其他社会活动家相比，这种不同对环保主义者是更有利还是更不利？

· 一些环保人士声称，就气候变化的真相和重要性而言，他们"只用经过同行评议的科学"。这是一个环保主义者应该采用的准确而有用的口号吗？

· 环保主义者越来越热衷于利用网络平台来鼓励公众参与环境的监测和报告。在哪种情况下，对于哪类问题，这种方式是最可能有利的？

尾注

[1] 相对于本章的原始版本（2008 年版），此次修订了环境保护主义者关于科学传播困境的争论，收录了最近出现的水力压裂技术、风力发电和地球工程等相关新问题，并考察了基于科学的环境问题在线辩论的增长趋势。

[2] 科学界通过建立自己的网站进行回应（最著名的是 www.RealClimate.org），但对于科学家来说，为这种媒介写作往往不如为正式出版物写作重要。

[3]《地球事务》杂志 1990 年秋冬第 4 期的这篇报道没有署名作者。

[4] 根据生物多样性中心的网页信息，该中心的海洋项目主任布兰登·卡明斯（Brendan Cummings）说："除了派迪克·切尼（Dick Cheney）到阿拉斯加亲自用棍棒打死北极熊幼崽，政府再也拿不出一个对海洋濒危哺乳动物的生活环境更具破坏性的计划了"，"然而，奥巴马政府甚至没有分析，更不用说努力避免石油开发对濒危野生动物的危害"。参见网址：www.biologicaldiversity.org/swcbd/press/off-shore-oil-07-02-2007.html。

[5] 原文标题是《美国气候政策对世界的威胁比恐怖主义更大》，刊载于《独立报》2004 年

1月9日。

[6] 参见网址：www.theguardian.com/commentisfree/2009/dec/04/laboratories—limits—leaked—emails—climate。

（岳丽媛　李红林　译）

公众参与科学技术：现状与趋势

埃德娜·爱因西德尔

导言

在科学与社会关系的语境中，公众的地位和角色、公众参与的本质一直是学者、政策行动者、利益相关者组织以及公众自身密切关注的问题。研究公众参与（public participation）在日益复杂的治理领域中的地位，为理解科学与社会的关系提供了一个新的领域。与此同时，在日常生活中，公众以各种不同的方式参与科学技术，他们扮演着公民、消费者、用户甚至无关的旁观者等综合性角色。

在本章中，我们对公众参与进行了全面总结[1]，包括：公众参与的不同含义和应用，以及我们对公众参与的相关实践和影响的不同理解轨迹。我们认为，在公众参与的早期阶段，研究者们往往以浪漫主义和理想主义的视角来审视它，但是，在当前，已经出现了更具洞察力和批判性的研究。有的研究产生于早期研究的经验教训，另一些研究则不断对现存的设计及其假设和结果提出质疑。同时，公众参与变得更加多变、更具争议性，它成为各种不断变化的规范的产物，其相关过程也帮助（重新）塑造了规范。

作为理解科学与社会关系的关键，公众参与的本质的变化是本章的主要关注点。

对"公众"的界定

对"公众"进行概念界定的方法有很多。美国哲学家沃尔特·李普曼（Walter

Lippmann）和约翰·杜威（John Dewey）之间的辩论就体现了两种观念之间的持续斗争。一种观念是无法实现的理想，即希望公民拥有至高无上的全权力，好比"一个胖子想要成为一名芭蕾舞演员"（Lippmann，1922）；而另一种观念则更有可能实现，即期望建立一个扩展的公共领域，这个公共领域充满了民主政体的承诺与期望，珍视公民的实践智慧（Dewey，1927）。公众也被当作分析的类别（Michael，2009），被看作科学与社会重新配置的一部分（Irwin and Michael，2003）。

公众也被赋予了各种角色，或是作为各种社会类别出现，诸如公民、消费者、用户或非用户、自我的构建者，无论是基于伪装的还是公开的身份。这类"特殊公众"不同于"一般公众"（Michael，2009：617），他们在某些方面拥有共同的境遇或共同的命运，抑或是在一个特定的科学和技术问题上，他们确定自己有着特定的利益关系。这类公众可以从空间上进行界定（例如，那些受当地环境问题影响的公众），也可以是分散的（譬如，那些拥有共同的境遇或共同关注某些全球性问题的公众），但是他们通过互联网逐渐建立起了联系。他们可以被专家的各种利益调动起来，包括"宣传、财政资源、为研究提供志愿者，以及建立一个市场"等（Michael，2009：623）。反过来，他们也可以为了自己的目的和利益调动其他人，包括科学和技术专家。他们已日益成为具有自己的知识生产和传播机制的专门知识机构（Epstein，2007；Einsiedel，2013）。

不同的公众所扮演的角色具有不同的设定和意义，包括（科学技术）知识的消费、身份的建构和展示、特殊形式的公民权的实施，譬如，科学公民（Irwin，2001）、生物公民（Rose and Novas，2004）或环境公民（Dobson and Bell，2005）等。不同角色身份的边界往往是模糊的。例如，公民行为和消费行为的区分变得越来越困难（Michael，1998）。正如公民身份会对消费行为产生影响一样，消费行为也越来越多地被用于政治目的（参见 Barnett *et al.*，2011 等）。

通常，我们将"公众"（publics）作为一个名词来使用。我们认识到，将其作为一个形容词来使用（如"公共领域""公共利益"）也是一种界定，可以用来指向私人与公众、集体和个人，以及专业或政策团体内的排他性和包容性等。

对"参与"的界定

关于公众的这些讨论为理解公众参与中各种不同的参与形式提供了一个切入点。虽然，详尽地呈现这些不同的形式不太可能，但是，我们提出了一种对参与进行归类的方式，以阐明作为一个整体的公众参与正在变化着的边界。我们可以根据三种不同的目的来考虑科学和技术的公众参与（参见表10-1）：政策制定、公共对话（一个包括教育、娱乐、说服等多种对话形式的综合性类别）和知识生产。这些类别侧重于公众参与的主要目的，但并不相互排斥。这意味着，公众参与政策制定可能包括对话活动，而知识生产则可能对政策制定产生意外的影响和结果。相对于公众参与是被发起或是自发的这种分类形式，其他的分类体系已经引入了知识生产的谱系（Bucchi and Neresini，2008）。

表 10-1　公众参与的类别

目的	主要参与者或发起者	案例
政策制定	政府、研究机构、国际组织、利益相关者组织、公民小组	共识会议、公民陪审团、协商民意调查、协商性的规则制定、众包
公共对话	政府、研究机构、科学家/研究网络、利益相关者组织、公众集体	科学咖啡馆、科学节、艺术/科学展览、在线论坛
知识生产	科学家/研究网络、社区组织、公民	公民科学、传统知识、众包

表 10-1 中协商性的规则制定可参考美国的一种特定的政策法规程序："为了就一项被提议的规则达成共识"，美国联邦机构会建立一个顾问委员会"来考虑和讨论问题"，而这些委员会通常由政府机构代表以及"易受规则影响"的利益相关者组织代表组成。[2] 关于这种谈判立法方式的影响，仍然存在争议，因为，这种谈判被认为是非正式的，并且在美国，利益团体仍然要依靠法院来推动政策法规的改变。

罗和弗里沃（Rowe and Frewer，2000）对参与和传播进行了区分，他们认为，前者是征求公众意见并让公众积极对话，而后者则是"信息的传递"：

> 公众参与可以被粗略地定义为职能机构在议题设置、决策制定中征求公众意见并让他们参与其中的做法。
>
> （Rowe et al.，2004）

国际公众参与协会（The International Association for Public Participation，简称IAP2）对公众参与的定义试图将一系列的活动囊括其中：

> 公众参与是指让那些受决策影响的人参与决策的过程。公众参与通过向参与者提供信息促进了可持续的决策（这些信息是他们以一种有意义的方式参与

决策所必需的）。而且，公众参与向参与者们传达了公众的输入是如何影响决策的。公众参与实践可能涉及公共会议、调查、开放参观日、工作坊/研习会、民意调查、公民咨询委员会和其他的公众直接参与形式。[3]

这种描述主要侧重于政策制定过程中典型的自上而下的方法，但是，我们认识到，政策和制度变迁也可能源自基层，譬如患者群体、环保组织甚至个人的作用。[4]

这种参与的程度（和质量）差异支持了一种优选的价值体系，在这种价值体系中，真正的参与涉及政策制定中的权力分享，即那个经典的比喻——**参与的阶梯**（Arnstein，1969）。我们更倾向于表 10–1 所示的更灵活的描述，即在不同的语境下，出于不同的目标或者目的，进行不同程度的参与，而不是说，只有在对政策有明确影响时才算是真正的公众参与。事实上，温（Wynne，1993）提出的缺失模型对于构建公众理解和专业知识背后的假设提供了有益的质疑。我们也认识到，参与既可以是结构性的机遇和约束的结果，也可以是能动性、选择或者偏好的产物（参见 Mejlgaard and Stares，2013）。

人们对政策制定和治理的兴趣是无可厚非的，并且，这一兴趣催生了大量关于这种语境下公众参与的文献。同时，一直被看作信息交换或仅仅是单向的信息传播的活动（Rowe and Frewer，2000；OECD，2001）拥有了支持者，他们认为，这些活动也是对话活动（Davies *et al.*，2009），并且在公众参与领域中占有一席之地。

政策制定领域的公众参与，包括公众作为公共民意调查的受访者（民意调查是政策制定者仍然经常使用的一种手段），已经以一种逐渐流行的方法得到了阐述，也就是使用各种基于审议的参与设计。这些公众参与制定的政策通常集中在技术相关问题上，从某一个具体的问题，比如如何处理英国的核废料（Chilvers，2007），到一些更广泛的问题，诸如如何应对新的或新兴的有争议的技术等。这些也被称为参与式技术评估，并且，在欧洲，这类评估通常由技术评估机构主持开展。这类评估对于科学技术所产生的棘手问题进行了识别，而这种识别需要更广泛的、社会分散式的专业知识（Funtowicz and Ravetz，1993）。

协商性参与的实践和政策制定过程

政策制定中的参与转向是由一些重要理论来驱动的。其中一种驱动力来自协商民主理论家，在某种程度上，这些理论家的动机源自代议制民主和个人主义的局限性，或对民主的经济学理解（Chambers，2003）。在这种状况下的作者们强调，协商性的公众参与是民主的基础，因为它为确保民主的合法性、透明度和决策制定的责任提供了一个关键性的基础，而且，它是形成公平与公正的政策的一种手段（例如Habermas，1989；Guttman and Thompson，1996）。这一阵营的理论家坚持认为，"适当条件下的协商将是一种趋势，即拓宽视野，促进不同群体之间的宽容和理解，并普遍性地鼓励具有公共精神的态度"（Chambers，2003：318）。与此同时，经验研究也对协商语境的局限性的相关假设进行了检验（例如Mutz，2006，2008）。协商参与的偶发事件提供了重要的经验教训，这些经验教训有助于在民主理论家的规范性期望内对这些活动形成更清晰的认识（Thompson，2008）。

另一个理论领域是政策和治理领域。在这一领域中，"占主导地位的技术经验模式"对于"结合了错综复杂的技术知识和微妙的社会政治现实的政策决策"考虑不足，人们对这种状况越来越不满，而这种不满成为政策和政治中的论述转向的一个推动力（Fischer，2003：17–18）。许多争论都围绕与技术相关的政治问题展开，并且，参与式技术评估的出现将社会技术评估中更广泛的利益相关者和公众结合在了一起。

科学和技术的环境在不断变化，科学技术知识生产过程也发生着相关的变化，包括这些过程及实践的更广泛的社会分布（Gibbons *et al.* 1994；Nowotny *et al.*，2001），以及很多与科学相关的政治议题中的"棘手问题"所带来的挑战。对这些变化的观察产生了一些假设，诸如：需要一种更具扩展性和分化性的专业知识基础，以及更适合于常态科学无法应对的一些挑战的方法（Funtowiczand Ravetz，1993）等。

在过去的30年里，有关公众参与的文献，尤其是关于协商性民主参与的文献呈现爆炸式增长。在20世纪八九十年代，美国通过公众听证会和协商制定规则等机制让公众参与环境问题的政策制定过程，这一制度性举措尤为引人关注（参见Fiorino，1990）。在国际上，生物技术问题成为一系列协商性公众参与活动讨论的中心。我们以此作为一个说明性的例子，并且只关注这个问题的发展轨迹以及协商性公众参与方法的应用这两方面，进行了回顾评述，研究显示，有18个国家开展了40多项公众参与活动，其中大多数是关于生物技术最具争议的应用——转基因食品的，少数是关于生物医学的应用等问题的（Einsiedel，2012）。其中很多活动也涉及共识会议模式的使用。这个模式以及公民陪审团或研究小组的模式都被认为是一种创新，因为它们注重教育、讨论和协商的机会，并与一系列有代表性的利益相关者进行专业知识的互动（Konisky and Beierle，2001）。

大多数协商性参与的尝试都在欧洲国家进行，少数发生在加拿大和美国，在日本（Hirakawa，2001）、韩国（Korean National Commission for UNESCO，1998）和印度（Wakeford *et al.*，2008）也进行了类似的尝试。在大多数情况下，这一过程会为适应当地情况做出一定调整，例如，达成共识的目标被调整为呈现该问题相关的一系列观点（van Est *et al.*，2002；Skorupinski *et al.*，2007）。此外，围绕参与设计的相关问题研究进一步深化了对有效性的认识（Pellegrini，2009；Hamlett，2002）。

第一阶段前15年可以被看作社会实验和学习的时期，也是向制度化迈进的时期。在欧洲，随着技术评估机构的兴起或现有机构的转型，这一特点尤为突出。20世纪80年代，欧洲仅有3个技术评估机构，现在已有18个（Sclove，2010）。拥有传统技术评估机构的法国和德国扩展了这些机构的工作职权，将公众纳入评估活动之中。除了结构的变化，将公众参与制度化的尝试也可能包括社会学习方面的努力——从具体的政策活动（例如，Jones and Einsiedel，2011）到已经在英国进行的更广泛的自反性评估，这些努力是对公众和参与的长期反思、实验和反思性改革的最好例证（参见 Chilvers，2012）。

第二阶段可以看作是对纳米技术（如 Godman and Hansson，2009；Rogers-Hayden and Pidgeon，2008）和合成生物学（Royal Academy of Engineering，2009）等新兴技术进行状况评估和经验应用的阶段。这些举措反映出，通过推动上游的公众参与，公众参与更具前瞻性（Wilsdonand Willis，2004）。围绕（公众参与）对政策团体和机构的影响的不同含义（Hennen，2012；Jones and Einsiedel，2011），以及理解政策制定的不同语境和文化（这些语境和文化培育了不同的公众参与方式和程度），人们进行了更深层次的反思（如 Griessler，2012；Degelsegger and Torgersen，2011；Dryzek and Tucker，2008）。[5] 人们越来越认识到，创新发展存在着重大的时滞性，创新发展中不断变化的治理环境和挑战要求人们以更长远的眼光来看待问题，并且强调了持续的自我反思和适应的重要性。在负责任的创新（Owen *et al.*，2012）或者预期管理（Karinen and Guston，2010）的标签下，这些行动举措已经开展。

治理文化也有助于解释公众参与模式。一项对欧盟国家的研究确定了其成员国的六种治理模式，包括自由裁量的（和公众较少互动）、社团主义的（基于利益相关者的谈判）、教育性的（基于缺失模型）、市场化的（基于供需原理）、论争的（对抗和冲突背景下的治理）以及协商性的（认识到了公开辩论和讨论的重要性）（Hagendijk and Irwin，2006）。每一种模式都强调了公众参与和协商的不同方法（也可参见 Howlett and Migone，2010）。重要的是，在同一国家的不同时期可能存在不同的模式。

越来越突出的全球性问题推动了公众参与活动的国际性合作尝试，并且允许突破国界探索其他国家所面临的治理挑战。丹麦技术委员会（Danish Board of Technology）负责实施了一项独特的公众参与活动：来自 44 个国家的 100 位公民参加了为期一天的针对气候变化问题的磋商会议，以此作为一种方式，向在哥本哈根举行的联合国气候变化框架会议上有关国际政策的讨论提供公民意见（参见反映这一举措的论文集：Worthington *et al.*，2011）。最近，来自 25 个国家的 30 多个组织参加了一个与联合国《生物多样性公约》（Convention on Biological Diversity）的讨论相关的类似倡议活动。[6] 虽然此前欧洲区域已经开展了多国协商性公众参与行动，但这次活动是第一次涉及南北半球国家的国际性行动。

把公众对话作为一种目的，而非手段

在这一节中，我们将讨论传播交换的过程，它可以从简单的信息传递到信息交换或批判性对话。公众可以出于学习、娱乐以及实用性目的（如了解某种疾病）作为信息接收者，或是作为积极的参与者加入信息交换的过程。这些活动可以在艺术馆和科学馆等机构性的环境中进行，也可能在某些有着特定公众的地方举行，从停在肯尼亚的卡车上，到布宜诺斯艾利斯（阿根廷首都）的咖啡馆里，等等。有些人将这些过程看作对科学技术进行批判性反思的机遇，是谈论科学、与科学对话及探讨科学本质的一种方式（Dallas，2006）。科学咖啡馆的例子表明，关于科学和技术的讨论可以在非正式的环境中进行，人们可以就某一个主题进行学习，科学家也可以了解公众潜在的价值观、偏好及关注点，并获得将知识"翻译"给公众的技能。在欧洲有着悠久历史的科学咖啡馆，现今已经扩展到了北美、拉丁美洲、非洲和亚洲。

在非洲，科学咖啡馆已经成为思考一些重要社会问题的场所。如在乌干达，人们在科学咖啡馆讨论艾滋病病毒或者宫颈癌疫苗（Nakkazi，2012）；在肯尼亚，人们在科学咖啡馆讨论寄生虫（Mutheu and Wanjala，2009）；等等。

在阿根廷，咖啡馆活动激发了人们对科技职业的兴趣，并促进他们在国家工业化项目中发挥作用。[7] 巴西的一个科学咖啡馆促成了科学家和一个桑巴舞团之间的合作，而该合作也促成了狂欢节期间的一项以科学为主题的活动（Dallas，2006）。

近期，发生在非正式场所和空间的活动，其价值更多地体现在对信息缺失的纠正上。这种缺失不仅存在于公众方，也存在于科学家对公众的理解以及他们的科学传播实践方法等方面。在参与这种科学咖啡馆活动之后，日本科学家接受采访时提出，最初他们认为这些活动很麻烦且浪费时间，因为这些活动超出了他们的工作或职责范围，而且他们还被同事施加了一些要求巧妙地展示科学等不必要的压力；此外，他们也很忧虑要如何与公众进行有效的沟通。但是，令人愉快的经历和积极的公众反馈通常有助于减轻科学家的这些忧虑（Mizumachi *et al.*，2011）。科学咖啡馆也可以成为研究政策议程设置的场所，这里可能是政策周期前端的一个很有意思的尝试（Higashijima *et al.*，2012）。科学咖啡馆的各种目的和多种形式正在恰如其分地提醒着人们关注科学和社会的文化基础。

艺术媒体为科学家、艺术家和公众提供了参与对话的其他途径。科学研究过程中产生的图像已经成为一种渠道，让科学家以不同的视角来观察自己的工作或"接触自己内心的艺术家"（Gewin，2013：537）；通过这一渠道，他们还能与公众分享不断涌现出的美丽图像，这些美丽的图像可能是细胞支架、分子的运动轨迹或者机器人系统。依托"策略性媒体"（tactical media）实践，科学工具也被艺术家们用来作为批判科学和技术的一种方式（Rogers，2011：102），"人文主义的一种限定形式（即是）新兴的技术官僚科学主义的解药"（Garcia and Lovink，1997，转引自 Rogers，2011：101）。最近，一份来自世界各地的作品汇编，结合了音乐、舞蹈、电脑控制的视频表演，这些作品利用了科学技术的进展，体现了人们在连接科学与艺术两种文化上所做的尝试。某种程度上，这些尝试得益于数字系统和开放源代码的环境，而这些环境促进了这些跨界作品的产生及发展（Wilson，2010）。有时，说到学习，艺术呈现可能会胜过对话模式（Lafreniere and Cox，2012）。

公众对话的形式还包括其他非正式的实践活动，例如科学节、逐渐流行起来的大规模公众参与科学的论坛等。这些活动试图包括学习、娱乐、科普（outreach）、人才招聘和创新发展等功能（例如，Bultitude *et al.*，2011；Jormanainen and Korhonen，2010）。

公众参与和知识生产

现代知识生产的核心一直是科学知识的生产。为了符合**合理的科学实践**，这类科学知识的生产及其相关实践通常是封闭的——吉本斯及其同事（Gibens *at al.*，1994）称之为模式 1；而另一种知识生产模式是边界更少（跨学科）的，更具社会责任和反思性的，即模式 2。在后一种模式下，知识的生产变得更加复杂，知识生产的场所更加多元化，工具更加复杂，需要跨学科技能以及多方参与。这种复杂性促进了科学技术的空间及实践的开放，同时，也产生了一些挑战科学知识的卓越地位的问题，诸如：什么算知识？谁的知识算知识？

我们以公民科学为例，作为上述变化的指征，来阐明通过公众参与而实现的科学知识生产的开放。公民科学一般指"让公众作为研究项目的成员，通过合作研究来解决现实问题"（Wiggins and Crowston，2011：1）。这种公民参与的范围从提供数据收集方面的帮助到参与更大范围的活动。公众参与数据收集的项目通常是由研究者主导的，而参与其中的公众仅仅被看作"数据无人机"（Hemment *et al.*，2011：2011）。更大范围的公众参与也被称为协作型公民科学，在这种模式下，公民不仅能够参与数据的分析和解释，甚至能够全流程参与科学研究，包括帮助确定研究问题。[8] 公民科学的早期形式主要是第一种，源于扩大数据收集范围及对监测的需要。科学家越来越认识到，"公众是劳动力、技能、计算能力甚至资金的免费来源"，从而使早期公民科学得以发展（Silvertown，2009：467）。自 20 世纪 90 年代初以来，公民科学家项目的类型不断增加（Catlin-Groves，2012），在更广泛的领域内产生着令人瞩目的影响，这些领域包括生态学及生态保护、天文学、地球科学、古生物学、微生物学和分子生物学等（Wiggins and Crowston，2011；Catlin-Groves，2012）。

"蛋白质折叠游戏"是一个公众参与前端问题解决的很好案例。该研究旨在探究氨基酸线性链如何蜷缩为三维结构从而减少内部压力和张力（Hand，2010），是结构生物学中的一个基本问题（Dill and MacCallum，2012）。[9] 蛋白质如何折叠以及它们为何折叠得如此迅速，是加快新药发展的关键一步。通过开发设计一款旨在吸引游戏玩家解决这一问题的"蛋白质折叠游戏"，科学家们发现，顶级的折叠游戏玩家"能比电脑更好地折叠蛋白质，他们提出了全新的折叠策略"（Hand，2010：685）。除了参与知识生产，公民科学家也因为与科学家一起在扩展知识的翻译过程中发挥作用而受到褒奖，这种参与可以帮助呈现正在研究的问题的轮廓（Couvet *et al.*，2008）。还有一些以公民科学为基础的项目帮助促进了政策的发展（如 Crabbe，2012）。

社区与研究者之间在某些领域产生了对合作关系及其社会政治影响的疑问，如以社区为基础的研究合作（以北美地区的合作研究较为知名）、在国际发展背景下的参与活动研究（参见 Fals-Borda and Rahman，1991；Whyte，1991）。在受到影响的社区和研究者组织之间存在典型的合作，尤其是在知识生产过程和促进社会变革等方面，存在着明确的合作关系。伊斯雷尔及其同事（Israel *et al.*，1988：177）描述了以社区为基础的参与研究（community-based participatory research，简称 CBPR）：

> 一个合作的过程指的是，所有参与者都公平地参与研究过程，并且要认识到每一个参与者所具有的独特优势。CBPR 始于一项对社区极其重要的主题，其目标是将促进社会变化的知识和行动联系起来，以改善社区健康状况并消除健康差距。

随着科学商店的发展，还出现了其他形式的合作伙伴关系。社区中的公民团体与大学等机构接触，协助探索各种社区问题，从可能的供水污染问题到老年人或残疾人护理中心的评估，等等（参见 Leydesdorff and Ward，2005）。

最后，从手机到社交媒体工具等大量通信技术的出现和数据密集型科学（在更大的时空尺度上收集数据或得益于大量数据输入及采集活动）的崛起进一步扩展了公民科学的机遇（参见 Young *et al.*，2013；Haklay，2013）。关于公民科学的文章也越来越多地出现在科学杂志中，相关研究从研究者的视角考察了这类合作的风险和收益（Whyte and Pryor，2011）。收益包括提高研究的效率、发展新的研究能力（包括提出新问题和分析证据的能力）以及扩大知识交流的机会，增强知识的影响力（同上）。然而，人们对数据的可靠性和质量也产生了担忧（Flanagin and Metzger，2008；Catlin-Groves，2012）。

就公民参与者而言，产生的结果包括：掌握更丰富的学科知识，对科学过程有更好的理解，以及更多地参与相关的政策问题解决过程和活动等（Bonney *et al.*，2009；Catlin-Groves，2012）。这种参与还被视为"鼓励怀疑，而不是促进对事实的盲目接受"（Paulos，2009）。至于在多大程度上披露研究成果，以及研究成果所有权如何公平分配，对此仍然存在疑问（Delfanti，2010）。在进行中的边界性工作和跨界研究中，在知识生产过程中发生的专业知识的重新商议等领域中，这些机遇和挑战通常得到了更突出的反映。

进而，知识生产的另一种可供选择的路径表现为，对传统或本土知识日渐提升的兴趣和不断增强的认知。这种认知已经不是 20 世纪五六十年代的认知，在那个时候，传统的或本土的知识被看作低效的、劣质的和不科学的。现在，传统的或本土的知识越来越多地与各种各样的科学领域结合在了一起，从生态学、土壤学、植物学、动物学、农学、农业经济学和兽医学到林学、人类健康、水产科学、管理学、农村社会学、数学、渔业科技、草原管理、信息科学、野生生物管理和水资源管理，等等（Warren *et al.*，1991）。最近，联合国通过《生物多样性公约》在体制上赋予了这些知识以合法性，它们的有效性和受保护的权利也得到了承认。[10]

同样地，患者组织也有助于知识生产的重塑。从爱泼斯坦（Epstein，2007）对美国艾滋病组织的开创性研究开始，对这种共同塑造或者合作生产的研究已经扩展到了其他疾病组织。法国肌肉萎缩症组织（French Muscular Dystrophy organisation）同卫生专业人员、科学家之间合作模式的演变帮助重构了这些群体之间的权力关系（Rabeharisoa，2003；Callon and Rabeharisoa，2003）。该组织在资金支持、研究方向指导以及疾病发展动态的详细阐述等诸多方面都参与了战略决策。就罕见疾病而言，遗传学联盟（Genetic Alliance）等组织的经验已经展现了早期的合作模式，他们的知识生产活动已经包括：创建组织资源库，通过提供资金来掌控研究，进行知识产权方面的安排（其中包括申请关于疾病基因的专利），通过小组联盟来重新设计组织结构，通过创建期刊来扩展知识流动的范围，等等（Einsiedel，2013）。

类似地，在政策制定领域也有这类参与的实例。这类经验表明，患者"并不只是简单地与科学对话"（Nowotny *et al.*，2001：199），而且还有助于复杂的政治及规章制度谈判和知识生产中的合作（Crompton，2007）。在更大的背景下，对知识生产过程的这种贡献始于跨学科的研究（Wuchty *et al.*，2007），并扩展到利益相关者组织和公众，促使人们重新审视知识是如何产生、评估和传播的（Stodden，2010）。科学同行的角色，以及后常态科学（Funtowicz and Ravetz，1993）的倡导者们所设计的扩展的同行评议，都是通过这些合作实例来证明的，这些合作实例被比喻为其他领域的开放式创新方法（Stodden，2010）。

对知识合作生产的研究的细化主要围绕几个理论问题展开："在什么层面的社会聚合（实验室、社区、文化、民族、国家、所有人类）和在什么样的制度空间或结构中寻找合作是有意义的？"（Jasanoff，2013：5）。我们再加入一些问题：这些合作实践是以什么样的形式和程序，在什么样的条件下，以何种方式发生的？当从公民科学家、传统知识社区或者利益相关者群体的视角看待与科学家一起工作，或者当他们挑战知识生产的已有模式和结果时，我们实际上需要从知识的建构、知识合法化的形式、知识标准化的实践（或重构）、连接科学和社会的实践，以及这些领域的各种边界的模糊等多个角度，来理解科学技术的文化实践。

公众参与的空间和发起者

尽管政府是公众对话和协商事件的主要资助者，并且这种情况可能会继续存在一段时间，但是，其他的非国家机构也开始逐渐承担起这一角色。在英国，面对越来越多的科学技术争论，各类研究理事会和科学专业学会／协会资助了一系列对话活动，他们乐于资助有争议性的科学问题，但可能也担心公众对他们的质疑。这些组织已经资助了纳米技术、合成生物学和地球工程等领域的公众参与。类似的活动在后工业化国家和正在经历工业化的国家也越来越多地出现。[11]利益相关者组织（参见 Fowler and Allison，2008）和职业道德委员会［例如纳菲尔德学院（Nuffield Institute）］也已经转向了公众参与活动的组织、咨询、通知、登记、动员和合作。

对话和辩论不再仅仅发生在与许多公众聚集地相隔离的会议室里。在酒吧、节日场所、艺术博物馆、公园和路边，科学与社会都可以相互提供想法和质询。公众也可以在自己家中通过智能手机、平板电脑或台式电脑，因某些共同的兴趣或问题而紧密联系在一起。互联网提供了越来越多的参与形式和身份定义方式，帮助公众确定他们在政策设计、休闲活动及知识创造中的参与者身份。

网络平台的发展有助于公众参与的社会塑造；反过来，公众也使用这些网络空间来重构参与。正如许多新兴技术最初的承诺也超过了它们的能力范围。在谈及城市规划的公众参与时，埃文斯－考利和霍兰德（Evans-Cowley and Hollander）认为：

> 今天，技术可以为公众参与提供全新的形式及实践，它承诺，以一种前所未有的方式来提升公众话语的地位，同时为决策提供一个交互式的网络环境。在各种规划主题上，异步社区（asynchronous communities）正在相互作用，这使得规划更加民主，参与也更有意义。

（2010：399；着重号为原作者所加）

新技术的出现预示着过时的技术被取代，这体现了一种相似的预期：

> 很显然，在公共领域人们面对面对话的时代已经过去了。自此以后，民主问题必须要考虑新形式的电子媒介对话。

（Poster，1997：209）

其他人并没有这么乐观，他们认为，互联网只是加强了国家和社会之间以及社会不同群体之间的现有社会关系（Tyler，2002）。还有一些人认识到了互联网中自由和控制相结合的复杂性。尽管存在这些不同的预测，但是，网络环境已经复制、扩展并修改了其他传统的参与形式，同时提供了新的实验形式和结果。很显然，合作知识的生产机会正在扩大，从科研资金和样本采集的众包化，到依托互联网的各种工具、社交媒体以及 GPS、智能手机、传感器网络和云计算等其他技术来拓展数据的收集与分析渠道，等等。这些工具已经包含和扩展了问题的分析和解决方法，并且为关注从微观层面（遗传）到宏观的全球层面甚至遥远的宇宙层面的问题提供了机会。

有研究者开展了对协商性在线参与进行评估的实证研究。研究显示，这些协商性在线参与在提出观点、掌握支持或反对的关键证据、与反对者进行沟通等方面都表现出了一定的进步（Price，2006）。但是线上方式也有局限性，存在如何更广泛地适应交流方式的问题，包括接受和适应作为社区一部分的符号资源。

总体来说，互联网作为公众参与的平台和一系列技术，其有效性使人们回想起公众参与的早期阶段。换言之，互联网的使用标志着一个实验性的、正在进行的社会学习时期以及对其可能性和局限性的探索。互联网当前的许多用途可能被纳入公众参与的范畴，这些用途仍在持续出现并有待检验。

结语

本章对公众参与的概述聚焦于模糊的边界这一主题。本文结合了公众参与的正式和非正式场所、公众参与的多种形式、公众参与的赞助者、信息及传播技术在公众参与中的应用和不断扩展的可能性等多个角度，从广义上探讨了公众参与这一概念。通过这种方法，我们注意到，这些公众参与的社会实践不仅产生于它们所处的时间和地点，而且也反映了背后有关公众和科学的假设。

本章描述了公众参与的整体图景，反映了正在进行着的科学和社会的重构、"以其他方式继续进行的科学辩论"（Bucchi，2008：61）以及知识的生产。知识的生产已经从各种新的合作关系中发展了起来，这些合作关系涉及科学共同体、不同的公众，以及其他与这些团体不相关但有时又与他们合作的知识生产场所。这种集会（agora）展示了异质且重叠的行动者和往往不可预知结果的活动，正如诺沃特尼及其同事（Nowotny *et al.*，2001：210）所观察到的，"集会的基础在持续变化，正如（它的许多不同的）相互联系一样"。

问题与思考

· 科学／公众互动的参与方法是如何发展的？为何发展？

· 重新塑造公众参与形式的社会因素是什么？

· 科学家和公众之间知识合作生产的可能性和限制是什么？

· 互联网平台如何有效地利用新兴科学技术来促进公众参与？

尾注

［1］本章的早期版本主要关注协商方法（Einsiedel，2008）。

［2］参见网址：www.archives.gov/federal-register/laws/negotiated-rulemaking/562.html；accessed 31 March 2013。

［3］参见网址：www.iap2.org（查询时间：2013年4月20日）。

［4］例如，费尔和沃斯（Fell and Voas，2006）详细说明了"反酒后驾车母亲协会"（Mothers Against Drunk Driving，MADD）的创始人所扮演的角色，以及该组织在政策、文化及制度变迁中所起的作用。这一组织建立在关于饮酒和血液酒精浓度之间的关系、酒精与高速公路交通事故之间的关系的科学基础上，同时它还调动了经历过孩子死于酒后驾车的母亲的情感。

［5］对于异种器官移植这一主题的公众参与实践及政策文化的一项联合审查，参见 *Science and Public Policy*，special issue，38，8（2011）。

［6］参见网址：www.wwviews.org/；accessed 21 November 2013。

［7］参见网址：www.acercandonaciones.com/en/cultura/cafe-cultura-vuelve-a-bariloche-para-presentar-cafede-las-ciencias.html（查询时间：2013年11月21日）。

［8］这些类别来自来推进非正规科学教育发展中心（Center for Advancement of Informal Science Education）的报告（Bonney *et al.*，2009）。

［9］蛋白质是人体生物化学的关键组成部分，它们展示了"分子层面上结构和功能之间的显著关系"（Dill and MacCallum，2012：1042）。

［10］参见网址：The Nagoya Protocol on Access and Benefit Sharing，www.cbd.int/abs/（查询时间：

2013 年 11 月 21 日）。

［11］参见《纳米技术与社会年鉴》（*Yearbook of Nanotechnology in Society*）中的案例，年鉴的范围包括对公平、平等和发展的思考（Cozzens and Wetmore，2011），或者不同科学领域的聚合，这种聚合的社会含义被认为是向上游的（Ramachandran *et al.*，2011）。

（李红林　译）

请用微信扫描二维码
获取参考文献

11

公民科学素质调查：
国际比较研究 [1]①

马丁·鲍尔、班科莱·法拉德

导言

　　"公众理解科学"具有双重含义。第一，公众理解科学囊括了形式多样的科学传播活动，这些活动的目的在于拉近科学与公众的距离，并在一种对科学的公共修辞传统中促进公众理解科学（参见 Fuller，2001；European Commission，2012；以及 Miller *et al.*，2002 对这些行动所做的详细目录）。第二，公众理解科学意指实证的社会研究，即调查公众对科学的理解以及这种理解是如何因时间和语境的变化而变化的。本章集中于后者，主要对各国典型的大规模抽样调查研究进行综述。这些调查研究均采用标准化的问卷调查面向公众开展。根据不同阶段公众理解科学研究的问题、采取的干预措施以及受到的批判，我们提出了公众理解科学研究的三个典型**范式**（paradigms），并评述了公众理解科学研究不断变化的议程。本章的结尾对公众理解科学的缺失概念和调查研究进行了反思，并对未来的研究方向进行了展望，这些都是在本领域此前的综述基础上的进一步阐释（Etzioni and Nunn，1976；Pion and Lipsey，1981；Wynne，1995；Miller，2004；Allum，2010）。

---

① 原标题 "Public understanding of science: Survey research around the world" 直译应为 "公众理解科学：世界范围内的调查研究"，为了更好地对应我国这一领域的研究和语言习惯，译为 "公民科学素质调查：国际比较研究"，并在全文中根据上下文语境进行相应的意译。——译者注

大数据池：公民科学素质调查研究述评

表 11-1a、表 11-1b 和表 11-1c 列出了 1957 年以来针对成年公民理解科学的主要调查，表 11-1d 列出了指导或委托这些调查的机构。这些调查都有全国范围内超过 1000 名受访者的代表性样本。这些列表中包括了一些最有名的有关科学素质、公众对科学的兴趣和态度的调查，其中的很多调查可以进行平行比较，因为这些调查自 1979 年以来就经常被纳入美国国家科学基金会的科学与工程指标之中。"欧洲晴雨表"（Eurobarometer）从 1978 年开始涉及科学相关的指标，最初的调查涵盖 8 个欧洲国家，最近已扩展至 32 个。英国（MORI、ESRC、OST、维康基金会、BIS）从 1985 年开始进行科学方面的调查，法国的系列调查则可以追溯至 1972 年（参见 Boy，2012）。意大利在 21 世纪初开展了定期调查。此类调查最早可以追溯到 1957 年的美国，该项调查的开展恰好在震惊西方世界的苏联人造地球卫星发射之前（Withey，1959）。从 20 世纪 90 年代到 21 世纪初的 10 年里，这些调查工作在全球范围内得到了效仿和适用性改造，首先是在亚洲国家（日本、中国和印度）、俄罗斯、澳大利亚和新西兰。在 21 世纪初，一家伊比利亚—美洲网络机构在拉丁美洲开展了类似调查。而在早先，巴西和哥伦比亚分别在 1987 年和 1994 年开展了调查。南非正在建设一个全国性的公民科学素质调查基地，其早期的调查仅对白人进行抽样。尼日利亚是另一个开展公民科学素质调查的非洲国家（Falade，2014）。

出于实际考虑，还有一些相关调查没有包括在本章评述之中，譬如在特定的科学技术领域对尚存争议的进展进行的相关调查。自 1975 年以来，"欧洲晴雨表"开展了近百项各类议题的跨国调查，如核能、环境、电脑、赛博社会和生物技术（1993 年以来关于生物技术的系列调查参见 Gaskell *et al.*，2011）。风险认知研究已经搜集了大量关于各类危害的全国性调查。同时，一些包含更广泛社会内容的国际性调查中涉及临时性科学项目。上述调查都不包括在此。当然，这类调查可能反映了各国公众对于科学的不同态度，将这些调查作为一种证据来进行研究分析还是很值得一做的。所有这些都是关于科学态度的大数据，是由那些爱冒险的探究者和有能力的研究者所聚集起来的一笔重要财富。在过去的 50 年里，大量国家及国际性的可比数据已经积累起来，这些数据为新的分析、动态建模及比较提供了机会，定义了新的研究方向。

表 11-1　作者所知的所有关于公众科学态度的代表性全国调查及其指导或委托机构

表 11-1a　欧洲和北美的调查

年份	欧洲							北美	
	英国	法国	欧盟	E*	意大利	冰岛	保加利亚	美国	加拿大
1957								Michigan	
1970									
1971									
1972		Boy						Harvard	
1973									
1974									
1975									
1976									
1977	EB7	EB7	EB7						
1978	EB10a	EB10a	EB10a						
1979								NSF	
1980									
1981									
1982		Boy							
1983								NSF	
1984									
1985								NSF	
1986	KCL								
1987									
1988	ESRC	Boy/<17						NSF	
1989	EB31	Boy/EB31	EB31	EB31					MST
1990								NSF	
1991									
1992	EB38.1	EB38.1	EB38.1	EB38.1			STS	NSF	
1993									
1994		Boy							
1995								NSF	

续表

| 年份 | 欧洲 | | | | | | | 北美 | |
	英国	法国	欧盟	E*	意大利	冰岛	保加利亚	美国	加拿大
1996	OST/Well						STS		
1997								NSF	
1998									
1999								NSF	
2000	RCENG	EB63.1	EB63.1	EB63.1		EB63.1	EB63.1		
2001	EB55.2	EB55.2	EB55.2	EB55.2				NSF	
2002			EB East	FECYT			EB East		
2003								NSF	
2004	BIS			FECYT					
2005	RCENG	EB63.1	EB63.1	EB63.1		EB63.1	EB63.1		
2006				FECYT				NSF	
2007	（EB）	Boy	（EB）	Ibero	Observa		（EB）		
2008	BIS				Observa			GSS	
2009	WELL			Ibero	Observa			PEW	
2010	EB73.1	EB73.1	EB73.1	FECYT	Observa	UNI/EB	EB73.1	GSS	
2011	BIS	Boy			Observa				
2012	WELL			FECYT	Observa	UNI			
2013	BIS				Observa				MST
2014					Observa				
2015					Observa				

*E 指的是欧盟之外的欧洲国家。

表 11-1b 亚洲国家、非洲国家、澳大利亚和俄罗斯的调查

| 年份 | 其他 | | | | 亚洲 | | | | |
	俄罗斯	南非	澳大利亚	新西兰	日本	韩国	马来西亚	印度	中国
1990									
1991		SAASTA			NISTEP				
1992								NISTED	CAST

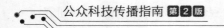

续表

年份	其他				亚洲				
	俄罗斯	南非	澳大利亚	新西兰	日本	韩国	马来西亚	印度	中国 *
1993		SAASTA							
1994									CAST
1995	HSE		STAP						
1996	HSE								CAST
1997	HSE			MST					
1998									
1999	HSE								
2000							STIC		
2001		SAASTA			NISTEP				CAST
2002									
2003	HSE								CRISP
2004								NCAER	
2005									CRISP
2006					Kofac				
2007								NISTED	CRISP
2008									
2009								NYRead	
2010		SAASTA NUA							CRISP
2011									
2012									
2013								NISTED	CRISP
2014									
2015									CRISP

表 11-1c 拉丁美洲和加勒比国家的调查

年份	巴西	阿根廷	委内瑞拉	哥斯达黎加	巴拿马	乌拉圭	厄瓜多尔	巴拉圭	秘鲁	智利	墨西哥	特立尼达	哥伦比亚
1985													
1986													
1987	CNPq												
1988													
1989													
1990													
1991													
1992													
1993													
1994													ColSci
1995													
1996													
1997												Conacyt	
1998													
1999													
2000													

续表

年份	巴西	阿根廷	委内瑞拉	哥斯达黎加	巴拿马	乌拉圭	厄瓜多尔	巴拉圭	秘鲁	智利	墨西哥	特立尼达	哥伦比亚
2001					SENACYT								
2002											Conacyt		
2003	FAPESP	RiCYT				RepUni					Conacyt		
2004	FAPESP		MCT								Conacyt		ColSci
2005											Conacyt	Unknown	
2006	MCT	SeCyt	MCT				SENACYT						
2007	Ibero	Ibero	Ibero		Ibero	Ibero				CON/Ibero	Conacyt		Ibero
2008	FAPESP				SENACYT								
2009	Ibero	Ibero				ANII/Ibero		Ibero	Ibero		Conacyt		Ibero
2010	MCT				SENACYT								
2011											Conacyt		
2012	PPSUS	MCT/Redes		IDESP								unknown	ColSci
2013	MCT												
2014													
2015													

表 11-1d　发起和指导公民科学素质调查的国内外机构

缩写	全称或所在地
ANII	乌拉圭
BAS-IS	保加利亚科学院社会研究所，索菲亚
BIS	英国商务、创新及科学部
CNPq	巴西国家科学技术发展委员会
CEVIPOV	巴黎政治学院政治研究中心
CONACYT	墨西哥
CONARE	哥斯达黎加
COLCIENCIAS	哥伦比亚
HSE	俄罗斯高等经济学院
ESS	欧洲社会调查
EB	欧洲晴雨表 DG-12，后来的 DG 研究，布鲁塞尔
EVS	欧洲价值调查
ESRC	英国经济与社会研究委员会
FAPESP	巴西圣保罗研究基金会
FECYT	西班牙
ISSP	国际社会调查计划
MINCYT	阿根廷
MORI	英国公众舆论研究公司
MYCT	委内瑞拉
NSF	美国国家科学基金会，华盛顿
NISTEP	日本国家科学技术政策研究所
NISTAD	印度国家科学技术和发展研究所
NCAER	印度国家应用经济研究中心，新德里
MST，MCT	科学技术部（加拿大、中国、巴西）
Observa	意大利科学与社会研究非营利中心
Wellcome Trust	英国公众理解科学研究基金会
RiCyT	拉丁美洲科学指标网络
CAST	中国科学技术协会
OST	科学技术办公室，伦敦
PISA	经济合作与发展组织国际学生评估计划，巴黎（总部）
SAASTA	南非
SECYT	阿根廷
SENACYT	巴拿马和厄瓜多尔
ISS	国际社会研究联盟
STIC	马来西亚战略推动实现委员会
WVS	世界价值调查

公众理解科学的研究范式

在过去 40 年里，公众理解科学催生了一个新的研究领域，不同程度地涉及社会学、社会心理学、历史学、传播学及政策分析。尽管它处于社会研究领域的边缘，但成果却很丰硕（参见 Suerdem *et al.*, 2013）。表 11-2 给出了公众理解科学研究的三种范式的图解式概览。该表基于各种缺失的归因，建立了科学与公众之间的关系模型（参见本书第 1 章）。每个范式都有其全盛期，并且在科学与公众之间的关系方面呈现出某些典型的问题。每个范式都通过调查研究来探寻特定的研究问题，并且针对诊断出的缺失问题，提出特定的解决方案。我们并不认为，一种新范式的出现会替代旧有的范式，更现实地说，我们必须假定，这些范式的思想框架同时存在于当前各种不同的语境之中。这并不是一个更替性的进步模型，而是一个各种话语相叠加的模型。有人指出，"科学素质"和"公众理解科学"（literacy-PUS）范式的研究传统与风险认知的研究传统在并行发展，他们有一项共同的职能：应对顽固的公众舆论。看起来，科学共同体更赞同"科学素质"和"公众理解科学"范式，而工程师和投资经理们则更关注风险认知。

表 11-2　时期、问题及建议

时期	问题归因	研究建议
科学素质 （20 世纪 60 年代至 1985 年）	公众的知识缺失	素质测量 教育
公众理解科学 1985—1995 年	公众的态度缺失	知识驱动态度 态度变化 教育 公共关系
科学与社会 1995 年至今	信任的缺失 专家的缺失 公众的概念 信任危机	参与 协商 "天使"、调停者 影响评估

来源：Bauer，Miller and Allum，2007，有修正。

科学素质（约从 20 世纪 60 年代至 80 年代中期）

科学素质建立在两个观点之上：首先，本质上来说，科学教育是读、写和计算能力等基本素质的长期驱动力的一部分；其次，科学素质是公民能力的必要组成部分。在民主政治中，人们通过直接选举或者间接地以公众舆论表达等方式来参与政治决策。然而，政治参与者只有对政治进程也很熟悉，才能达到预期的效果（Althaus，1998）。有一种假设：与政治一样，科学上的无知会导致人们对科学的疏离和极端主义，因而需要追求"公民科学素质"（Miller，1998）。这些观点强调了认知缺失的危害，并提倡更多更好的终身科学教育。然而，这也迎合了精英阶层中的技术统治论态度：无知的公众没有参与决策的资格。

乔恩·米勒（Jon Miller，1983，1992）提出了一个很有影响力的"科学素质"定义，包含四个要素：①对教科书上基本的科学事实知识的掌握；②对概率推理和实验设计等方法的理解；③对于科学和技术对社会的积极影响的一种欣赏态度；④反对迷信。米勒从更早期为美国国家科学基金会所做的工作（例如 Withey，1959）中发展了这些素质指标。从 1979 年开始，通过对成年公众进行代表性调查，美国国家科学基金会开展了对全国公民科学素质的定期评估。20 世纪 80 年代，类似的工作在欧洲和其他地区也开展了起来，尽管没有那么有规律。中国制订了一项到 2020 年的科学素质行动计划，规定要对未成年人、农民和城镇劳动者等目标人群进行素质测量（CAST，2008）。2010 年中国公民科学素质调查的受访者达到 69000 名，并且中国通过系统性抽样调查的方式确保了样本覆盖所有的省份（He and Gao，2011）。

研究议程

知识是这一范式的关键问题。知识可以通过测试题的形式进行测量（参见表 11-3 中的例子）。受访者被要求对一些教科书上的科学事实做出选择或正确与否的判断。

表 11-3　科学素质研究中的知识与态度题项示例

知识题项（示例）

题项1 "地球绕着太阳转还是太阳绕着地球转？"（**地球绕着太阳转**，太阳绕着地球转，不知道）

题项2 "地球的中心非常热。"（**对**，错，不知道）

题项3 "电子比原子小。"（**对**，错，不知道）

题项4 "抗生素可以杀死病毒和细菌。"（对，**错**，不知道）

题项5 "最早期的人类与恐龙生活在同一个时期。"（对，**错**，不知道）

态度题项（一般题项的示例，李克特式量表）

题项6 "科学和技术使得我们的生活更加健康、容易和舒适。"（赞同 = 积极态度）

题项7 "科学的好处大于任何有害的影响。"（赞同 = 积极态度）

题项8 "我们太过依赖科学而不够依赖信仰。"（不赞同 = 积极态度）

题项9 "科学和技术过快地改变了我们的生活。"（不赞同 = 积极态度）

量表：1. 非常赞同；2. 某种程度上赞同；3. 既不赞同也不反对；4. 某种程度上不赞同；5. 很不赞同；99. 不知道

来源：例如 Eurobarometer 31，1989；参见 INRA（Europe）and Report International，1993。

　　受访者每答对一题得一分（如表 11-3 中的加粗显示）。对具有权威答案的题项进行简洁明晰地阐述，并很好地平衡来自不同知识领域、难易程度不同的题项，实非易事。受访者对这些问题（通常 10—20 道题为一组）的回答会被整合成一个可靠的指数。该范式下的研究涉及问卷的构建，以及对每个问题的标量值进行检测。这一研究过程有点类似于垒砌砖块，它们最后必须能站得住脚。项目反应理论被引入研究讨论之中（Miller and Pardo，2000；Shimizu and Matusuura，2012）。孤立的单个问题是没有意义的，只有将它们结合在一起才是可靠的，虽然问卷所包含的问题数量的信度仍是一个问题（Pardo and Calvo，2004）。一些题目声名狼藉地登上新闻头条，尤其在它们被答错或者被孤立地考虑而呈现出丑闻价值的时候。公共发言人和大众媒体不断地挑出单独的问题作为公众无知的证据和道德恐慌的原因。例如，关于太阳和地球的题目就遭到了很多脱离语境的引用。

　　在回答知识类问题时，有受访者会回答"不知道"，研究者们对这项回答和无知的模糊性进行了探究。"不知道"这一回答的变化表明了一个信心指数：女性和某些社会出身背景的人倾向于直接宣称无知而不进行猜测，因为他们在科学方面不够自信（Bauer，1996）。特纳和迈克尔（Turner and Michael，1996）描述了自己承认的无知的四种类型：尴尬（"我要去图书馆找一本书"）；自我认同（"我不是很了解科学"）；分工（"我认识知道答案的人"）；自命清高（"我不在乎"）。然而，"不知道"回答的突然变化可能表明了方法论的问题：调查公司可以改变他们的访问方案（例如，将"不知道"作为一个答案，或做进一步的探究）。更进一步的探究减少了"不知道"的回答率。这些变化也能反映实地调查承办者的变化，"欧洲晴雨表"就是一个例子。

有待研究的内容

素质研究范式专注于认知缺失。当人们对来自其他政党的"错误信息"感到担忧时，认知缺失会使他们很容易陷入政治争论之中（如 Lewandowsky *et al.*，2012）。素质研究范式提倡的干预措施主要集中于教育。素质是一个持续教育问题，需要关注学校课程以及部分具有公共责任的大众传媒，这类大众传媒被要求承担教化更广泛的公众的职能（参见 Royal Society，1985 等）。

批判与反思

对素质范式的批判集中于概念及经验问题。为什么科学知识应该得到特殊的关注？历史、经济或法律知识呢？在讨论科学素质时，需要将科学素质与其他类型素质进行竞争。什么算是科学知识？米勒（Miller，1983）提出了两个维度：事实和方法。这一界定激励大家去评估公众对概率推理、实验设计、理论及假说检验的重要性等科学程序的熟悉程度。其他人辩称，科学的本质是过程而不是事实（例如 Collins and Pinch，1993），并且，不确定性、同行评议、科学争论以及可重复实验的必要性等都应该包含在素质测评之中。但是，构建方法论知识的测度极具挑战性。卫斯（Withey，1959）提出的一个开放式问题被证明是富有洞察力的："用你自己的话告诉我，科学地研究某些事物指的是什么？"受访者的回答可以被归为规范性或描述性的认知（参见 Bauer and Schoon，1993）。过程也包括对科学机构及其活动的认识，即普莱维特（Prewitt，1983）所称的"科学悟性"以及温（Wynne，1995）所称的科学的"身体语言"，这一方面已经得到了一些探索性研究的关注（Bauer *et al.*，2000b；Sturgis and Allum，2004）。

很多国家对成年公民的科学素质进行了测量以与其他国家进行比较。这种比较的一个问题在于指标的公平性。考虑到各国特定的科学基础，现有的题库可能是有失偏颇的。各个国家通常在某一学科领域拥有科学英雄，而素质得分可能反映了这一特定的科学基础。拉扎（Raza）及其同事们关于文化公平指标的建议和分析值得更多关注（如 Shukla，2005；Raza *et al.*，1996，2002；Raza，2013）。

那么素质到底是一个闭联集还是一个阈值？这一问题引出了一系列新的问题。米勒（Miller，1983）最初将其设想为一个阈值。在米勒看来，想要成为"科学的热心公众"的一员，人们需要具备某种最低程度的科学素质，对科学和技术感兴趣，掌握科学技术词汇，对积极的科技成果表示赞赏并且不迷信。然而，在不同的测度中，关于"最低程度的素质"的定义发生了变化；而且我们并不清楚，这种变化是否体现在不同的报告中（Miller，2004），以及报告中呈现的变化仅仅是定义上的变化，还是实际情况也发生了改变（参见 Beveridge and Rudell，1998）。

批评者还认为，掌握多少"课本知识"这一指标与具备怎样的科学素质是不相关的。课本知识仅仅是人类经验的产品，真正重要的是从地方性争议和人们的关切中产生的语境知识（Ziman，1991；Irwin and Wynne，1996）。然而，是什么解释了科学素质和态度的测量结果同社会背景变量之间的相关性呢？我们必须认识到，这种条件下得到的结果存在某些知识上的缺失。

之后是关于迷信的问题。例如，一个人相信占星术，就能说其不具备科学素养吗？对此米勒（Miller，1983）是持肯定观点的，中国科普研究所也一直如此宣称。迷信和科学素质的关系不更像是一个经验问题吗？占星术和科学实践在生活中起着不同的作用。将"拒绝占星术"作为素质的一个标准使得我们无法理解日常生活中科学和伪科学之间的相互关系，而这种关系是一个文化的变量（参见 Allum and Stoneman，2012；Bauer and Durant，1997；Boy and Michelat，1986）。

知识问题的答案在本质上可能是有争议的。举例来说，物理学家可能指出，"电子是否比原子小"这一问题不能一概而论，它取决于具体的环境。"最早的人类与恐龙生活在同一时期"的论断更有问题，根据生物教科书，这一论断是错误的。这个题目，尤其在美国，引起了关于进化论的争论，而进化论与保守的宗教文化是相冲突的。在这一点上，美国国家科学基金会组织了一场关于知识与信仰的讨论（Toumey *et al.*，2010）。因此，这个题目体现了科学素质指标还是宗教信仰指标，答案并非先验的，这可能取决于更广泛的科学与社会之间的对话。

人们对素质的格外关注可能也是对科学在社会中的合法性危机做出的反应。但是，用提高公民科学素质来解决这一危机，实际上是在科学家和不具备科学素质的公众之间预设了一条鸿沟，而这种预设是没有任何证据的，不过是精英们的偏见罢了。并且，如果弗朗西斯·培根（Francis Bacon）在16世纪晚期提出的"知识就是力量"的理念成立，那么，在没有同时赋予科学与公众同等权利的情况下，任何想要共享知识的企图都将导致科学与公众的疏离，而不是让公众更接近科学。因而，对于合法性问题（Roqueplo，1974）、信任问题（House of Lords Select Committee on Science and Technology，2000）或更加一般意义上的权威性问题（Arendt，1968）而言，关注科学素质是一个错误的答案。

公众理解科学（1985年至20世纪90年代中期）

在公众理解科学（PUS）[2]的标题之下产生了新的担忧。英国皇家学会的一个极具影响力的报告即以"公众理解科学"为名（Royal Society，1985）。公众理解科学继承了公众缺失的理念，但是现在它更显著地表现为态度的缺失（Bodmer，1987）。公众对科学技术的态度不够积极、持怀疑态度甚至直接地反对科学，必然是英国皇家学会等科学机构主要关心的问题。要求公众赞赏科学的各种理由都被提出来了：科学对于做出明智的消费决策很重要，科学扩展了工业和商业的竞争力，科学是国家文化的一部分（参见 Thomas and Durant，1987；Gregory and Miller，1998；Felt，2000）。英国皇家学会的著名假设即为：更多的知识能培育更积极的态度。

研究议程

公众对科学的定位主要通过李克特式的态度题来进行测度。受访者对这些陈述表达赞同或不赞同，由此表达出他们对科学的积极或消极的态度（示例可参见前文表 11-3）。为了评估一种积极的态度，根据不同的表述，有的题目要求受访者不赞同，另一些则需要受访者表示赞同。一个混合的题目组合避免了默许反应偏差：在调查访问的人工语境下，人们通常倾向于对大部分陈述表示赞同。另一个问题是如何处理"既不……也不……"以及"不知道"的选项。不提供一个"既不……也不……"的选项可能会增加数据的方差，但这却将人们置于他们无法把控的境地，他们因此没有机会来表达自己的矛盾情绪，由衷地想要放弃判断或是无意见。在古希腊，"傻瓜"（idiot）指的是那些还没有形成意见的人，而我们必须给这类人留出空间（参见 Lezaun and Soneryd，2007）。

对科学态度的研究涉及可靠量表的构建、态度的多维结构（例如 Pardo and Calvo，2002）、一般及特定态度之间的关系、先前问题的语境影响，以及最重要的知识和态度之间的关系（Sturgis and Allum，2004）。对素质的关注也进入公众理解科学之中，因为需要用知识测量来检验一个常见的理念：你知道的越多，你越喜欢它。只不过，重点从阈值测量转向了对知识的闭联集测量。

布雷克威尔和罗伯森（Breakwell and Robertson，2001）发现，相比男孩而言，英国的女孩不太喜欢科学，并且，这一差距在 1987 年到 1998 年之间都没有变小。在控制了其他因素的情况下，斯特吉斯和阿勒姆（Sturgis and Allum，2001）在解释态度差距时特别强调了男女之间的知识差距。2000 年，克里特兹（Crettaz，2004）对瑞士的研究表明，不能以性别来解释态度的差异，是科学素质和通识教育造成了这种差异。张超和何薇（Chao and Wei，2009）的研究表明，中国公众科学素质的性别差异在城乡及各年龄组中持续存在，尽管在受过高等教育的人群中这一差距正在缩小。

有待研究的内容

对公众理解科学范式的实践干预可以分为理性主义者和现实主义者两种路径。两者对态度缺失的诊断持有一致意见，即认为公众对科学技术还不够迷恋。但是，对于如何应对这种态度缺失，他们却意见不一。

理性主义者认为，公众的态度是以一种认知—理性主义者的内核来处理信息的产物。因而，对科学的消极态度（或是对技术的风险认知，这些认知通常来源于精算评估）都是由于信息不充分造成的，或者是由于采用了一些会使公众判断出现偏差的启发性方法，诸如实用性或小样本证据等。假设，人们拥有所有的信息并不被这些启发所操纵，他们将会对科学发展做出更积极的判断。他们也会赞同专家的意见，而不会轻易地屈服于这些偏见。因此，人们需要更多的信息，需要接受培训来避免错误的信息处理。因而，面向公众的战争就是一场以信息、概率及统计学培训为武器来培养他们的理性思维的战争。

现实主义者认为，态度表达了人们与世界的关系。现实主义者聚焦于情感并诉诸人们的欲望、道德立场和本能反应，进而遵从广告和宣传中的现代诡辩逻辑。在他们看来，面向公众的战争就是要赢得公众的心，关键的问题在于：我们怎样才能让科学变得迷人？公众消费者是需要被引导而不是被理性说服的。根据这一逻辑，在赢得公众方面，科学和洗衣粉没有什么差别（参见 Michael，1998；Toumey *et al.*，2010）。

批判与反思

对缺失模型的批判恰当地强调了将知识具体化（即把科学知识作为调查测度的内容）的缺陷，并主张聚焦语境知识（Ziman，1991），关注专家如何与公众相处（Irwin and Wynne，1996）。温（Wynne，1993）提出"机构神经质"（institutional neuroticism）这一术语来指向科学行动者对公众的偏见，这种偏见造成了一种自我实现的预言和恶性循环：认为公众在认知和情感上是缺失的，他们不能被信任。科学行动者的这种不信任反过来也使得公众对科学行动者不信任。消极的公众态度进而确认了科学家们的假设：公众是不可信任的。这种"制度无意识"（institutional unconscious）的循环性和验证性偏差需要"深刻的自我反省"（soul searching），即科学行动者之间的自我反省，并可能支持一种知识中心多元化的社会认识论（Jovchelovitch，2007）。

对公众理解科学范式的经验批判聚焦于兴趣、态度和知识之间的关系。知识和态度之间的相关性变成研究的一个焦点。至今，研究结果仍然是不确定的（参见 Durant *et al.*，2000；Allum *et al.*，2008）。总的来说，大规模的调查显示了知识和积极的态度之间一直存在但很小的正相关，但是，在知识渊博的人之间，二者呈现出更大的差异。然而，在有争议的科学话题上，知识与积极的态度之间的相关性趋近于零。因而，并不是所有掌握信息的公众对所有的科学技术也都充满热情，在有争议的问题上，熟悉导致了漠视。事后看来，令人惊讶的是，没有人预见过这种差异。

态度的概念及测量是社会心理学的传统职责（例如 Eagly and Chaiken，1993；McGuire，1986）。在传统理论中，认知细化并不是促进积极态度的一个因素，而是态度的一个特性：知识能强化人们的态度以抵御影响，并使态度更具有行为的预测性，无论这种行为的方向是什么（Pomerantz *et al.*，1995）。那么，这里说明的就是，知识固然重要，但并不像科学家假设的那样重要。知晓更多的公众并没有更积极的态度，但是，信息获取很少的公众则更容易观点摇摆。

很多调查测量人们对科学的兴趣。欧洲晴雨表的调查指出，公众自述的兴趣随着时间变化而忽高忽低，而知识则随着时间而不断增长（Miller *et al.*，2002）。舒克拉和鲍尔（Shukla and Bauer，2012：102）证实了这一趋势并表明"熟悉导致不感兴趣"，从而触到了素质及公众理解科学范式的另一个天真的假设："我们知道的越多，我们就越感兴趣。"事实上，有必要将公众对科学的兴趣与对其他事物的兴趣进行比较（Paul，2008）。

科学与社会（20 世纪 90 年代中期至今）

对公众缺失模型的争论性批判迎来了一个归因的逆转。公众信任的缺失反映了科学技术及其代表者们的缺失。关注的焦点转向了科学专家的缺失，即他们对公众的偏见。

问题诊断

通过焦点小组研究和准民族志学观察发现，大规模调查中消极态度的证据是语境化的，并被重新解释为一种"信任危机"（House of Lords Select Committee on Science and Technology，2000；Miller，2001）。科学技术在社会中运行，因而与社会其他部门相互关联。科学专家所持的对公众的观点开始接受审查。对公众的偏见在政治决策和传播中存在，这些使得公众愈加疏离。公众对科学的信任降低也可能预示着一种启蒙思想的复兴，这是一种持怀疑态度但又知情的公众舆论（Bensaude-Vincent，2001）。然而，公众信任会长期下降还是仅仅存在一种制度性的焦虑，目前尚不清楚。现有的数据还没有得到系统分析。

有待研究的内容

关于科学新治理的著作认为，公众参与是科学与社会之间新的协议的一部分（例如 Jasanoff，2005）。对于科学与社会范式来说，研究与干预之间的界限变得模糊。很多人致力于行为研究并拒绝将分析和干预分离。这一议程虽然有一定的学术基础，但是往往以非常务实的政治咨询结束。公众、公共舆论以及公共领域等概念都被作为理论支持和理论实践反馈回来（Argyris and Schön，1978），以激励这些科学行动者之间观念的自省转变（参见 Braun and Schulz，2010；Lezaun and Soneryd，2007）。

对于如何通过解决信任悖论来重建公众信任的建议不断激增，包括：信任是相关的；一旦信任问题被提出来，就已经失去信任了；信任是可遇不可求的，它只给予值得信任的人（参见 Luhmann，1979）。英国政府提出以公众参与的方式来重建公众信任：上议院科学技术委员会（2000）的《科学与社会》报告列出了各种方式，诸如公民陪审团、协商民意投票、共识会议、全国辩论和听证会等，或者贾萨诺夫（Jasanoff，2003）所称的"谦卑的技术"。一些学术著作对这些操作实践的优点、经验和诀窍进行了比较和整理（Gregory *et al.*，2007；Abels and Bora，2004；Joss and Belluci，2002；Einsiedel *et al.*，2001）。这些生动的探讨中，许多与科学的公共关系的职业化结合在了一起（参见本书第 5 章）。

批判与反思

协商活动通常旷日持久且需要专门知识，因而这类活动不断地被外包给一些新近形成的"天使"私营部门。这些部门是由来已久的调停者，在这里，他们不是在天与地之间做调停，而是在心灰意冷的公众和科学、产业、决策机构之间进行调停。但是，从功利主义的角度来说，仅有民主精神是不够的，"协商过程取得成功了吗？"是一个中肯的、需要追问的问题。并且，"天使"私营部门通常会以虚假的产品差异来做出论断并提供服务，因而，需要具有批判精神的消费者们对其进行检验。

对有待协商的问题做出回答，需要对过程和影响进行测量。因而，研究者们倡导对协商事件进行准实验的评估，并提出了过程和结果指标（参见 Rowe and Frewer，2004；Butschi and Nentwich，2002），包括不断变化的公众素质和态度等指标。看起来，有关公众参与的讨论已经从激励公众参与走向了对参与的程式、愿望及真实情况的实证分析和批判性评估。要解决的一个关键性的问题是：从长远来看，公共事件的形成和发展同公众知识和态度的变化有何关联？公民科学素质调查不太可能评估某一个特定的协商或公众参与事件，但是，从长远来看，如果科学文化确实发生了变化，那么可以通过调查反映这种变化的积累。

对公民科学素质调查研究和缺失概念的再思考

有时候，公民科学素质调查研究因为与缺失概念相关联而备受阻碍。正如争论所指出的，公民科学素质调查的研究者是一个**实证主义者**，他建构了知识、态度以及信任的**公众缺失**以取悦其在政府、企业或学术团体中的赞助者，通过调查来支持那些试图控制公众舆论的现有力量。相反，批判的建构主义研究者只采用定性数据，以此避免公民科学素质调查的这种意识形态纠缠。[3] 定性研究的自省性将使赞助者们能够具备一种变化的思想。**批判的**定性研究将公众从精英偏见的桎梏中释放出来。哪里有偏见（doxa）①，哪里就会有理性的启蒙。这其中的问题既不是知识兴趣的差异，也不是从偏见到启蒙的潜在转变，而是知识兴趣的识别和调查方法设计之间的密切关联：

定量调查研究 = 实证主义者 = 焦虑的控制、去语境的偏见

定性研究 = 批判的建构主义者 = 自省性和变革

这些隐含的方程式和任何都市传说一样，来源不明，但它们都是在 20 世纪 80 年代末极具影响力的英国公众参与科学研究计划的推动下发展起来的。欧文和温

---

① "Doxa" 是一个古希腊语词汇，意思是普遍观念或者大众舆论。古希腊修辞学家将其作为使用共同的观点促进论点形成的一种工具。"Doxa" 通常被诡辩家用来说服民众，导致了柏拉图对雅典民主的谴责。这种普遍观念或大众舆论是与民主相悖的，在此意指精英阶层对公众的共同偏见。——译者注

（Irwin and Wynne，1996）对其进行总结时引起了一场论战。[4]在精英焦虑和控制性议程背景下的抽样调查，其本质就是一个谬论，毫无历史根据，而且是极度受限的研究（参见 Kallerud and Ramberg，2002）。这些争论使得我们伊比利亚—美洲集团的同事们避开了知识测度，而现在，他们对此颇感后悔，因为他们无法进行间接的信息测度（Polino and Castelfranchi，2012）。2000 年，为了避免与缺失概念相联系的尴尬，英国政府的态度调查抛弃了素质题项，直至 2013 年才重新引入。对数据方案设计和知识兴趣的密切关注忽视了工具所具有的解释上的灵活性。

公民科学素质调查的未来发展方向

公民科学素质调查研究进展缓慢，但近期却呈现一种新的势头。新的范式并不会使之前的范式过时或被淘汰。公民科学素质调查在"素质"概念中加入了"态度"。"科学与社会"在摒弃缺失模型的同时，并不能避免令人棘手的审查文化，并且，具有讽刺意味的是，它还重新使用了关于公众理解的测度以评估公众参与的效果。但是，迄今为止，公民科学素质调查告诉了我们什么呢？各类证据大致可以总结出以下几点（也可参见 Bauer *et al.*，2012）：

· 1989 年以来，在欧洲各国、日本、中国以及美国，以对教科书中知识的了解程度为衡量标准进行测量，公众所掌握的科学知识普遍呈现线性上升趋势；在同一时期里，公众对科学的态度和兴趣却并没有呈现出相应的线性上升趋势。日本的调查显示，所有年龄组的知识水平都得到了提升。

· 知识和态度并不必然地成正相关。在越具争议性的问题上，这种相关性就越低。在欧洲，整体来看，公众的知识水平和他们对于科学能带来的福利的预期是成负相关的：人们掌握的知识越多，对科学所能带来的福利的期望就越少。在社会语境完全不同的印度，这两者之间却呈现正的相关性。

· 在美国，年轻人群体更容易认可伪科学活动，譬如，他们对 UFO 和占星术感兴趣，即使他们的科学素质在不断提升。

· 知识并不是态度的驱动者，而是态度质量的定义者。认知性的态度更难以改变，而基于较低的知识水平的态度则是更不稳定的。

· 各国科学素质的性别差距都在缩小；有证据表明，年轻人中的性别差距要比年长者中的性别差距小得多。然而，对科学的态度的性别差距仍在持续：女性更倾向于对宣称的科学成就持怀疑态度。

· 在欧洲各国，婴儿潮时期出生的一代人拥有最多的科学知识，这些人出生于 20 世纪 50 年代并在 20 世纪 60 年代接受教育。

· 在欧洲，出生于 20 世纪 70 年代之后的年轻一代中，只接受了初等教育的人比接受了中等教育的人在科学上表现得更好。

· 在年长的一代人中，受过高等教育或中等教育的人和只接受了初等教育的人对科学的兴趣存在差距；而在最年轻的群体中，对科学的兴趣的差距则体现在接受过初等教育或高等教育的人和那些仅仅接受了中等教育就离开了学校的人之间。

· 在不同时期，不同的年龄群体对科学的态度都各有不同。

这些普遍结果需要基于可获得的数据并结合具体语境进行更清晰、详细的说明。过去的 50 年，一个全球的数据语料库已逐渐建立起来，为了充分抓住这个语料库所带来的新机遇，我们需要开放研究议程。这个研究议程包括将调查研究还原成它真正的样子：它是科学文化在其他文化中的一种表现形式，这种表现形式是强有力且"可移动不变的"（*movable immobile*）。实现了这一点，这个研究领域将进入有史以来最富生命力的时期。公众理解科学是一个过程。不定期的调查、媒体分析或焦点组可能具有新闻或丑闻的价值，但这并不是对科学文化的历史动态的一种有效分析。现在，是再次激起我们的雄心壮志大干一场的时候了。近期，我们可以从 5 个方向来努力开展研究：

1. 整合国内外调查形成一个全球数据库以开展国际比较

这样的一个公民科学素质数据库将能把这一领域带入大数据时代。可能还需要一些国际性组织如世界银行、联合国教科文组织或经济合作与发展组织的赞助支持，以加强与已有的社会科学数据档案的合作。一个很有前景的模式即经济合作与发展组织的教育成效评估（PISA），它只针对 15 岁的青少年开展周期性的科学素质调查。这些结果形成了跨国家的庞大而详细的数据库。但是，据斯琼伯格（Sjoeberg，2012）称，PISA 在调查意图和实际的测量之间存在严重的差距，并且，在经济上偏向于将生产者 / 消费者的特权授予有文化素养的公民。OECD 科学指标小组可以将他们的关注点转向成人对科学的态度，这将促成本文所倡导的全球数据整合。但是，经济合作与发展组织的努力并不能弥补非洲和东南亚的数据匮乏，虽然南非正在推进社会态度方面的系列调查（Reddy *et al.*，2009）。

2. 对不断扩充的纵向数据库进行细致的二次分析

在现有的数据中，公众理解科学运动鼓励研究者们开展目标人群的细分研究，并对公众进行消费者类型的分析研究。里巴特（Lebart，1984）就进行了对应分析和聚类分析。英国公众被分为 6 种类型（OST，2000）：自信的信仰者、技术爱好者、支持者、关注者、"不确定"和"不适合我"。然而，这种分类似乎对教育梯度并没有什么影响。葡萄牙的研究者提出了一个更有用的细分（da Costa *et al.*，2002）。梅杰尔格德和斯塔尔斯（Mejlgaard and Stares，2012；Stares，2009）通过对使用网络、信息和知识进行参与的潜在特质进行建模做出了类型学分析。公众理解科学的研究者们还可以看到其他类型的素养，例如，有文献关注人们为退休储蓄所做出的错误决策，并在此基础上提出了金融素养（Lusardi and Mitchell，2006）；也有文献提出要追求艺术和人文素养（参见 Liu *et al.*，2005）。

3. 构建公民科学素质调查的历时动态模型，包括群体分析和准座谈小组模型，并在不同的语境下对这些模型进行检验

在未来的几年，公民科学素质调查研究将利用各种语境下获得的纵向数据。戈莎（Gauchat，2012）发现，科学的权威在美国受到了严重挑战，但是这种挑战主要集中在共和党选民中。鲍尔和霍华德（Bauer and Howard，2013）基于 1989—2005 年欧洲晴雨表的 4 批数据，聚焦几代人之间公众关注、文化适应及进步主义的变化等方面，将现代西班牙与欧洲其他国家进行比较，提出了科学文化的观点。

4. 构建多元化的"科学文化"质性指标

科学的文化权威性正在被重新思考（Gauchat，2011），建立一种科学文化指标的探索也正在进行（Godin and Gingras，2000；Bauer，2012b）。舒克拉和鲍尔（Shukla and Bauer，2012）证实了科学文化指数适用于欧盟和印度的多样性特征；宋金永（Song，2010）开发了一个指标体系对韩国各个城市进行比较，并将韩国与周边邻国进行比较。沃格特（Vogt，2012）提出了一种建立在"外行/内行"和"对话/单向交流"这两个轴线上的螺旋式的科学文化模型。所有这些关于科学文化指标的观点都在应对将客观的科学表现和主观的感知性数据结合起来所带来的挑战。探索科学文化指标将要与一些旧的语义丰富的对话做斗争，例如在印度关于"科学气质"的讨论（参见 Mahanti，2013；Raza，2013；Kumar，2011）。

对科学文化的多元分析，提出了关于所谓的迷信、传统信仰、进化论和人与动物的关系等方面的问题。这些问题不仅是知识方面的，而且还牵涉到不同信仰的（不）兼容性（参见 Allum and Stoneman，2012；Crettaz，2012）。态度必须在形象的想象语境下才能被理解，当常识受到科学研究的挑战时，这种形象的想象就涌现出来了。这种表现形式使得人们能够想象和理解他们不熟悉的东西，从而可以表明自己的态度——是趋近或是避开这类科学研究（Farr，1993；Wagner，2007）。这种观点将公民科学素质调查研究从根据知识梯度对人群进行等级排序转向了公众在不同生活世界中对科学形象的特性描述的态度（例如 Boy 1989；Bauer and Schoon，1993；Durant et al.，1992）。在 21 世纪，科学是一项全球化事业，但科学文化却不是，或许某一天它会是。研究科学的社会表征为综合的探究方法打开了大门（Bauer and Gaskell，2008；Wagner and Hayes，2005）。

5. 开发补充性的数据流（如大众媒体监测）并开展纵向的定性研究，描绘公众理解科学的整体图景

公众参与科学范式已经扩展了其数据流范围。大众媒体监测，尤其是纸质媒体和互联网的内容监测，是很划算的，并且能很容易地向前回溯，或更新到当前阶段。大众媒体上科学的凸显和架构设计提供了关注度指标并揭示了关注度的发展趋势，例如新闻的医学化（Bauer，1998）、问题周期（Schafer，2012）以及过去 150 年里关注度的波动（Bauer，2012a；Bauer et al.，2006；Bucchi and Mazzolini，2003；LaFollette，1990）。公众对科学的关注并不是一成不变的，这些波动还远远没有被理解。

动员科学家参与公共事务的研究也涉及调查指标（Bauer and Jensen，2011）。在不同时间和地域动员科学家参与公共事务可以被看作美国福音传道的"大觉醒"（Barkun，1985），它们是周期性的，不是一成不变的。为了更好地理解这种动员的范围，我们需要对 20 世纪 80 年代以来动员潮的历史缘起进行调查研究。在一种应该阐明的特定历史语境中，公民科学素质调查研究很可能是这种动员工作的一部分（参见 Gregory and Lock，2008）。

问题与思考

· 公众理解科学研究的主要范式有哪些？它们之间的主要差异是什么？

· 这些范式与有关科学传播模型的更广泛的辩论有什么关系？

· 调查显示了科学知识和科学态度之间什么样的相关性？这些发现对于政策决策有什么意义？

尾注

［1］本章的这个新版本对第 1 版中的材料进行了大量的更新和扩展（Bauer，2008）。

［2］"PUS" 也被扩展为 "PUST"（其中 T 代表技术）、"PUSTE"（其中 E 代表工程）或者 "PUSH"（其中 H 代表人文科学）。最后一个称谓 "PUSH" 表明了对科学（*Wissenschaft*，德语中的 "科学" ——译者注）的一种更加大陆化的理解。这些阶段的时间划分比较宽泛，且主要依据极具影响力的英国经验（即 1985 年英国皇家学会发布的《公众理解科学》报告——译者注）。在美国，整个 20 世纪 70 年代，美国科学促进会设置了一个公众理解科学常设委员会（参见 Kohlstedt *et al.*，1999）。

［3］我使用大写的 "C" 来表明这种基本的批判姿态。很难想象，一种批判的思维如何能成为这一争论的某一边的特权。

［4］1987—1990 年，英国进行了一项公众理解科学的研究计划。这项研究计划的摘要出版时（Irwin and Wynne，1996）排除了三个数据处理项目：英国人的态度调查（参见 Durant *et al.*，1989，1992）、对英国青少年的调查（参见 Breakwell and Robertson，2001）以及大众媒体报道分析（参见 Hansen and Dickinson，1992）。艾伦·欧文（Alan Irwin）回忆说（个人交流，2007 年 1 月），那本书选择性地发表部分内容，目的只是想要平衡《自然》杂志上发表的一篇有关 1988 年调查的文章所形成的公开影响（Durant *et al.*，1989），而不是声明要反对调查研究。

（李红林　译）

请用微信扫描二维码
获取参考文献

风险、科学与公众传播：
对科学文化的反思[1]

艾伦·欧文

导言

　　本章对科学传播与风险管理的不同思考方式进行探讨。[1]科学与公众关系的缺失模型，本章称之为科学传播的**一阶**（first-order）思维模式；科学传播的公众参与和对话模型，本章称之为**二阶**（second-order）思维模式。在某些情境中，我们观察到科学传播从强调一阶思维模式转型到更加强调二阶思维模式。然而，正如后文将谈到的，关于风险、科学与公众传播的**三阶**（third-order）思维本章则提出了科学传播中的若干基本问题，涉及一阶与二阶思维模式科学传播之间存在的潜在联系，科学传播在理论和实践上发生的变化，以及科学传播与科学治理的未来走向。

　　必须指出的是，本文并不认为科学传播的思维方式是从一阶到二阶再到三阶这种递进取代的过程。恰恰相反，在大多数国家和地方，科学传播的一阶思维模式、二阶思维模式是并存、混杂在一起的。也就是说，缺失模型和对话参与是同时存在的。尽管一些组织和个人在寻求能够快捷又简明地解决传播问题的方案，而另一部分人却已经开始反思科学传播的缺失模型和对话参与模型在现实中存在的局限性、复杂性与语境问题了。

　　在接下来的叙述中，我们要讨论的并不仅仅是公共科技传播风格的问题，更重要的是要探讨科技传播中的一些基本问题，比如社会—技术变革的形成和方向、科技传播是在怎样的制度框架下发生的、科技机构的治理和控制文化，以及当代民主体制下科技传播为公民提供的选择。

国际上，科学传播的语言和科学治理的方式已出现了一些有趣的变化，这在西欧表现得更为突出（Hagendijk *et al.*, 2005）。在英国，上议院发布了一个具有里程碑意义的报告，该报告强调在科技事务上要采取新的对话方式，以探讨"科学与社会"这一广泛的话题（House of Lords Select Committee on Science and Technology, 2000：Section 5.3）。20世纪90年代后期以来，英国上议院专家委员会发布了一系列报告，这些报告充分地揭示了当代社会中科学与社会之间存在的紧张关系，并指出在科学传播与决策制定的文化中存在的疑虑、不确定性和变化，从而要求在新科技发展的早期就应该让科学与公众进行对话（同上：13）。2002年，欧洲委员会发布了"科学与社会行动计划"（Action Plan on Science and Society），呼吁科学与社会之间要建立"新的伙伴关系"（European Commission, 2002：7），要在技术创新议题上进行"公开的对话"（European Commission, 2002：21）。荷兰在科技事务方面的公众对话和公众参与具有较长的历史，近期还就转基因食物举行了一次重要的公开辩论（Hagendijk and Irwin, 2006）。丹麦亦在此领域有着深厚的传统，它举办过一系列共识会议，大量公众聚集在一起，就如何应对若干具体领域的社会—技术变迁问题展开充分的讨论，提出政策建议（Horst and Irwin, 2010）。不仅西欧国家提倡并实践公众参与和对话机制，加拿大、美国、澳大利亚、新西兰、巴西和日本等国家，也出现了公众参与活动和公开辩论（Einsiedel *et al.*, 2011；Hindmarsh and Du Plessis, 2008；Macnaghtenand Guivant, 2011；Yamaguchi, 2010）。

从所有这些国家的公众对话和参与的实践中，可以得出这样的基本启示：科学与公众之间建立更加积极、开放和民主的关系是非常可取且非常必要的。随着时间的推移，他们对这种指向过去的、英国首席科学顾问在上议院报告中所称的"向后看思维"（back ward-looking vision）（House of Lords Select Committee on Science and Technology：25）提出了批判。这种"向后看思维"认为，"科学与社会关系出现的困难，完全是因为公众的无知"；如果"公众理解科学活动做得很充分，公众可以获得更多的知识，那么一切都将会好起来"。按社会科学家在20世纪90年代提出的缺失模型（见 Wynne, 1995；Irwinand Wynne, 1996），公众是对科技知识是无知的，掌握不够。人们认识到这种观点是陈旧过时的，必须发生根本的改变。一些学者提出，科学传播必须从缺失模型走向对话模型（参见 Irwin, 2006）。接下来，本文将把这种在概念模型和体制上的改变，描述为科学传播从一阶思维模式向二阶思维模式的转型，当然，这只是科学传播转型的一方面。

关于科学治理和科学—公众关系，到底发生了哪些变化，我们以英国 20 世纪 90 年代以来发生的变化为例，进行一个简要的历史回顾。那时的英国，正在走向疯牛病危机的边缘。在疯牛病危机中，英国的有关政府部门对科学—公众关系的处理极其不当；并且，为了避免英国再次出现疯牛病危机，人们对如何有效地进行风险传播和管理进行了深刻的反思，并提出必须从体制上转换思维模式。

疯牛病与科学传播的一阶思维模式

1990 年，英国农业、渔业和食品部及其部长发现，他们面临着一类新的风险，但仍然采取传统的方式做出了回应。消费者认为，购买和食用英国的牛肉是有风险的，人们疑虑：食用受到污染的肉类会不会导致人也患上疯牛病（bovine spongiform encephalopathy，BSE）？英国的各个政府部门及产业集团口径一致地向公众传达这样的信息：食用受到疯牛病污染的牛肉，风险可以忽略不计，消费者可以放心地购买英国牛肉。英国和国际媒体报道了一件非常有意思的新闻：在一群热切的摄影师面前，农业、渔业和食品部部长亲自给自己的女儿喂牛肉汉堡。正如肉类和畜牧业委员会的一则广告所说：

> 食用英国的牛肉是完全安全的。目前没有任何证据表明疯牛病这种动物健康问题会对人类的健康构成任何威胁……这是英国和欧洲独立科学家做出的结论，不是肉制品产业单方面的结论。该观点已经获得了卫生署（Department of Health）的认可。
>
> （*The Times*，18 May，1990）

这是一阶风险传播的典型案例。几年之后，即 1995 年，笔者概括出了一阶思维模式的若干特征（Irwin，1995：53）。第一，我们可以看到在一阶思维模式的科学传播中存在权威声明，这种声明建立在确定性的语言之上。第二，科学被摆在整个问题的核心地位。上述引文提到"独立科学家"，就是要明确地传达这样一种信念：科学是完全值得信任的。就是说，公众可以不信任肉类行业或政府的判断，但要信任科学。第三，在风险传播过程中，任何形式的公众参与都被排除在外。消费者应该受到保护，而不需要参加商议。这就是所谓的自上而下（或单向）的传播。第四，这种以科学为中心的风险管理和风险传播方式，全然未考虑到公众的多样性，以及公众可能拥有相关的知识。比如，在政府后来采取一系列措施控制疯牛病的过程中，从来没有正式地向执行防控措施的屠宰场工人征求过意见（而屠宰场工人或许会指出，屠宰场的操作条件与科学实验室的操作条件是大为不同的）。

事后看来，上述的风险传播方式显然是不会成功的，不过那时人们都缺乏这样的认识。后来，牛肉销售遭受了重大的损失，政府的信誉受到了重创。科学家们在风险的程度和规模上出现的分歧使得官方此前做出的确定性声明大打折扣。当一种与疯牛病有关的变异克罗伊茨费尔特－雅各布病（CJD）在人类身上发病后，人们指责官方此前表达出的充足的信心，是不适当的和不负责任的。这些都反映在 10 年后即 2000 年发布的一份调查疯牛病及变异 CJD 事件的报告中：

> 政府在关于疯牛病问题上并没有对公众撒谎。政府认为，疯牛病对人类造成的风险是遥远的。正是因为政府认为疯牛病对人类造成的风险是很遥远的，所以当时政府工作的当务之急是制止危言耸听者对疯牛病的过度反应。事后看来，政府这种安抚社会和公众的行为是一个严重的错误。1996 年 3 月 20 日，当政府宣布疯牛病很可能已经传染给了人类时，公众就觉得他们被政府欺骗了。政府之前关于风险的声明充满信心，结果导致人类感染疯牛病的伤亡不断加剧。
>
> （Phillips *et al.*，2000：Volume 1，section 1）

在菲利普斯（phillips）的报告中，反复出现"无根据的保证"（unwarranted reassurance，同上：1150）和"保密文化"（1258）等词语（这个报告差点就要捅破这层意思了：政府的传播策略背后的目的就是为了"稳住"公众）。从这个报告中还可以看出，政府公务员及其他人士进行宣传的需求就是要消除危言耸听者可能会给公众和媒体"制造"的风险和恐慌。该报告中有一个重要章节指出，政府之所以采取这样的风险传播策略，就是担心消费者的忧虑可能会给公众带来非理性的恐慌（1294）。报告中引述了英国首席科学顾问的观点，与政府部门的宣传不同，他认为，必须抵制这种"把事实掩盖起来，只向市场和公众传播一些简单的信息"的做法，应该把关于疯牛病科学研究的完整且错综复杂的过程及其存在的种种问题，毫无保留地告知公众（1297）。这样才能形成一种"信任文化"，而不是"保密文化"。更广泛地说，这份官方报告从疯牛病危机中得出了若干启示，而这些启示对很多国家改进其科学治理的语言产生了重要的影响（关于欧洲 8 个国家的讨论，参见 Hagendijk *et al.*，2005；关于如何处理在全球范围和发展背景下出现的相关问题，见 Leach *et al.*，2005）。这些启示是：

- 唯有信息公开，才能产生信任；
- 信息公开的内容必须承认不确定性，以及不确定性在哪里；
- 应该相信公众对信息公开会做出理性的反应；
- 对风险的科学调查应该做到公开和透明；
- 咨询委员会提出的政策建议和推理思路，应该对公众公开。

科学传播从一阶思维模式转向二阶思维模式了吗？

英国疯牛病的事例，其实也是关于风险管理和科学传播这个大规模社会运动的事例。1990 年，英国农业、渔业和食品部采取的公共立场，是风险传播一阶思维模式的经典例子。2000 年，官方的调查报告指出，要从疯牛病这个案例中吸取经验教训，对公众的传播要提高透明度和公开性，尤其要承认不确定性，要尊重公众自己的推理，不要认为公众都是在危言耸听。尽管报告本身没有明说，但事实上，农业、渔业和食品部被废除，新的政府机构即环境、食品和农村事务部取而代之。这就表明，政府产生了更大的意愿，与更广泛的公众建立双向互动关系。换言之，政府更重视与公众进行对话和协商了，而不是强调公众在科学方面的缺失。如上所述，20 世纪 90 年代后期以来英国发布的一系列报告（Royal Commission on Environmental Pollution，1998；Department of Trade and Industry，2000；Royal Society / Royal Academy of Engineering，2004；另参见 Irwin，2006）提出，对公众的传播和宣传，要提高透明度，要承认不确定性，要鼓励公众参与。

本章中一个中心论点是，科学传播在一阶思维模式和二阶思维模式之间的运动，引发出若干基本问题，这些问题已经超越了传播风格变化的问题。正是出于这个原因，笔者采用"阶"的概念来阐述这些议题，而不简单地采用"缺失"和"对话"这些概念来阐述。笔者认为，每种传播策略背后，都有深层次的知识基础和政治基础。当然，那些采用一阶思维模式或二阶思维模式的实际传播者可能并没有意识到这一点。

从学理上看，一阶思维模式在很大程度上是建立在贝克（Beck，1992）、鲍曼（Bauman，1991）和吉登斯（Giddens，1991）等社会理论家提出的现代性文化基础之上的。在这种现代性文化中，科学是真理的体现，政府的任务就是把理性付诸人类事务。正如鲍曼和贝克所论证的那样，这种文化对以科学为引领的进步充满信心，它可以容纳不确定性和矛盾。事实上，鲍曼提出，现代政治和现代生活的实质就是追求秩序，以及"消解矛盾"（Bauman，1991：7）。另外，一阶思维模式的观点与政府的观点较为吻合，那就是把理性原则应用到解决政治问题和社会问题中去。同时，传统的实证主义理论认为，科学可以对"权力讲真理"（Jasanoff，1990：17；另见Jasanoff，2005）。该理论有力地支撑了这样的观点：公众对涉及风险性议题的决策，从认识论的必要性来讲，作用是很有限的。另外，这些问题的经济意义也是不能忽视的，这在20世纪90年代的疯牛病危机期间表现得很明显，政府和产业界特别担心疯牛病对英国农业造成重大的损失。从经济的角度考虑技术创新与发展，与从一阶思维模式考虑以科学为引领的进步，这两者是相辅相成、协调一致的，至少直至最近都是如此（Ezrali，1990）。

那么，风险传播和风险管理的二阶思路又是怎样的呢？需要指出的是，二阶思路至今没有一个连贯的理论基础，但是，可以从很多知识传统、体制经验的多样性和渐进性的发展中汲取理论资源。在公众参与的实践与知识争论之间存在一些交汇点和重叠点，二阶思维模式其实具有极大的异质性以及某种程度上的试验性。在这个意义上，我们说，二阶思维模式不仅与传统的风险治理和科学治理形式截然不同，而且也对它们做出了重要的延续。那么，二阶思维模式到底是一种激进的变革，抑或是新瓶装旧酒，这在社会科学家尤其是科学技术学研究者那里，还存在着激烈的争论（Irwin *et al.*，2013；Wynne，2006）。

为寻求二阶思维模式多源化的一致性，首先需要指出，提高透明度和公众的参与度的举措与更大范围内的讨论之间的内在联系，这些讨论涉及民主协商的优越性和重振政治体制的必要性，尤其是与哈贝马斯（Habermas，1978）、罗尔斯（Rawls，1972）和德雷泽克（Dryzek，2000）等理论学家相关的讨论（Hagendijk andIrwin，2006）。其次，贝克与他的同代人皆着重强调了传统政治制度在处理风险问题时面临的巨大挑战。当今制度尽管掌握有一定的控制权，但公众对转基因食品、核能发电以及道路建设项目所采取的各种抗议活动表明，事实并非如此（Beck，1992）。在这种情况下，我们对民主责任性和参与性的新型需求就成为当前政治生活的一个核心标志。最后，自1990年以来的一系列社会科学研究促进了政府对提高公众信任度、加大透明度以及实现双向沟通的重视，揭示了政府在争议性的风险领域面临的一个更为关键的制度挑战（Irwin and Wynne，1996）。公众并不像传统观点所认为的那样是无理性的、无知识的，相反，各种实证研究表明，特定公众在日常生活中遇到一些与科学相关的问题时，会展现出相当的机智和敏锐性（Bloor，2000；Brown，1987；Epstein，1996；Kerr *et al.*，1998）。这项研究的一种实际意义在于，将重心放在了审查科学机构的既有假设和实践运行上，而不再是单纯地认为广大社会群体是阻碍科学与技术前进的绊脚石。这种具有反思性质的考察是一阶方法所不具备的。从这个角度来看，若公共政策是在社会与技术都不确定的情况下出台和被证实的，那么二阶思维模式就显得尤为必要了（参见 Stilgoe *et al.*，2006）。

恰如之前所说，也如墨菲（Mouffe，1993，2000）所暗示的那样，一阶和二阶思维模式之间的智性差异可能被夸大了。原则上，政府对科学与科学引领进步的承诺，和对提高透明度与促进对话的承诺，不一定相互矛盾。毕竟，不少科技领域还是没什么争议的，而且也确实获得了公众的支持。进一步来讲，在实践中，促进对话和参与、提高透明度更接近于一种改善公共关系的政治手段。然而，本章同样认为，两者并非完全相称（即一阶思路和二阶思路能够在没有紧张关系或相互挑战的情况下随意互溶）。此外，尽管我们对信任、开放和参与的重视已经胜过了陈旧过时的实践形式，但本章的剩余部分会提到现今一种更加复杂（令人困惑）的情境：一阶方法和二阶方法通常以一种不稳定的共存形式并列实行着。

科学传播并非简单地由一种风格转变为另一种风格（即一阶方法直截了当地转变为二阶方法），风险、科学和公共传播之间的关系引出了更加深刻的科学以及政治文化问题。在此意义之上，二阶观点为解决一阶方法中存在的各种挑战做出了十分重要的尝试，尽管这一尝试并不充分。然而这些问题，在新型的风险传播和公众参与一如既往的热情中，被普遍忽视了。这将是一个更大的话题，也是三阶思维模式的核心，我们会在完成下一节的论述后回来继续讨论。

将科学传播的二阶思维模式付诸实践

在体制化进程中，二阶思维模式付诸实践的实际效果该如何评价呢？这里提供一个实际发生过的例子：Sciencewise 网站[2]举办过大量的专题讨论，从生物科学到气候变化，从健康护理到信息管理，包罗万象，并汇集了各方的意见。此外，人们对这些公众参与的活动从社会科学的角度进行了案例研究，通常这些研究得出的结论是悲观的：公众参与的对话活动对改善科学和风险治理状况的作用是有限的（Feltand Fochler，2010；Irwin，2001；Kerr *et al.*，2007；Rothstein，2007）。

自世纪之交以来，受关注的例子之一是英国的"转基因国家？"全民大辩论，该辩论旨在探讨英国是否应该从事转基因作物的商业化生产（类似于前文提到的荷兰的辩论，参见 Hagendijk and Irwin, 2006）。该辩论开始于 2003 年夏季，目的是要打造一个"创新性的、有成效的和协商民主的"公共平台，并且以公众为讨论主体。该辩论目标较为宽泛，包括收集民众尤其是基层群众关于转基因的意见，以此帮助政府做出转基因相关决策。[3] 在实际操作中，该项目由几个层面构成：首先是全国性和地方性的讨论会；其次是焦点组会议；最后是一家辩论网站。据统计，全国性和地方性的讨论会超过了 600 次，有 20000 多民众参与其中；参与焦点组会议的成员是事先选择出来的，具有社会阶层和人口特征的代表性。人们就这次转基因全民大辩论撰写了一份报告，得出的概括性结论是：人们普遍对转基因感到不适；参与转基因话题的人越多，他们既有的思想观念就越顽固，担忧也就越强烈；转基因的商业化在早期几乎无人支持；人们普遍不信任政府和跨国公司。总而言之，公众对转基因商业化的态度可以概括为："即便不是全然反对，至少认为其现在还不够成熟"（GM Nation？, 2003；也可参见 Horlick-Jones *et al.*, 2007）。

英国就转基因是否商业化展开的讨论，是应用二阶思维模式参与政策制定的一个先进的案例。然而，有证据表明，这种二阶思维模式的应用方式并没有取代旧有的思维模式，而是与一阶思维模式形成了一种**不稳定共存**（uneasy coexistence）状态。正如笔者下面将阐述的那样，这与辩论本身的设计没有太大关系（尽管设计本身是非常重要的），而是与辩论中存在的更广泛的政治框架和制度框架有关（Irwin, 2006）。现在，有一个明显的趋势，那就是：政府机构将公众参与讨论看作大型决策过程中的一个独立阶段，单独收集意见，并在恰当的时机与其他形式的证据一起输入到决策中去，此后方可进入决策的一般程序。这种将二阶讨论视为大型决策过程中的一个独立阶段的做法，对公众参与科学和风险的二阶模式形成了很大的制约，同时也限制了二阶思维模式的运用，因而总体上还是在一阶思维模式所建立的框架之内。

从这些辩论中可以明显地看出，公众所关注和讨论的议题通常比政府和产业界人士更为广泛。虽然对政府公务员来说，关于转基因等议题的讨论，只是一个技术问题，但是对很多公众来说，那些讨论的内容远远超出了技术本身，而是涉及跨国公司的权力、全球化、创新英国农业的未来命运，以及创新给北美工业和英国消费者带来的利弊比较等问题。尽管政策制定者倾向于将讨论的问题限定在（对人类和环境的）风险上，但这只是公众评估的一方面而已。公众评估是一个宽泛的谱系。

政策制定者的这种做法，背后其实是一阶思维模式（Wynne，2002）。同样地，如果风险确实成为公共辩论中的一个主题，那么通常需要将其与需求问题同等对待，而不是将其作为关于相对危害的理性计算（参见 Jones，2004）。

还必须指出的是，任何试图通过公众参与来达成社会共识的尝试都是徒劳的。公众参与这种实践导致的一个结果是双方进一步的争论和互相指责。在这种情况下，有人认为，这类公众参与的实践活动是被激进主义者所控制的，公众参与的广度和深度都十分有限（House of Commons，Environment，Food and Rural Affairs Committee，2003）。这种情况在荷兰的共识会议实践中表现得更为突出，一些激进的活跃分子在辩论中表示抗议，公然退出现场（Hagendijk and Irwin，2006）。这种富有争议的结果表明，在一方（尤其是政府机构）看来是公众参与的二阶思维模式，在另一方看来那不过是老套的一阶思维模式的翻版而已。所谓公众参与，就像美女评选，因各人的眼光而有不同的评价。当然，这并不一定是坏事。社会中存在意见分歧和观点争论，可以激发人们参与辩论的能量、兴奋感和热情。从这个意义上讲，这也可以看作一笔宝贵的社会资源。

从对风险、科学和公共传播更具反思性的三阶思维来看，"转基因国家？"是否有一个明确的含义？争论的焦点在于，一阶思维模式与二阶思维模式之间的关系是错综复杂的，有很多方面尚待深入研究。至少从这个案例看，我们必须摒弃这样的简单观点：公众传播发生了从一阶思维模式到二级思维模式的范式转换。相反，即使是在强烈批判缺失模型的英国，即使是在转基因政策这样的领域，公众传播向二阶思维模式的转型也只是在某一时期局部发生，而且是非彻底的（参见 Horlick-Jones et al.，2007）。

上述结论对丹麦具有标志性意义的共识会议也是适用的。在本章开始，我们简要地提到过丹麦的共识会议。虽然国际社会对丹麦的共识会议做出了高度评价，认为它是公众传播二阶思维模式的成功典型，但是在丹麦国内，人们从学术上和政治上对共识会议的影响和效果进行了大量辩论。2011 年，政府决定不再继续资助共识会议了，但共识会议仍在继续，有关辩论也仍在继续（Blok，2007；Horst，2003；Horst and Irwin，2010；Jensen，2005）。这再次提醒我们，科学传播和科学治理在言语和行为上的这些变化，并不是一个必然的、一劳永逸的历史序列进程，而是讨论、分歧和再评估的焦点。

自从英国"转基因国家？"公众参与实践以来，公众对话和咨询这种参与模式在其他领域也推广开来，尤其是在新兴的、争议性的科技领域，比如纳米技术、干细胞研究和合成生物学。公众参与的形式是多种多样的，但最典型的是，把普通公众聚在一起讨论特定议题的社会意义和技术意义。人们为参与讨论的公众提供了一些背景材料和知识，有时还有来自多领域的专家提供咨询。然而，与其说这些公众参与活动给关于风险、科学和公众关系的讨论提供了最终答案，倒不如说它们给这个主题的讨论开辟了更多的议题。本章下一节就讨论这些议题。

反思性的三阶思维模式

我们这里所说的三阶思维模式，并不是指科学治理或科学传播的一种新模式，也不是为了解决一阶思维模式和二阶思维模式下的科学传播所产生的问题。三阶思维模式代表着一种转变，不再关注"什么传播模式是最好的"，而是转向对技术变革、制度优先性和更广泛的社会福利及正义等概念之间的关系进行更具批判性的反思和实践。需要强调的是，不能简单地将某种科学传播活动或项目简单地归类为一阶传播或二阶传播。正如我们前面指出的那样，某种科学传播活动，在一些人看来是对话参与式的二阶科学传播，而在另一些人看来不过是在缺失模型下的一阶科学传播。三阶思维模式也不是用来开发科学传播的工具包（当然工具是很有用的），它是对科学传播实践背后的支撑理念和思想方式进行审慎的思考，考察它的实际意义和理论意义。三阶思维模式认为，一种传播方式并不一定比另一种方式更具优越性。科学传播采取哪种方式更合适，必须具体情况具体分析，根据特定的域境做出判断；同时必须认识到，无论哪种传播方式，都是有利有弊的。简而言之，三阶思维模式是让我们思考关于科学技术的社会决策中哪些地方会出现危险，并让我们确立这样的观点：关于经验、实践和理解的各种不同形式，都是实现变革的重要资源，而不能把它们看作障碍或负担（Stilgoe *et al.*, 2006）。

到目前为止，关于三阶思维模式的讨论，可以得出若干具体的结论。

第一，一些国家对二阶思维模式的公众传播表现出巨大热忱，但是这种模式的传播对于政策执行的价值，人们没有予以系统性的关注，也没有考虑到这种模式的传播将产生哪些挑战。相反，人们似乎把提高决策透明度和公众参与度等手段当作了目的，把它们作为传统程序的一个补充。这在英国"转基因国家？"大辩论案例中表现得很明显。另外，人们默认，决策开放和公众参与将恢复公众对体制的信任，而不会造成对社会变迁和技术变迁的对抗，但这种预设至今未经考察。

第二，我们看到了人们对采用二阶思维模式进行决策的大量批评，但是人们对这种决策方式的全面意义未进行考察。二阶思维模式似乎必然导致这样的结果：公众参与将使人们对参与的需求更强烈，决策透明将使人们对不透明提出更多的指责（Horst，2003）。更直接地说，这意味着政府机构不应该做出它们难以实现的承诺，而是应该把开放决策和公众参与的局限性以及建设性、可能性，明白地告诉公众。这一点在当代社会变得更加突出：当代社会既要求提高透明度、增加对话，也对政府的责任心和领导力提出了更高的要求。对开放决策和民主的承诺并不意味着要放弃政府体制的责任，也不意味着应该把关于科技与社会问题的决策全部交给全民公决。相反，政府的领导形式必须进行变革，应该更加开放和透明，应该有能力为其采取的行动进行辩护，同时向公众完整交代在哪里会出现不确定性，还有哪些替代策略和思路。

第三，本章的建议是，关于风险和科学的传播问题，必须与科学治理和科学文化联系起来。我们注意到，人们对"透明度""双向传播""信任"和"不确定性"这些词汇的理解和运用，具有工具性色彩，很不到位。在这种情况下，人们的焦虑非但没有得到安抚，反而激发了更多的焦虑。另外，这种类型的声明可能预示着，政策过程会出现短暂的偏离（或转向）。这意味着，走出缺失理论，是一种进步，但是最终还是按照同缺失理论同样的原则和预设来运行的。这最多表明政府愿意倾听民意，但不是与公众进行对话。这样一种关于风险、科学和传播的工具性策略或转移注意力的策略，忽视了关于科学与社会变迁的方向、质量和需求等方面的问题，而公众参与实践会引发出这些问题。

关于科学文化的特性和社会—技术变迁的可能性的三阶思维，并不是一剂灵丹妙药，可以解决公众对技术变迁的担忧；也不是什么新的政策制定模式。相反，三阶思维模式是说，对于科学与公众的关系问题需要放在一个更为广阔的语境下进行思考，而且对科学治理和科学传播的种种方式方法（不管是一阶思维的还是二阶思维的，或者是它们的组合）必须进行批判性评估。正如我们从英国的疯牛病案例中看到的，政府对科学传播和风险议题的讨论引起了一些体制上的变革，但是对这些体制变革（且需要进一步变革）的意义进行的批判性思考却姗姗来迟。对它们进行批判性思考，不能仅仅关注科学与公众的静态关系，而且需要关注一些深层次的问题，比如科学治理、政治经济学与创新战略之间的复杂关系，以及在全球化背景下国家政策的运行情况。在认识到人们对于从一阶思维向二阶思维转变的偏爱后，我们也提出了一些问题，而这些问题将会带领我们进入民主社会中科学和社会进步的核心。关于三种思维模式下科学和风险传播的特点，见表12-1。

表 12-1 一阶思维、二阶思维、三阶思维模式下科学和风险传播的特点

	一阶思维	二阶思维	三阶思维
主要焦点	公众无知、技术教育	对话、参与、透明度、建立信任	社会—技术变革的方向、质量和需要
关键问题	传播科学、设计辩论、获取事实	重建公众信心、达成共识、鼓励辩论、解决不确定性	在更广泛的文化背景下思考科学技术，增强反思性和批判性分析
传播类型	单向、自上而下	双向、自下而上	多元的利益相关者、多样性的框架
科学治理的模型	以科学为引领，"科学"和"政治"要划清界线	透明，响应民意，负责任	对争议问题的界定要保持开放，不能搞一言堂，解决社会关切的问题和优先议题
社会—技术挑战	保持理性，鼓励科学进步和专家独立	建立广泛的社会共识	将异质性、条件性和意见分歧视为社会资源
总体观点	侧重于科学	侧重于传播和参与	侧重于社会—技术 / 政治文化

欧洲科学基金会（European Science Foundation，ESF）《关注在动荡时期我们的未来走向》报告，是对科学与社会关系问题进行批判性思考的一个具体例子（Felt *et al.*，2013）。该报告除了关注一些实际问题，还强调：要重视当代社会（特别是当代欧洲）的多样性所具有的价值，要为科学与社会的互动开辟新的空间，并为那些持续研究社会—技术问题的研究人员提供职业发展计划。正如报告所说（同上：8）：

> 科学传播不应只是为了说服公众特别是年轻人不加怀疑地拥抱科学技术，而是应该支持他们在当代知识社会中成为对科学与社会相关问题具有反思能力的公民。

最后，再讲述一个现实中的例子。比如纳米技术，一方面它具有给社会带来巨大效益的能力（例如用纳米机器人治疗癌症）；另一方面，它也会给社会带来威胁（比如科幻小说中设想的世界末日场景，失控的自我机器人消耗了地球上的所有物质，同时大量自我繁殖，从而危及人类生命）。为此，政府和社会应该一方面大力宣传纳米技术具有的巨大潜力，另一方面提高公众对纳米技术及其"双刃剑"效应的理解（社会调查显示，只有极少数人知道"纳米技术"这个词汇）。按照二阶思维模式，关于纳米技术研发和应用的决策，需要公众的民主参与和审查（Kearnes *et al.*，

2006；Royal Society / Royal Academy of Engineering，2004）。

从三阶思维的观点看，对公众进行科普教育或鼓励公众参与民主讨论，其好处是无须争论的。但是，人们普遍忽视了以下问题：对世界经济中区域自治和国家自治的可能性的深入审查，纳米技术同多元性的社会价值观及偏好之间的关系，跨国公司所采取的战略，以及科学治理的方式如何帮助或阻碍民主原则的表达。换句话说，虽然人们倾向于认为纳米技术是一个具有社会意义的技术议题，但必须认识到，纳米技术也是一个涉及科技知识和专业知识的社会议题。这就是"预期性治理"模型的精髓所在。该模型是由亚利桑那州立大学纳米技术与社会研究中心的研究人员提出来的。"预期性治理指的是，对某种新兴技术当前和未来可能产生的社会结果进行假想，进行反思，从而提高公众的学习能力和互动能力，并将这些能力转化为实际行动。"（Barben *et al.*，2008：993）与此相关，阿里·里普（Arie Rip）注意到，社会科学家越来越多地参与纳米技术研究项目，使之具有反思性，从而有可能走向纳米科学技术与社会的"共同演进"（2006：362；另见 Wood *et al.*，2007）。

在这种情况下，关于风险的公共传播和关于科技的公共传播具有了新的意义，也面临着新的重大挑战。更为重要的是，公众传播将出现新的形式，这种新的形式不是用"缺失和对话"这种非反思性的词汇可以描述的；这种新的形式将构建公众、科学、体制、政治和伦理之间的内在联系，那种联系是异质性的、条件性的、充满分歧的。

结语

前文笔者就风险、科学与公众传播这个新兴研究领域的状况进行了考察。某些议题的讨论已经相当成熟了。比如，公众参与的倡议和实践，在很多国家都发展起来了。当然，关于公众参与的目的和效果仍然存在着分歧，一些实践还处于探索之中。这些与笔者所说的三阶思维模式有关；三阶思维模式是一个有待进一步研究的领域，目前在实践上还处于边缘地带，尚未成为主流。现在我们很难从实践中举出实例来说明三阶思维模式，但是我们从围绕纳米技术（以及其他主题）的讨论中可以看出一些苗头。笔者想说的是，三阶思维模式还处于流动性的而非静稳的状态，这条路尚未走出来。在笔者看来，这正是我们未来的希望所在。

新的研究方向对保持流动性和活力是至关重要的。这里提出一些重要的但又被忽视了的议题，比如私人机构如何以及为什么从事科学传播，市场机制（如消费者的个人选择和消费偏好）如何影响到科学传播，科学职业生涯的发展与科学传播的关系。其他问题还有：科学传播与环境生态可持续性的关系如何，在一个充满变革的世界里如何进行科学传播和风险传播。另外，读者们可能已经注意到，本章主要讨论是西方世界的风险、科学与公众传播问题，存在着西方偏见，这个问题必须引起我们高度的重视。在学理上，我们需要扩展科学传播的学科基础，我们需要吸收组织行为学、经济学和文化人类学等领域的成果。再者，我们关注的是公众参与转基因、纳米技术、合成生物学等新兴热点科技的问题，而对公众参与新型安全技术、医药和交通系统等社会—技术变革问题的关注很不够，这些问题是大量的，且与民生的关系更紧密。

总的来说，新的学术研究问题、新的政策研究问题是不会穷尽的，而是会层出不穷。我们现在站在这个起点上，前途是光明的，道路是曲折的。如果我们对未来社会和技术变迁失去了想象力，如果社会实践出现了僵化，那我们将无路可走。让我们从名言中汲取灵感："世上本没有路，走的人多了，就成了路。"[4]路漫漫其修远兮，吾将上下而求索。

问题与思考

· 关于科学与公众传播的一阶思维模式（即缺失模型），人们对它的主要批评是什么？

· 为什么人们对科学技术议题的公众参与实践存在种种分歧？

· 三级思维模式的主要特点是什么？三阶思维模式如何付诸实践？

尾注

[1] 在第2版中，本章做了很大的改动。虽然本章的总体结构基本保持不变，但笔者与时俱进地吸收了学术界的最新成果，提出了一些重要观点（如一阶思维模式与二阶思维模式的关系），扩充了三阶思维模式，重新撰写了结语。

[2] 参见网址：www.sciencewise-erc.org.uk/cms/。

[3] 参见网址：www.gmnation.org.uk/。

[4] 'No hay camino, se hace camino al andar', quoted in Macfarlane 2012：236.

请用微信扫描二维码
获取参考文献

（刘　立　刘德昊　译）

科技政策的公众参与：
以美国气候变化论辩为例

马修·尼斯贝特

导言

　　大约 40 年前，社会学家多萝西·内尔金开启了一系列个案研究，来分析科技争论的本质（Nelkin，1974，1984，1992）。此后几十年间，这种原创研究激发了多种研究的出现，进而形成了对理解当代科学政策争论的广泛洞察，并为决策者与公众有效参与这种论辩提供了指导。

　　根据内尔金的研究，20 世纪 70 年代围绕核能、环境污染和基因工程等问题出现的争论，根本上都与政治控制有关：谁来决定这些技术的未来或者是解决问题的方案？何种价值、理解以及世界观是重要的？科学与技术是为公众利益服务还是代表特殊集团的利益？20 世纪 80 年代关于胚胎组织研究、动物实验及在学校教授进化论课程等争论都是以道德准则为焦点。对于这些论辩中的斗士们而言，没有任何妥协可言。值得注意的是，每个个案研究都反映了现代社会日益加剧的紧张关系以及关于未来的竞争性观点，其中最显著的是"在'政府扮演何种角色是恰当的'这一问题上的分歧，以及个体自主性与集体目标之间的斗争"（Nelkin，1979：xi）。

　　传统的科技传播途径强调对专业知识的翻译与宣传。但在这些论辩中，这些途径并不能减少冲突或增加共识。实际上，这样的努力更可能适得其反，而非取得成功。究其原因，正如范托维奇和拉维茨（Funtowicz and Ravetz，1992）所阐释的那样，这些议题中的不确定性和复杂性都很高，决策被认为具有道德紧迫性。因此，要在多数的利益相关者中达成共识，需要就对立的利益和价值进行谈判。换言之，尽管科技政策争论的本质是为了争夺科学权威话语权，但这种诉求往往只是隐藏了潜在的价值观分歧。因此，在这些案例中，专家团体将其策略着眼于传播支持其观点的科学证据以稳固其地位，而这些证据往往是假设性的，并且隐含着各自的价值观（Sarawitz，2004）。

数十年来，科学家们为无力解决科学技术的政治冲突而懊恼。当一个社会团体无视他们的建议或质疑他们的专业知识时，很多科学家就会谴责公众无知、缺乏理性或是迷信。温（Wynne，1992）在一系列研究中挑战了这些由专家团体提出的主流设想。1986年切尔诺贝利核灾难发生之后，政府科学家警告英国的牧民，核爆炸产生的放射性尘埃将波及整个欧洲大陆，英国当地的土壤都会被污染，牲畜也会受到伤害。但是，牧民们却质疑政府科学家所说的话。温指出，牧民们对于科学建议的怀疑并非出于无知或者非理性，很大程度上是源于不信任感和疏离感，而这些感受则是由当地的历史、科学家的沟通失误以及农民们感受到的对自己生活方式的威胁等因素所造成的。

其他学者研讨了在科技政策论辩中以及关于这些论辩的新闻报道中的语言、隐喻、图像、文化典故等的使用策略。他们研究了那些政策倡导者和科技记者是如何有选择地构建了核能、生物技术与社会和政治的关联。如果说，这些技术的创新性突破注定会推动社会进步和经济增长，那么，这种进步和增长是一个失控的弗兰肯斯坦式的怪物，还是一辆已经驶离车站无法停止的列车？各类问题的解决方案应该由控股企业还是民选官员来负责？应该遵从专家意见还是多数人的观点？这些相互竞争的解释与社会表征随着时间、政策领域、媒体渠道及国家的不同而不断变化，学者们追踪它们的轨迹，并注意到了它们对于公众舆论和政策制定的影响。他们得出结论，可能存在一套具有社会共识的框架来定义公共论辩的轨迹，而在科技政策的各种论辩中可以清楚地发现这些共同参照框架（Bauer and Gaskell，2002；Gamson and Modigliani，1989；Nisbet，2009；Nisbet and Lewenstein，2002）。

结合关于媒体和框架的研究，社会学家在21世纪初开始更为密切地审视塑造个人态度、信仰和偏好的认知与社会因素。科学知识仅仅是影响公众态度的数个因素之一，与公众政策倾向的关联也很微弱（Allum et al.，2008）。研究表明，知识会通过个人的社会和政治身份进行过滤。当被信任的政治领袖对政策持有异议，并有策略地向公众传达这种异议时，公众中支持这些领导者的高知成员的意见分歧往往最大。在干细胞研究（Nisbet，2005）、纳米技术（Brossard *et al.*，2009）、基因检测（Allum *et al.*，2014）、气候变化（Kahan *et al.*，2012）以及其他议题的论辩研究中，都可以看到不同社会群体中知识最渊博的成员之间的意见分化。

近年来，关于气候变化的争论在美国愈演愈烈。与此同时，关于食品生物技术的争论在欧洲也甚嚣尘上。在这两个事例中，政治领袖和倡导者以一种与不同社会团体和公众群体的世界观产生共鸣的方式构建出了问题的关键。不同的意图和阐释通过线上新闻、评论和社交媒体得以传播，从而加剧了业已产生的分歧。另外，美国和欧洲为改变现状所做出的努力——通过气候法案抑或叫停转基因作物的禁令——都受到了那些可以从政治体制的结构性优势中获益的反对派们的阻挠。

在这些争论中，受挫的倡导者们（包含许多科学家在内）呼吁对反对者们进行更强势的对抗，他们确信这种策略是达到预期政策效果的唯一途径。然而，尽管这些努力可能是社会变革的必要特征，但对于专家团体及其同盟而言，如果要达成某种表面上的共识或协议，还需要其他的策略。解决科技政策争论需要了解产生分化的根源以及可以用来恢复合作的策略，削弱根深蒂固的群体差异感并建立更为广泛的共识基础。

具体到关于气候变化的论辩，正如我所评述的那样，研究认为，首要策略在于超越分歧和对立，选取一位具有社会公信力的领袖，通过与公众在身份和文化背景上的共鸣来消除对抗。另一个策略是从专家及其研究机构入手，作为居中调停者，他们必须积极主动地拓展决策者和公众所认定的技术和政策选择的范围。最后一个策略涉及对社会公民能力的实质性投资，让他们通过本地媒体与公共论坛讨论、辩论，了解并参与政策决策。

为什么美国人在气候变化问题上存在分歧？

与传统的雾霾、酸雨等环境威胁不同，气候变化是一个颇为棘手的问题。这一问题是社会、生态和技术系统的多重产物，难以定义，没有明确的解决方法，看起来难以应付且饱受长期性的政策失败和巨大争议的困扰。这种棘手的问题需要持续的风险抑制、冲突管理和政治谈判，而且永无止尽，几乎无法解决。如同贫困与战争一样，气候变化问题很难解决、消除或是终结，但无论如何，社会都将努力对其加以理解、解释和管理（Hulme，2009；Rittle and Webber，1973）。

《牛津气候变化与社会手册》（*Oxford Handbook on Climate Change and Society*）

（Dryzek *et al.*，2011）反映了专家们在气候变化的本质这一社会问题上达成共识时所面临的困难和采取的行动。这本手册长达 47 章，共 600 页，国际顶级学者应编辑之邀"梳理了气候变化对社会产生影响的诸多方式，以及社会可能做出的应对"（同上：4）。然而，他们却仍然难以得出这一问题的答案。该章撰稿人表示：

> 当谈及什么是重要的，什么是错，什么是对，如何成为这样，何人应为此负责，尤其是应该做什么之时，就会出现重大分歧……调整、阅读和编辑这些文稿让我们清醒地认识到人类知识的局限。当涉及复杂的社会生态系统时，我们意识到人类智识行动的限制。
>
> （同上）

气候变化这样的棘手问题为倡导者和政策企业家找到与他们的理想前景相适应的解决方法提供了机遇。正如科学政策学家小罗杰·皮尔克（Roger Pielke Jr.）恰如其分的总结："气候变化就如同政策上的一点墨迹，映射出人们对这一问题的期望与价值观念，反映了人们对未来美好世界的期许。"

1989 年，环境学家比尔·麦吉本（Bill McKibben）出版了《自然之终结》（*The End of Nature*），被视为第一本关于气候变化的畅销书。该书及其后续的许多著作警示着，人类已经成为"改变这个星球最强大的力量"[（198）92006：xix]，潜在的灾难性后果标志着我们对自然的传统理解走向终结。不同于其他环境问题，气候变化用传统的途径无法解决，我们最美好的愿望只是避免最具破坏性的影响，麦吉本如是说。然而，他对利用基因工程或核能这类技术手段来解决这一问题存有很深的疑虑（Nisbet，2013）。

他认为，唯一可能的生存之道是从根本上反思和改变我们的世界观、志向和生活目标，并且构建一种全新的意识以重组社会，结束我们对化石能源、经济增长和消费主义的依赖。在对田园式生活的憧憬中，人们摒弃了消费主义和物质野心，将很少旅行，取而代之的是通过互联网来体验世界，大量种植食物自给自足，用太阳能和风能为社区提供能源，并将财富转移到发展中国家。麦吉本认为，只有经过这些转变，我们才能够为那些发展中国家做出表率，从而使其改弦更张，希望他们可以接受这种"大交易"（Grand Bargain），从而走向清洁能源之路（Nisbet，2013）。

其他气候倡导者提出了另外一种观点来看待气候变化问题。作家埃默里·洛文斯（Amory Lovins）和美国前副总统阿尔·戈尔（Al Gore）都认同经济增长上限应该受到重视，但他们也认为，如果采取正确的政策和改革措施，那么这种上限是可以延展的，从而实现合乎环境要求的可持续发展。这些倡导者所支持的主要政策行动是，通过征收碳排放税和限额交易等价格机制来提高碳基能源的成本，从而使太阳能、风能及其他新能源技术更具竞争力，并提高工业企业的能源利用率。在这一点上，商业领袖和工业界被视为有价值的合作伙伴，对气候变化问题采取的行动也具有潜在的价值（Nisbet，2013）。

应对气候变化，社会和经济发展必须转型。而化石燃料行业及其保守派的政治盟友显然持反对意见，他们经常全盘否定那些与戈尔等倡导者在一条战线上的气候学家的结论。为了阻止政策行动，化石燃料行业及其政治盟友在新闻媒体中针对人为造成气候变化的事实制造疑云，夸大行动的经济成本，嘲笑环保主义者，对科学家加以威胁，并在决策过程中操纵科学专业知识的运用（McCright and Dunlap，2010）。

举例来说，保守派的俄克拉荷马州参议员詹姆斯·因霍夫（James Inhofe）用具有强烈文化和地理意味的术语将这一问题个人化。他所利用的理论能引发公众中一些右翼和温和派的共鸣，而这些人通常生活或供职于高度依赖化石燃料的州或行业。因霍夫质疑政府间气候变化专门委员会及其他科学机构的结论，选择性地引用那些听起来有科学性的证据。他还对分散的新闻媒体加以利用，譬如，在《福克斯新闻》（Fox News）等电视节目和电台的政治访谈节目中露面。2007 年 2 月，在"福克斯之友"（Fox & Friends）的一集名为《天气战争》（Weather Wars）的节目中，因霍夫辩称，全球变暖是自然原因造成的，并且主流科学已经开始接受这一结论。主持人史蒂夫·杜斯（Steve Doocy）并未对此提出质疑，因霍夫于是断言"那些激进人士，诸如好莱坞的自由主义者以及联合国"想要让公众相信气候变化是人为造成的（Nisbet，2009）。

在一系列"文化认知"研究中，卡亨及其同事们（Kahan et al.，2012）对一组世界观、文化倾向和社会进程进行了辨识，这有助于解释为何麦吉本、戈尔和因霍夫在气候变化问题上形成的社会对立观点难以达成政治共识。卡亨等人采用指数调查手段，通过公众对等级主义和个人主义的态度（总体上更符合传统的右翼政治观点），或者是社群主义与平等观念的倾向（总体上更符合左翼政治观点）来对其进行分类。那些在等级主义和个人主义价值观倾向方面得分高的公众倾向于质疑气候变化等环境威胁，因为他们本能上认为，降低环境风险的措施会对他们所重视的商业、工业和制度造成不利影响。与之相反，对社群主义和平等主义价值观评分高的公众认为，限制商业和工业的政策行动可以使更广泛的群体和社会中的最弱势群体获益。

这部分人能坦然接受气候变化会带来风险这一观念，因为限制工业温室气体排放的措施与其心目中更美好的世界是一致的（Kahan *et al.*，2012）。

在过去的 10 年中，媒体系统发生巨变，关于社会的不同世界观、价值观、期望和愿景都得以体现和加强。在 24 小时的滚动政治新闻中，评论人士和博主们依赖最新的内部策略、负面攻击或令人尴尬的失态来吸引具有意识形态动机的观众，他们近乎将每一个政策问题都同自由派与保守派之间争夺对美国政治的控制联系起来。在这一点上，关于气候变化的在线评论是以分歧与敌意为特征的，这种情况一部分是由贝里（Berry）和索贝拉吉（Sobieraj）在一系列研究中所描绘的媒体的"愤怒产业"所导致的（2008：4，2014）。这种话语文化专门煽动观众的情感反应，譬如，以夸张、侮辱、人身攻击和部分真相来攻击对手，将复杂的问题简化为"对人不对事的攻击、以偏概全、冷嘲热讽以及危言耸听的预测"，等等。

媒体的道德愤怒催生了线上社交网络面对面的对话与交流。伴随着人们以是否志趣相投来选择居住社区、工作场所和政治区域，美国人在社会、政治和地理分区的相似性显著增强（Abramowitz，2010）。在气候变化这一问题上，许多美国人不大可能去评论那些与自己持不同观点的熟人。相反，博客、广播谈话节目和有线电视新闻则对"政治他者"进行讽刺挖苦。对于主张等级化的个人主义者来说，那些支持对气候变化采取行动的人都是生态法西斯主义者；而对于主张平等的社群主义者而言，质疑气候变化的人都是否定论者。在每一种情况下，对方都被视为既没有理性，也没有妥协能力。

知名媒体的编辑和商业决策也无意间加剧了公众对气候变化的意见分歧。值得注意的是，《纽约时报》和《华盛顿邮报》（*Washington Post*）减少了关于气候变化和其他科学问题的报道，解雇了许多富有经验的记者，而用具有倾向性的媒体人和评论人来填补这一空白。这样一来，其他媒体的博主和有倾向性的记者的解释替代了原本对科学和政策的审慎报道。线上新闻和评论由那些可能会分享自己世界观和政治倾向的人进行筛选和传播，从而同样极具语境性。如果有人碰巧通过推特、脸书或者谷歌看到关于气候变化的新闻，那么这个新闻很有可能是一个表达其政治和道德信息的衍生评论。利用这种自我强化的螺旋式上升，倡导方投入大量资源，通过政治上有利的和有的放矢的故事席卷整个社交媒体（Scheufele and Nisbet，2012）。

即使当个人受到极端天气或重要科学报告发布等高关注度事件的驱使，决定去搜寻更多有关气候变化的信息，仍有可能出现进一步的选择性。在这种情况下，一个自由主义者可能会以"气候变化"为关键词进行搜索，并检索到一系列不同的研究结果；而一个保守主义者则会以"全球变暖"为关键词进行搜索，他将检索到一组完全不同的研究结果。谷歌的反馈信息并不仅仅取决于词的选择，每个人过去的浏览记录和历史搜索记录也会为最后获取的信息附加额外的选择性和倾向性（Brossard，2013）。

增进气候变化议题的共识，赋予公众参与的权力

在气候变化问题上，由于政治上的软弱无力，环保主义者及其政治盟友不得不投入前所未有的力量，努力构建一个强大的政治基础，从而支持气候变化相关行动。2012 年，《滚石》（*Rolling Stone*）杂志的一篇封面文章迅速成为社交媒体的热点，麦吉本呼吁一种针对化石燃料行业的全新的"道德愤怒"。鉴于气候变化的紧迫性，"我们需要用全新的眼光来看待化石燃料行业，"他说，"它已经成为一个流氓产业，世界上没有什么比它更胆大妄为。它是我们星球的文明得以存续的头号敌人。"（McKibben，2012）

与民权运动与反种族隔离运动相比较，麦吉本敦促读者加入其抗议组织"350.org"，抗议正在拟定中的基石输油管计划——穿越美国的焦油砂输油管线，并向当地大学、学院、教堂和政府施压，使它们减持化石燃料公司的股份。"350.org"董事会成员、畅销书作家纳欧米·克莱因（Naomi Klein，2011）在《国家》（*The Nation*）杂志上指出，气候活动人士应效法美国保守主义运动的政治策略：

> 正如否定气候问题已经成为右翼的标识，与之深刻纠缠在一起的是对当前体系下的权力与财富的捍卫。进一步来说，在探讨贪得无厌的危险和必须作出的改变时，有关气候变化的科学事实必须占据一个核心位置。

同年，戈尔（Gore，2011）在《滚石》杂志上将气候变化问题与美国民权运动进行比较，敦促读者"成为解决危机的坚定倡导者"，在日常谈话中，当有人对危险表示质疑之时，应该说出自己的观点。他鼓励读者加入其宣传组织"气候现实项目"（Climate Reality Project）[1]，并与报纸和电视节目取得联系，"让他们知道，他们固执地拒绝报道事件真相，这种行为很懦弱，你已经感到厌倦"。"气候现实项目"组织了一系列 24 小时的网络广播，"会集了艺术家、科学家、经济学家以及其他专家和社会名流进行探讨：不管我们生活在哪里，我们的日常生活都以多种方式为碳污染

付出了代价，而我们又将如何以碳的市场价格来解决这一问题"。

尽管在短期内这些宣传工作可能会给关键的民选官员带来必要的政治压力，但从长远来看，如果没有专家团体的替代性投入进行制衡，那么这种策略可能只会加剧分化，带来政策上的僵局。卡亨及其同事（Kahan et al., 2012）的一项重要发现表明，知识最渊博、认知最复杂的个人主义者和平等主义者在气候变化问题上的意见分歧最大。他们认为，其中的主要原因是：与知识贫乏者相比，这些人更了解其文化群体中其他人的所想和所信。他们极其渴望与其文化群体中的他者保持一致，由此形成了他们在气候变化问题上的观点。

因此，参与气候变化运动的人越是被更广泛的公众认为是倾向民主和平等的社群主义的，那些与他们拥有不同文化身份的人就越有可能拒绝将气候变化问题视为一种威胁，他们会认为解决这一问题的政策行动与他们对社会和未来的看法是相悖的。为了消除这些障碍、建立共识，专家团体及其合作伙伴需要从多样性的社会领域中吸纳舆论领袖，并鼓励这些舆论领袖对气候变化问题转变态度，使之与其各自文化群体产生共鸣，从而使关心、责任和义务等情绪被激发出来。

下文将回顾其中一些关键性的战略选择，以及这些战略是如何在一系列研究中得到检验的。这三个选择是：在新的参照框架下探讨气候变化问题，鼓励多元文化发声；提出多样化的政策方案和技术路径；投资公民参与能力建设，促进公众协商。

在新的参照框架下探讨气候变化问题，鼓励多元文化发声

在与梅巴克（Maibach）及其同事进行的一系列研究中，我们考察了不同背景的美国人对气候变化带来的健康和安全风险的理解，以及当气候变化信息以不同的维度被构建时他们的反应。我们的目标是，为公共卫生专业人员、城市管理者和规划者以及其他可信赖的公民领袖提供信息，帮助他们在气候变化带来的健康和安全风险这一问题上赢得更广泛的公众认同。

在公共健康的框架下讨论气候变化，会强调气候变化容易引发传染病、哮喘、过敏、中暑及其他突出的健康问题，对老人和孩子等最为脆弱的人群而言尤其如此。在这一过程中，公共健康框架转移了人们的关注点，从气候变化对特殊的地理环境及动植物的影响，转移到了与个人息息相关的健康问题上。也就是说，这一框架让公众相信，气候变化影响的不再只是动物和荒凉的北极，而是自己熟知的亲密邻里和当地的社区与城市。地方电视等新闻媒体和专门的城市媒体也大量报道类似新闻（Nisbet，2009；Weathers et al.，2013）。

对百姓和社区的保护也非常易于本地化。州政府和市政府对适应气候变化的政策行动有更大的控制权、责任和权威。此外，招募志愿者保护他们的邻里和社区免受气候变化的影响，这自然而然地成为公民参与和社区志愿服务的一种形式。在这些事例中，由于问题的地域化属性和公众参与的非政治色彩，与两极分化相关的障碍可能更容易克服，各种组织可以在这个问题上开展工作，而不会被贴上"倡导者""活动家"或"环保人士"的标签。另外，一旦不同政治背景的社区成员一起投身于一个惠及大众的、鼓舞人心的目标，比如，保护大家和当地的生活方式，那么便可建立信任与协作的公众社会网络，将各方面力量凝聚起来，向实现国家政策的目标推进（Nisbet et al., 2012；Weathers et al., 2013）。

为了对这些假设进行检验，在一项初始研究中，我们对来自29个州的70位受试者进行了深度访谈，受试者是从之前界定的6个受众群组中招募的。这些群组中，有些人对气候变化深感震惊，有的人对此不屑一顾，他们形成了一个连续的群组。但6个群组中的所有人都认为，气候变化对健康产生影响的信息不但有用，而且颇具说服力（Maibach et al., 2010）。

在后续研究中，我们进行了一项全国范围的网络调查，6个群组中的每一组受试者都被随机分配到3个不同的实验组，使我们能够评估他们对一些经过加工的气候变化信息的情感反应。尽管不同测试组的受众群对一些信息的反应不一，但将气候变化与健康联系在一起后，受试者表现出更多的期望，他们的愤怒情绪会减少。相比之下，将气候变化与国家安全或环境威胁联系在一起，更多的反应则是愤怒。令人惊讶的是，我们的研究还发现，在对"气候变化有关国家安全"这一论点表示怀疑或轻视的受试群组中，受试者表现出了意想不到的愤怒情绪（Myers et al., 2012：1107）。

第三项研究中，我们测试美国人如何看待化石燃料价格飙升所带来的风险。通过对全国调查数据的分析，约有一半的美国成年人认为，我们的健康正受到化石燃料价格及其可获得性的重大变化的威胁。此外，许多具有不同政见的人都相信这一论点，甚至那些对气候变化嗤之以鼻的人也对此强烈支持。我们的研究表明，许多美国人都认为，大力宣传能源弹性控制策略对降低石化燃料的需求非常有效，从而可以减少温室气体的排放，并为燃料短缺或价格飙升做准备。这些准备措施包括：提高家庭采暖和汽车燃油的效率，提高公共运输的使用率和运载力，并对政府发起的清洁高效能源技术进行投资，等等（Nisbet et al., 2011）。

一些公益组织，譬如，美国环境控制组织（ecoAmerica）（我曾在其中担任顾问）都将类似的基于研究的原则及方法应用到其宣传策略中。该组织正在与一些刚刚参与气候变化辩论的，来自公共卫生部门、宗教团体、商业组织、高等教育机构和地方自治团体等社会部门的意见领袖和组织展开合作。他们的目标不仅是在环境变化问题上形成具有全国代表性的文化"大合唱"，同时也希望能构建一个新的问题框架以大力提倡民族团结、自豪感和身份认同感，强调气候变化带来的公共健康、社区和经济方面的风险，鼓励共同守卫地方社区，抵御气候变化带来的影响（ecoAmerica，2013）。

提出多样化的政策方案和技术路径

除了吸纳新的意见，强调新的参考框架，专家们也可以通过多样化的政策方案和技术路径来平衡气候倡导者的努力。正如小罗杰·皮尔克（Pielke R. Jr.，2007）所主张的，专家和他们的机构必须作为"诚实的中间人"独立行动，以扩展政治团体所考虑的政策和技术选择的范围，而不是让他们的专业知识用于推动一套狭隘的政策。备选的政策和技术的选择范围越广，决策者之间达成妥协的机会就越大。

皮尔克（Pielke R. Jr.，2011）称，民意调查显示，近几年来公众支持对气候变化采取行动，但支持力度不高，这表明，公众支持的缺乏并没有制约政策实施。他认为，一旦出现能大幅降低气候变化行动成本的技术，那么许多关于科学不确定性的政治争论就会减少。

卡亨和同事们的发现（Kahan *et al.*，2011）强烈表明，关于气候变化的认识具有政策和技术依赖性，相对于一套狭隘的解决方案，解决对策越多元化，则越有可能达成共识。在这些研究中，当读到应对气候变化的方法更多地依赖核能或地球工程时，具有等级观念的个人主义者就会减少对气候变化相关的专家声明的质疑，并增加对政策回应的支持。而当气候变化的解决方案被框定为更严格的污染控制时，个人主义者对气候变化相关的专家声明的接受度会下降，而主张人人平等的社群主义者的接受度会上升。

如果我们将卡亨和皮尔克的论证都用到气候变化的辩论中去，那么可以看出，达成政治共识很大程度上依赖于专家及其机构的行动，由他们来呼吁政策和技术解决方案的广泛结合，采取诸如核能的税费优惠、清洁能源的政府支持、保护当地社区免受气候变化之影响等措施，这样更容易获得民主党和共和党的支持。作为有力的中间人，科学家们及其机构应积极鼓励新闻工作者、政策制定者和公众去商讨更多样化的选择，而不是默许（或者有时是鼓励）气候活动家、博主或者评论员将争论局限于少数符合自己理想与文化观的选择。

皮尔克、卡亨及其他人所说的情况，在我自己对美国主要基金会和资助者的一组分析中也可以看到。这些基金会和资助者过于依赖以专业技术知识来克服气候变化上的政治分歧，并在这一过程中采用了一套思想上很狭隘的政策目标和技术，这种做法是错误的（Nisbet，2011）。美国的一些相当富有的基金会聘请咨询公司对科技文献进行了调研，并咨询了 150 多位重要的气候变化与能源专家，由此产生了 2007 年的报告：《策划制胜：慈善在应对全球变暖中的作用》（Design to Win：Philanthropy's Role in the Fight Against Global Warming）。报告建议，"缓解气候变化"需要在美国和欧盟之间达成有效的碳排放上限和交易机制，并形成一个针对温室气体排放具有约束力的国际协议。对于政府在直接资助新能源技术开发中所起的作用，报告鲜有提及，或者说并未加以探讨。此外，值得注意的是，该报告对于社会、政治和技术等方面的壁垒并未进行有意义的讨论。为了解这份报告是如何影响主要资助者的投资策略的，我们分析了 2008—2010 年 9 家基金会提供的 1246 份与气候变化和能源相关的资助记录。这 9 家基金会要么是该报告的赞助人，要么将自己描述为报告内容的支持者。这些基金会提供的 3.68 亿美元资金反映了一种资助模式，即它们的重点是努力实现该报告所提供的那一套明确的政策目标。这种资助模式也反映出，该报告将气候变化塑造成一种物理威胁，要解除这种威胁首先需要的是科学和经济学专业知识，而不是对传播活动的相关研究进行投资，也不是对公众参与对话进行投资。对于政府在促进创新方面的作用，对政治保守派所青睐的技术发展，如核能、碳捕获和碳存储、天然气水力压裂等方面，资金支持非常有限，或者根本没有资金支持。在这个问题相关的重要的人文层面，如适应、健康、平等、公正或经济发展等，也缺乏相应的投资。同样，鲜有基金支持那些旨在更好地了解公众观点、评估沟通策略以及促进媒体资源的跨国或跨区域流动的措施或行动。

投资公民参与能力建设，促进公众协商

专家群体未来也需要致力于重建美国公民参与讨论、辩论和集体决策的能力。在这方面，大学和其他研究机构具有重大作用：它们可以通过慈善基金和社区合作伙伴赞助当地的媒体平台和公共论坛，召集利益相关者和政治团体，以及为推动气候变化的公众对话提供智力和财力资源，等等。事实上，城市和本地社区是我们最有效地尝试沟通的环境，这种沟通要求我们把气候变化作为一个社会问题来辩论、思考和讨论。我们在其中可以听到新文化的声音，可以强调新的文化框架和价值，

可以讨论富有创新精神的政策方法和技术方案。斯蒂文森和德雷泽克（Stevensons and Dryzek，2012：207）强调"为争论以及争论可能诱导出的反应提供可能"。罗森（Rosen，2012）认为，"这种可能将使不同的利益相关者'知道'，持有不同观点的人眼中的世界是不同的。"

地方与区域沟通能力的增强为国家政治的最终变革提供了条件，公众辩论中的预期和规范得以重构，跨意识形态和文化世界观的联系与合作亦得以加强。一个由大学主导的气候变化公众参与行动成功地克服了文化动机和群体间的分化，该行动对马里兰州一个沿海小城的居民进行调研，以更好地了解他们对海平面上升和沿海洪水的风险认知。通过对个人等级观念以及群体公平主义的测度得出的个人世界观，是对风险感知有力的预测因素之一。研究指出，"在这种情况下，传统的传播策略——如提供'客观'的评估——已然无法遏制公共议题方面的意见分歧"（CASI，2013：12）。然而，当项目组织者请40名当地居民参加一个有关海平面上升和沿海洪水的专业对话时，个人主义者对于威胁带来的风险这一问题的质疑减弱了。一个有技巧的、周密组织的公众协商过程不再关注群体的文化认同和政治观点，而是聚焦于气候变化对当地的威胁，这成为整个社区成员更为关注的问题（CASI，2013）。

面对面对话还应该辅以新网络媒体论坛，新网络媒体论坛为气候变化的对立观点提供了沟通的桥梁和语境，拓展了对政策选择和技术解决方案的讨论，从而为那些道德愤怒占据主流的在线评论提供了另一种选择。资深科技记者安德鲁·列夫金（Andrew Revkin）的博客"Dot Earth"是《纽约时报》网站评论栏目的一部分。列夫金在他的博客上不仅充当解说员和见识广博的科技评论员，他也作为召集人，促成各种专家、倡议者和公众之间的讨论，并考虑到了各种观点、技术和政策方法的不确定性（Fahy and Nisbet，2011；Nisbet，2013）。列夫金并不鼓吹某一观点，他更喜欢提出问题，然后列出不同专家和他人的解答，这种方式被麦吉本批判为"不懈地寻求中间路径"。但是列夫金（Revkin，2009）回应道："我觉得，如果一个人告诉你他知道这其中一些复杂问题的答案，那么他应该不是很诚实。"

列夫金在《纽约时报》网站的博客上采取的原则促成了一些媒体论坛的诞生，这些论坛通常由大学及其合作者资助发起。由于地方报纸面临财务危机，公共事务报道通常会被砍掉，关于气候变化的讨论尤其如此，而非营利性论坛、大学的网络平台则可以使该地区的公民有能力做出明智的决定和选择。Ensia，一部由基金会资助、由明尼苏达大学环境研究所（Institute on the Environment at the University of Minnesota）发起的网络杂志[2]，就是一个典范。这个在线网络杂志的目标是：通过新闻、评论和讨论来明确和激发公众对气候变化和其他环境问题的新思考。为了实现这一目标，Ensia 致力于发表顶尖自由记者的报道，以及专家和思想领袖的评论，并且建立了类似于"TED 大会"的系列活动，在网上传播和储存。

结语

要想成功地引导气候变化、食品生物技术等问题上存在的争议，不仅需要对构成争议的因素有细致的、以研究为基础的理解，更要接纳一个事实：即使公众参与策略有最充足的资金支持和最精心的策划，这些战略还是存在着巨大的局限性。在本章中，我回顾了三个主要的公众参与策略。研究表明，这些策略可能会有效弱化分歧，为达成共识和协议创造机会。这三个策略包括：在新的参照框架下探讨气候变化问题，鼓励多元文化发声；提出多样化的政策方案和技术路径；投资本地化的公共论坛和媒体论坛，促进公众围绕新的观点和对策展开对话、互动和协作。

尽管已有证据支持上述策略的有效性，但是在科技政策的论辩中贯彻以研究为基础的原则并不能保证解决冲突。研究结果往往比较混乱、复杂，也很难诉诸实际，这些研究结论也会因为新的研究和议题的动态变化以及相关社会背景的改变而被修改。进而言之，无论专家群体多么博学，多么擅长把自己的研究应用于公众参与，消解这一严重分化的论辩即使不需要数十年，也需要数年才能实现。这需要论辩各方不断让步、协商和妥协。关于气候变化的论辩更是如此。然而，在气候变化的争议中，其主要问题在于，解决之道是否来得太晚，从而导致社会无法规避最严重的风险。

推动最终决议达成的，很可能是更深层次的政治体制、人口和社会变革、自然灾害或技术进步等外部冲击。科学政策争议研究的视角可以使相关的动态因素更强烈地向利于其中一方的方向倾斜，或者以渐进的方式加快这一长期进程。同时，作为辩论的观察者和参与者，我们能从这些研究中获得更多的智慧、反思和洞察力。

内尔金在其最新的案例分析中提出了以下观点（1992：xxiv）：

> 考虑到相互对抗的社会和政治价值观，在现实生活中很少有冲突能真正得以化解。即使具体争论看似消失了，但同样的问题依然会在其他背景下再次出现……这种争论的长期存在表明，这本书中所描述的问题并非个例。它们是美国社会一种重要趋势的组成部分，这种趋势促使我们对美国的社会价值、优先

领域和作为技术决策基础的政治关系重新进行评估。

问题与思考

· 造成美国在气候变化问题上的争论和分歧的因素，与造成欧洲及其他地区在食品生物技术问题上的争论和分歧的因素，两者之间有什么异同？

· 除了从环境风险和公共健康威胁方面来搭建气候变化的框架，还有哪些框架可能存在？有哪些能够帮助我们战胜分歧？

· 你认为，什么样的价值观或世界观会影响人们对气候变化风险的看法以及他们对各种技术解决方法的评估？

· 比尔·麦吉本和"350.org"等所追求的那些激进的方法可能在哪些方面无意间加剧意见分化？你认为，它们对不同类型的社会运动有什么好处？

尾注

［1］参见网址：www.24hoursofreality.org/。

［2］参见网址：www.ensia.com。

（高 洁 译）

请用微信扫描二维码
获取参考文献

社会科学传播：一项特殊的挑战？[1]

安吉拉·卡西迪

导言

在研究和实践中，科学传播通常涉及物理、化学和生物科学，有时也涉及医学、数学与工程等领域。公众科学技术传播的研究人员较少关注其他学术领域，诸如在更广泛的公共领域中，人们是如何讨论社会科学、艺术与人文的（Schäfer，2012）。关于公众社会科学传播（public communication of the social sciences，PCSS）的研究文献较少，散见于多个学科领域。对科学传播和公众理解科学进行研究的历史动力来自对自然科学公共地位的关注，这种有限的定义范围影响了该领域的后续发展。然而，社会科学家和科学史学者对这一领域的研究贡献卓然，而正是这种学术传统引发了对公众科学技术传播领域缺失模型的经典批判。在这一点上，令人费解的是，公众科学技术传播的研究者很少对公众社会科学传播进行研究，在与非专业人士交流其成果之时，也很少利用社会科学的评论。相关的学科领域（如科学技术学）对社会科学缺乏关注也会加剧这一问题（Camic et al.，2011；Danell et al.，2013），但这些都不足以解释公众社会科学传播作为一项研究主题的持续的低姿态。

世界上的许多媒体都有专门的科技栏目，例如，关于科技的电视和广播节目以及报纸上的科技专栏，科普图书也已成为一种专门的出版类型。科技新闻是一种固定的新闻门类，这些专业报道为科学节目和主流媒体节目提供内容。尽管像心理学这样的社会科学也受到一些专业人士的关注，但大多数报道还是关于自然科学的。

尤其是在英语媒体中，社会科学与人文科学几乎没有相应的专门报道，公众科学技术传播集中于科学、医学与环境的倾向也成为公众社会科学传播研究衰微的一个原因。然而，这并不代表媒体没有报道这些领域的新闻，也不代表公众不关注这类新闻，事实上，它们被更广泛的非专业性媒体大力报道并成为政治、经济和生活方式等新闻领域的主要内容。犯罪数据、人口普查数据、民意调查、教育研究、经济分析、心理研究和政治理论都是社会科学研究的实例，这些都是当代媒体报道的核心内容。社会学者时常在论坛上为决策以及个人生活方式提供建议，而广受争议的公共知识分子角色也大多由社会科学学者和人文学者担任。因此，本章也将探讨艺术与人文学科在公共领域的角色。

社会研究是许多智库的核心活动，他们根据各自的专业定位活跃于公共领域，社会研究也是政府与非政府组织中大多数决策者的核心工作。特别是在英国，社会科学家在以科学传播与公众参与作为研究领域的发展过程中发挥了重要作用，并在这些领域的学术、政府和科学机构的政策和实践中引发了广泛的改变。然而，社会科学家，特别是那些研究公众科学技术传播的社会科学家，对其自身工作的公共传播却鲜有关注。

关于社会科学与媒体的研究文献

公众社会科学传播的研究差异很大，在引文数据库中寻找相关研究尤为困难：检索结果可能是大量主题混杂的文章，例如关于"科学传播的社会科学方法"或者是"媒体经济学"。然而，从已经完成的工作来看，一些趋势和见解已见端倪。公众社会科学传播的研究囊括了对媒体内容的定量和定性分析，对专家和记者进行的访问和调研，社会科学公共宣传的理论分析、个人经验及材料，包括"如何"引导专业学者与大众媒体互动。其中，后面几项最为普遍。在对缺失模型进行批评之前，我们先回顾一下公众科学技术传播的研究文献。

在英语国家，自然科学与社会科学/人文科学（对人类和社会的研究）之间存在着巨大的差别。通常认为，科学包含了前者，但不包括后者。此外，关于科学本质的流行观点巩固了那些利用定量、实验或统计方法的学科的地位，例如经济学与心理学的诸多领域。但在欧洲大陆以及世界其他地区，科学的概念囊括了学术研究的一切形式，如德语中"科学"一词包括社会学科（进一步的讨论，请参见 Sala，2012）。考虑到这种情形，再加之个人的语言局限，使这篇评论有一种以英语为中心的倾向，这意味着所得出的任何结论也存在局限性。我尽可能地参考全球范围内的研究，但考虑到文献缺乏整体性，我们还要做更多工作才能清晰地理解跨文化差异对公众社会科学传播的影响。

大多数的公众社会科学传播的著作仍由社会科学家撰写，他们描述自己的传播经验，在强调如何获得正确信息时，常常模仿较早的公众科技传播文献（例如 Grauerholtz and Baker-Sperry，2007；Stockelova，2012）。人们对社会科学的公共形象问题进行讨论时，得出的改进之道仍倾向于谴责记者的哗众取宠和谬误，或者是批评公众对社会科学研究的错误理解（Kendall-Taylor，2012；Seale，2010）。社会科学资助机构和专业协会日益重视与大众媒体的关系，他们将资源与信息向研究人员和记者一并开放（例如 LSE Public Policy Group，2011；ESRC，2013）。在这本手册的第 1 版里（Cassidy，2008），我发现，这一领域的活动往往是由心理学家主导的，这可能是因为心理学这一学科处于跨越自然科学与社会科学的分界位置。如今，社会科学界的专业组织雇佣媒体关系专业人员并定期发布新闻稿。然而，最主要的问题仍然是促进社会科学的传播，而不是反思为什么要这样做。研究经费的缩减和学者们难于确立社会科学研究对社会的影响，使得这一问题愈加重要。

另一个与上述内容密切相关的文献领域包含了社会科学媒体报道的内容分析。韦斯和辛格（Weiss and Singer，1988）在 20 世纪 80 年代对美国新闻媒体进行了广泛研究，包括平行的内容分析和访谈研究。他们发现，报道主要集中于研究的主题（例如犯罪、育儿、人际关系），而研究本身则以辅助角色出现。另外，仅有 7% 的报道是由专业科学记者所撰写，而绝大部分报道的作者是多面手或者其他领域的专业人士。从内容主题而非学科领域进行分析，经济学占据了美国媒体报道的最大份额。与这种方式类似，研究人员采取更为广泛的方法来研究英国在接下来 10 年中的情形（Fenton et al.，1997，1998），而这一研究体现出英美之间颇为有趣的异同。与美国一样，英国的科学记者很少报道社会科学的内容，实际上，在所有的研究样本中，只发现了一例科学记者报道社会科学的情况。与在美国所做的研究相比，社会问题占据了英国报道中的最大份额，紧随其后的是经济学，心理学则是最常被阐释的学科。在英国的研究中，社会研究是大多数报道的主要着眼点，而不是在报道其他主题时被顺带提及。大部分社会科学报道是以专题报道而不是新闻的形式出现，相应地，社会科学家更多的是根据新闻议程充当特定问题的评论人或建议者，而不是作为报道内容的提供者。

这两项研究都着眼于媒体对社会科学报道的数量与范畴，而大西洋两岸的差异也再次呈现出来。在美国，社会科学报道在所有媒体形式中均匀分布，报道的数量远多于英国，而英国则主要集中于大版面报道（或者是有资质）的新闻机构。但是，由于缺乏有意义的比较，从这些数据中很难得出有效的结论：这些数字是高还是低？在哪些方面高或者低？与之相似，很难区分这些研究所提出的许多问题是社会科学所特有的，还是更广泛地存在于所有研究的公共传播之中的。通过直接比较美国媒体对社会科学和自然科学的报道，埃文斯（Evans，1995）的一项研究解决了这一问题。在所有研究样本中，社会科学主题占36%，尽管这些主题并没有按照学科归类。作为同类研究中规模较大的研究之一，科学博物馆媒体监控（Bauer *et al.*，1995）采用了欧洲大陆对科学的定义（即包含社会科学在内），研究发现：社会科学报道的比例在20世纪下半叶逐渐上升，最终达到的水平与埃文斯的发现近似。另一项由汉森和迪金森（Hansen and Dickinson，1992）开展的较小规模的研究发现，关于社会科学的报道仅有15%，但市场研究、人类兴趣以及科学政策和教育等相关主题是被分离出来的。如果将它们都合并起来，报道比例可以达到28%。总体而言，这些研究表明，在美国和英国，社会科学研究的报道占了媒体报道的很大比例，仅次于健康和生物医学。伯梅－迪尔（Böhme-Dürr，2009）表示，德国媒体对社会科学的报道相对少。与之相反，苏尔乔克和武科维奇（Šuljok and Vuković，2013）表示，在克罗地亚媒体中，社会科学报道有较高水平的覆盖率和质量，他们将这种情况部分归因于后社会主义的遗存，即媒体对这部分学科有所偏好。

　　尽管受诸多因素影响，但这些发现确实指出了大众媒体在报道自然科学和社会科学上存在显著差异，在美国和英国之间这种差异尤其显著。埃文斯（Evans，1995）称，与自然科学相比，社会科学很少出现在报纸的科学板块，而更容易出现在一般性新闻报道中，从而证实了科学记者很少报道社会科学的观点。在访谈中，邓伍迪（Dunwoody，1986）发现，美国的科学记者往往认为社会科学研究的科学性较低，他们对社会科学研究不太重视且缺乏兴趣，并且视之为不需要多少专业训练即可报道的内容。施密尔巴克（Schmierbach，2005）与希尔（Seale，2010）同样发现，那些采用计量或实验方法的学科，比如心理学、经济学或社会统计学更容易被记者们审慎地对待。埃文斯还发现，在媒体报道中，社会科学家的地位较低，自然科学家们更多地被称为"研究者"和"科学家"，而社会科学家则更可能被称为"研究的作者"（Evans，1995：172）。他指出，与《自然》和《科学》这些主要科学期刊所扮演的角色相比较，媒体对社会科学的报道缺乏可靠和集中的新闻来源。英国科学媒介中心（成立于2002年）这样的机构往往侧重于关注定量的社会科学，从而强化了这种趋势。

我对英国报纸上有关进化心理学的报道进行了研究，并将之与进化生物学的报道进行了比较。结果表明，进化心理学领域很少被科学记者报道，而往往由非专业人士报道；且时常出现在特刊、增刊和评论文章中，极少出现在科学专栏中（Cassidy，2005）。芬顿等人（Fenton *et al.*，1997，1998）还调查了社会科学家与传媒工作者之间的关系，他们调研指出，报道社会科学的记者通常对研究没有任何深入认识，且社会科学本身也很少具有新闻价值，只是被当作新闻议程的一部分来报道。另外，他们将学术界和传媒界在该领域的关系描述为正式的、有距离感的，且高度依赖专业人士从中协调（Fenton *et al.*，1998：70）。他们所访问的研究人员中有30%只通过专业沟通人士与媒体打交道，这一模式也体现在研究者与记者在学术会议中的互动上。然而，彼得斯（Peters，2013）最近的一项着眼于德国的社会科学和人文学者的研究发现，他们与传媒之间的界限并不那么严格；相较于自然科学家，社会科学家和人文学者同记者的互动也多得多。许多研究都对这些显而易见的矛盾进行了探究，不仅仅着眼于社会科学家在媒体中的形象和地位，而且包括他们作为专家所扮演的角色。阿尔贝克等人（Albaek *et al.*，2003）与韦恩（Wien，2013）都发现，社会科学家更有可能在一系列议题中充当新闻报道的评论人，而不是把自己的研究成果作为新闻报道来发表。这表明，未来的研究需要更多关注一类文献，这类文献对所谓的"软新闻"（Reinemann *et al.*，2012）和专家在其中扮演的角色（Lester and Hutchins，2011）进行了研究。最后，斯约史特洛姆等人（Sjöström *et al.*，2013）的一项研究调查了德国读者在关于"暴力电子游戏"的辩论中对社会科学的看法。这些读者对社会科学家在这一报道中的高可见度持认可态度，并且认为社会科学家们为辩论做出了重要贡献。

自反性科学？

那么，同记者、编辑、读者与自然科学的关系相比，他们与社会、人文学科的关系为何如此不同呢？我们通过对这些学科主题的关注可以得到重要线索，从而理解它们是怎样以及为什么被传播和认识的。这是因为，社会和人文科学以人类作为研究对象，包括人及其思想、社会、金钱、政治、历史等，而社会科学的主题、研究者、传播者和读者又往往相互融合。对于大多数自然科学来说，自然科学家们的专业训练、知识和设备为之提供了大量无可争议的专业知识；与之不同的是，社会科学家的专业知识常常是关于日常经验和常识的。这就影响了人们对社会科学专业知识的重视程度。根据埃文斯（Evans，1995）的研究，美国记者对自然科学和社会科学、自然科学与世俗观点进行了严格区分，但在社会科学和世俗观点之间却并不加以区别。诚如心理学家麦考尔和斯托金（McCall and Stocking，1982：988）所说：

> 包括记者和编辑在内的每个人都幻想自己可以成为心理学家，而不是天体物理学家。因为心理学必须与经验相符才可信，但物理学却并不需要如此。

英国的新闻读者同样将这些标准用于理解社会科学研究成果（Fenton *et al.*，1998）。这项研究讨论了社会科学家和记者之间职业角色的重叠，并认为这进一步导致了对社会科学的报道不足，因为记者们时常觉得，这些内容与他们自己的工作区别不大。最近，库珀和艾柏林（Cooper and Ebeling，2007）研究了金融记者和科学记者的工作，同样认为，他们的工作与社会学的分析过程有很多共同之处。

社会科学专业知识的合法性问题同样出现在社会科学家作为专家证人的角色研究之中。特别是在美国，科学的合法定义往往是非常传统的、实证主义的，这有时会导致非自然科学的专业知识受到质疑，甚至不被接受（Lynch and Cole，2005；Lynch，2009）。然而，芬顿等人（Fenton *et al.*，1998：102）称：社会科学、新闻和常识之间的重叠是"认识论的一致性"。跟随心理学史家格雷厄姆·理查兹（Graham Richards，2010）的观点，我将这种重叠描述为"自反性科学"（Cassidy，2003：236），它同样可以对公众社会科学传播产生积极的影响。[2]使自然科学获得报道的媒体新闻价值观，同样也有利于社会科学获得媒体报道。举例来说，这种新闻价值观包括（与日常生活的）相关性、（与现存宗教信仰的）一致性、时事性、争议性，当然还有人类利益和个人利益（Weiss and Singer，1988：144–149；Fenton *et al.*，1998：103–113；Gregory and Miller，1998：110–114）。

这些自反性的特质也有助于解释传媒界的态度，即记者不需要接受专业培训就可以报道社会科学。而具有讽刺意味的是，这也增加了社会科学研究被报道的可能性。如上所述，普通记者往往没有受过自然科学和社会科学的训练，编辑们也是如此，这增加了社会科学通过编辑筛选的机会。这一点在大众传媒对流行的进化心理学的新闻报道中可以清晰地看到：进化心理学往往由一般性新闻或者软新闻的记者报道，他们将其嵌入当时具有普遍吸引力的报道之中，例如性别、性取向、左翼政治以及生物科学在社会中所起的作用等（Cassidy，2005，2007）。然而，这也意味着，进化心理学的主张被一系列参与者所质疑，其中有学者，也有外行的评论人和记者，而各方都以个人经验和常识性知识来支持各自的观点。

这样的质疑不仅仅通过媒体出现，而且直接来自公众和研究参与者，有时会产生令社会科学家不愉快的质疑（Breuer，2011）。这凸显了自反性科学的"双刃剑"特性，社会科学家有时可以利用这一点来进行策略性的边界工作，根据特定的修辞目的突出强调他们的研究和常识之间的异同（Derksen，1997；Shapin，2007）。帕克（Park，2004）比较了当代著名精神病专家与精神分析专家的话语，他认为，这两个群体战略性地将自身定位为医学或科学专家，而不是更广义的知识权威。他将这些对立而又互补的策略与当代大众文化中不同形式的公共知识分子联系在了一起。

社会科学传播的学科地位与公共专业知识

诚如我们所见，社会研究通常被认为不如自然科学研究权威，而社会科学家们经常就其学科的认识论地位进行抗争，当他们试图传播最新的研究成果时尤其如此。但是，我们可以看到，社会科学家们也在社会中承担了一系列自然科学家无法承担的专家角色。社会科学家和人文学者经常为当天的事件和新闻提供评论和分析，他们更贴近读者。阿尔贝克等人（Albaek *et al.*，2003）以及班特莱和基利克（Bentley and Kyvik，2010）发现，这些领域的学者在大众传播中比他们在自然科学、医学和技术领域的同伴更为活跃。美国大量流行的自助心理学著作是一个很好的范例。这些著作受到公众的普遍欢迎，不仅在美国，在全球范围内也销量巨大。这一状况让我们了解到，社会科学在普通人的生活中拥有巨大的影响力。诚然，目前，在心理学领域，关于自助心理学著作本身以及将它作为一种严肃的治疗手段的有效性，还存在着激烈的争论（Cuijpers *et al.*，2010）。一些人对这类自助心理学读物加以批评，对隐藏于流行心理学论文中的虚夸信息加以分析，特别是侧重于这些文本中的性别和（或）性关系的规范标准（例如 Koeing *et al.*，2010）。另一些研究已经解决了自助心理学读物的社会和政治背景问题，展示了这些观点与社会运动的关联，如女权运动、新时代（Askehave，2004）或现代自由民主的广义价值观（Philip，2009）。然而，读者研究显示，自助心理学读物的读者并不是单纯地吸收这些信息，而是将其作为一个起点来讨论、挑战专家就其生活经历所提出的说法（George，2012）。

公共知识分子在相关文献中大多被定义为有学识的人，这个人不必是一个学术专家，而是能够利用自己的知识在公共领域从事社会工作的人（Small，2002）。这些文献中被作为公共知识分子来研究的对象往往来自人文和社会科学领域，相较而言，来自科学技术传播领域或自然科学领域的仍然十分有限（例如本书第 6 章的论述）。公知的例子可以包括已故的爱德华·萨义德（Edward Said）、诺姆·乔姆斯基（Noam Chomsky）以及参与过宗教与社会辩论的理查德·道金斯。大多数公共知识分子往往是社会科学家或人文学者，这一点并不奇怪。他们的媒体角色通常是多面型专家和评论人。在社会学家迈克尔·伯沃伊（Michael Burawoy，2005）及其所倡导的富有影响力的"公共社会学"和类似的"公共领域"（Ward，2006）等呼吁的推动下，对公共知识分子的讨论已经从个人魅力转向了不同学科在社会中的作用。在伯沃伊之前，已经有类似的关于"公共人类学"的对话（Borofsky，1999），并且早于 20 世纪 80 年代的公众理解科学运动，曾被称为"公共历史"（Kelley，1978）。伯沃伊的倡导引入了一种视角，即社会学作为一种政治参与的角度，而其后的很多辩论已经转为社会学家应该在社会公平与不平等之间的争论中起到何种作用（Gattone，2012；Jeffries，2009）。然而，值得注意的是，该领域学术引用的大幅增长并未相应地体现在公众对社会科学的关注度上。某种程度上，这可能是因为公共社会学往往使用学术性语言而不是日常用语，这也突出了公众社会科学传播的一个更深层次的问题。社会学家迈克尔·毕利希（Michael Billig）对社会学科的写作传统提出质疑，认为这些学科积极鼓吹冗长的、新的朦胧晦涩的用词，从而阻碍了思想的交流。史蒂芬·特纳（Stephen Turner，2012）的美国社会学史著作支持这一观点，他证实了社会学家如何在 20 世纪下半叶主动摆脱社会辩论并以此来提高他们在学术界的学者地位。从一个完全不同的角度来看这一问题，最近的一项关于期刊文章的目录分析（Okulicz-Kozaryn，2013）发现，社会科学学科中形容词和副词的使用比例要比自然科学高得多。

其他的公共社会学模式包括转向更具应用性的研究模式，积极面向社会运动、政策制定者和工业企业的需要（Kropp and Blok，2011；Perry，2012）。这些方法同样有其弱点，美国陆军在伊拉克和阿富汗所进行的战地人类学家动员就始终备受争议（Forte，2011）。研究人员借鉴了参与式行为研究和公众参与的传统，提供了一种可供公众使用的规则的替代版本。与其进一步倡导社会科学家充当权威专家的角色，不如在公众中开展研究。这种研究通常涉及开放数据收集和分析的过程，直接与研究参与者、地方社区或媒体组织合作，而且经常与公共历史、人类学和地理学研究联系在一起。

学术界交叉学科、多学科、跨学科研究增多，使得社会科学家与自然科学家的合作比以往有所增加，这也引发了关于研究人员如何跨越自然科学与社会科学的鸿沟进行交流的争论。这一争论也突出了社会科学研究人员在与记者或公众交流时所面临的类似问题，特别是在交流关于社会科学的地位与方法时（Barry and Born，2013）。类似地，一些人建议，在研究实践中采取更为开放的方法，让来自不同领域的合作伙伴能够在研究的初始阶段就了解彼此的工作，从而产生共同的研究目标和问题（例如 Phillips et al.，2012）。

新形势下的社会科学传播

总体而言，关于公众社会科学传播的文献仍然很少，且散见于许多不同的学科领域。尽管这里概述了知识上的差别，但公众科学技术传播的学者依旧很少研究公众社会科学传播的文献。由于所完成的工作较少，很难得出关于社会科学传播的确切结论，因此，这里得出的任何主张都必然是假设性的，有待进一步的研究。尽管如此，有一件事似乎是明确的：社会科学和人文研究在公共传播中似乎无处不在又无处可寻。与自然科学相比，社会科学地位较低，其研究成果很少得到原创媒体报道，并被认为不值得媒体或新闻的专门报道，甚至被认为与新闻本身并没有多少区别。与此同时，社会科学话题却不断催生新的新闻报道，这些话题与读者息息相关且通俗易懂，它们遍布于传媒新闻中，而不是被限制在某个特殊兴趣领域。这样一来，在广泛的社会、政治以及个人问题中，社会科学家在媒体和公共生活中担任了评论员与建议者的重要角色。除了这些粗枝大叶的论断，关于公众社会科学传播，仍然很难得出细致入微的结论。公众科学技术传播研究中关于科学的定义标准过于多变，以至于很难在文献中进行有意义的比较（Schäfer，2012）。社会科学及人文学科的研究，无论是聚焦于特定事例，还是跨国和跨时间进行，都使用了多种方法。公众社会科学传播相关研究成果的差异可能是由跨文化差异造成的。然而，如果不以更具一致性且更好的比较研究方法来对跨学科的广泛传播进行更深层次的研究，我们就无法更好地理解学科主题是如何影响其研究结果的公共传播的。非专业人士对社会科学的广泛报道突显了这样一个事实：关于多面手和非科学记者如何理解和报道社会科学，我们所做的研究还寥寥无几。社会科学的自反性质，以及这种性质使得社会科学不同于自然科学的说法，也需要进一步的调研和分析。这可能也说明了为何自然科学传播有时候会非常困难，特别是对于那些与人类经验相去甚远且极富争议的科学问题。

社会科学家们已经开始讨论，他们的学科可以而且应该通过公共知识分子以及公共社会科学中的辩论在社会更大范围内发挥作用，总的来说，这些都是由社会与学术界之间关系变化的加剧所推动的。通过指标的完成情况收紧研究经费，推动了对研究的评估，使得所有学者都有越来越大的压力来为其工作进行辩护，而他们经常会使用"影响"这个词（Buchanan，2013；LSE Public Policy Group，2011）。与此同时，提倡开放科学的运动可能会从根本上改变社会科学与人文研究的传播方式（Vincent and Wickham，2013）。最后，线上传播模式的进一步发力及社交媒体的兴起推动和增强了上述趋势（例如 Kitchin，2013）。

值得注意的是，在英国，高等教育经费的缩减影响了社会科学学科的发展（Richardson，2010），人们也更加努力地倡导和推动社会科学（例如 Brewer，2013；Campaign for Social Sciences，2011；LSE Public Policy Group，2011）。尽管有一些关于"影响之影响"的讨论（Brewer，2011）和增加公共科学合作模式的倡导（例如 Flyvjberg *et al.*，2012），但是多数争论仍然在缺失模型的框架之中。

这就出现了一个问题：为什么在社会科学领域，似乎很少有人转变成为公众科学技术传播学者或科学技术与社会研究学者，从而更深入地了解其研究学科的公共角色？在某种程度上，显然是因为公众科学技术传播学者对公众社会科学传播没有兴趣，而这进一步提出了一个问题，即我们自己作为公共传播者的能力。在本章的第 1 版中（Cassidy，2008），我向公众科学技术传播领域的研究者和实践者提出了一个挑战：我们如何就传播领域进行沟通并公开参与公共事务？附加在公众科学技术传播研究中的自反特性无法与新闻价值相兼容。一些科学技术与社会研究学者以公共知识分子模式进行沟通实验，而得出的结果是多样的（例如 Fuller，2009；Latour and Sánchez-Criado，2007）。很少有公众科技传播研究者对这个挑战有所反思。当提及公众科学技术传播与科技政策争论之间的相互作用（Chilvers，2012；Kahan，2013），以及像我们一样进行公众参与、互动和学习的时候，尤其如此（例如 Horst，2011；Michael，2011）。公众科学技术传播的一项紧迫的任务就是，通过进一步研究，并且公开透明地传播其研究，从而为这些问题找到答案。如果我们想要向其他研究者、决策者、记者以及公众就这些问题提出建议，那么我们必须就我们所宣扬的内容进行实践。

问题与思考

· 不同学术领域的公众传播有何不同？

- 研究同实验、常识的交互作用是如何影响研究的内容、实践与传播的？
- 自然科学家与人文社会科学家的公共角色有哪些显著不同？
- 公众科学技术传播学者如何改善自身的传播实践，从而更好地与其他领域及民间团体进行合作？

可利用的公众社会科学传播的线上资源

- 伦敦政治经济学院社会科学的影响项目：http://blogs.lse.ac.uk/impactofsocialsciences/
- 民俗事项：http://ethnographymatters.net/
- 社会学的想象力：http://sociologicalimagination.org/
- 对话（网站发布的流行的学术内容，不限学科）：http://theconversation.com/uk；http://theconversation.com/au
- 历史与政策：http://www.historyandpolicy.org/
- 社会科学运动：http://campaignforsocialscience.org.uk/

尾注

[1] 本章更新和回顾了有关公众社会科学传播的已有内容，突出了本书第1版（Cassidy，2008）出版后这一领域的变化。

[2] 与许多社会科学的学者不同，我并不认为这些特性是自然科学与人文科学之间根本差异的标志。诚然，一些社会科学学科比其他学科受自反性重叠的影响更深，而从另一方面来说，许多自然科学主题同样会被卷入重要的经验、政治以及伦理的影响与争论之中（如 Kent，2003；Moore and Stilgoe，2009；Spence *et al.*，2011）。

（高　洁　译）

请用微信扫描二维码
获取参考文献

15 健康传播研究：挑战与新发展[1]

罗伯特·洛根

导言

本章对健康传播研究的概念性图景进行了综述，讨论了这一领域的最新进展，包括健康传播研究取得的综合性成果、当前面临的挑战以及相关研究中的一些常见结果变量。

一般来说，健康干预活动试图有效地影响受众（和个体）的健康意识、知识、态度、行为和决策（Fishbein and Ajzen，1975；Flora，2001）。直到最近，健康传播研究领域的主流还是传播公共健康优先领域相关的健康信息以及说服公众相信这些内容。现在，这一领域开始纳入了各种传播活动，以期能加强患者护理和消费者对医疗保健供给服务的使用，并引导公众做出更有利于健康的自主选择。

当前，健康传播研究覆盖了越来越多的领域，包含使用互联网多平台服务（个人电脑、智能手机和平板电脑）等大众媒体工具的健康传播互动活动（而不是直接干预）。现在的受众包括个人、医疗保健的消费者、患者、护理人员、社区、组织、享受较低医疗服务水平的人员以及其他目标群体。现在的健康传播方式包括公共卫生、临床（患者）护理、医疗保健服务（例如医院、诊所等）、点对点传播计划（例如通过社交媒体进行患者之间的健康信息共享）和医疗之家。一项传播活动的目标可能反映了某些事先确定的公共健康或临床的优先领域，以及更开放的、基于社区的和自主选择的目标。

最近的一些综述和系统性评论对健康传播活动的主要发现进行了描述（如 Rice

and Katz，2001；Hornik，2002a，2002b；Atkin，2001；Grilli *et al.*，2002；Snyder *et al.*，2004；Dutta-Bergman，2005；Murero and Rice，2006；Noar，2006；Gibbons *et al.*，2009；Brinn *et al.*，2010；Agency for Healthcare Research and Quality，2011；Car *et al.*，2011；Cugelman *et al.*，2011；Lee *et al.*，2012；Liu *et al.*，2012；Stellefson *et al.*，2013；Zhang and Terry，2013）。最近，由于健康素质领域的发展和健康信息技术的重大变革，例如手机和平板电脑的普及、手机健康监测的诞生，并且随着社交媒体以及其他领域的发展，健康传播研究的领域得以扩展。活动水平的提高也使研究得以扩展到各种环境之中，例如，医生的办公室、医院、诊所、医疗之家、支持团体和社区等。

然而，随着健康传播领域转向个性化决策支持、临床护理和医疗保健领域，健康传播研究的发展给呈现三足鼎立之势的健康传播研究传统、健康素质以及消费者健康信息学研究带来了新的挑战。

在探讨这些新近的问题之前，必须提到这一领域一直面临的两个挑战。

首先，健康传播研究受到处理公共健康问题及健康政策问题的紧迫感的影响。这种紧迫性源于当下各国在公共健康和健康政策上所面临的挑战。在许多国家，相对于对急性和慢性疾病的事后临床治疗，医疗保健供给和医疗成本控制的最佳效果越来越取决于疾病的预防和健康护理（US Department of Health and Human Services，2000）。美国科学院医学研究所（The Institute of Medicine of the National Academies，2004，2006）解释道：一个健康预防及保健模型的最终成功、实现之前对急症护理服务重视的转变，都取决于医疗保健的消费者、患者以及市民的知识和能力的增强。当然，健康素质研究表明：仅有约 12% 的人对生物医疗语言和健康的生物学 / 基因的、社会的和个人的决定因素有基本的理解（The Institute of Medicine of the National Academies，2004；Kutner *et al.*，2006；White，2008）。因此，为了缩小现存的差距，增强临床效果以及有效控制医疗保健服务成本，迫切需要促进健康素质以及健康科普教育的相关活动和研究（例如面向目标人群的健康传播活动）。

其次，健康传播研究者们怀有一种使命感，他们想要证明，在包含众多不同文化背景人群的大众媒体和社会环境中，非商业化的大众媒体对增强患者和公众的健康是有用的。健康传播研究面临的主要挑战是：在商业性的健康市场、宗教信仰和社会文化所衍生的信念中，以及有损健康的行为方式（例如吸烟、吸毒和酗酒）等无所不在的环境中，非商业大众传播能在多大程度上让公众形成相关意识，为公众提供信息，说服公众，影响公众的决定，并促使其改变健康行为。

面向目标受众的非商业健康促进和信息传播是一种社会营销。以大众媒体为基础的健康产品（如非处方药品和处方药品、医疗设备、美容产品、食品、饮料、维生素和食品补充剂等）的商业营销有压倒社会营销活动之势。虽然健康传播活动不评估社会营销相对于商业营销的效果（探讨商业医疗营销的成就也超出了本章的范围），但是，健康传播研究者面临着一个持续存在的挑战，即要证明，社会营销经常使用许多与商业营销一样的大众媒体形态和技术，并且改善了公众和患者的健康状况（Randolph and Viswanath，2004）。健康传播的社会营销也会被社会文化、宗教信仰所遮蔽，并导致医疗实践与面向患者或公众的健康传播的目标不一致。

健康传播研究面临的一个相关且普遍的挑战是：比起其他的潜在影响，诸如商业性的健康营销、宗教和社会文化所衍生的信念、健康新闻报道、社会习俗、朋友、家人和健康保健提供者等，要区分出一项传播活动的影响程度。例如，在一些国家，吸烟和烟草使用的下降在多大程度上是缘于公共健康传播、医生的努力、社会习俗的变化、健康政策决策（如烟草广告的变化）、新闻框架设计和报道或其他因素的影响？相反地，在某些地方吸烟和烟草使用依旧普遍存在，在多大程度上是所有这些因素反向作用的结果？由于潜在的健康信息来源包含着潜在的混杂变量，这给健康传播研究人员控制外部影响、管理传播活动、使用统计控制来解析主要发现以及承认研究的局限性等都带来了特殊的负担。

本章将分节讨论以下内容：健康传播的目的及主要研究领域，健康传播研究的基本概念框架，健康传播活动的评估，健康传播基础研究的主要结论和观点，健康素质和健康信息技术对健康传播研究的影响，以及未来面临的挑战。

健康传播的目的及主要研究领域

在一项对48个社会科学健康传播活动的元分析中，斯奈德（Snyder，2001）发现，大部分活动要么试图说服人们放弃一种已经养成的健康习惯，要么促使人们开始一种新的治疗行为。健康传播的一些更新的附加目的包括：在人们做出临床或者医疗保健的使用决定时，为他们提供信息；为某些具有相同疾病或症状的群体提供帮助；提供健康监测和信息援助以帮助人们做出明智的决定，并提高人们的生活质量（Nutbeam，2008；Kreps and Neuhauser，2010；Smith，2009，2011；Smith and Moore，2011）。

斯奈德（Snyder，2001）也注意到：健康传播研究通常关注某种疾病/症状或者某一公共健康问题。健康传播通常与慢性疾病预防密切相关，这些疾病和症状包括：艾滋病、其他性传播疾病、心脏病、中风、乳腺癌和其他癌症、高血压、糖尿病、口腔健康问题和婴儿猝死综合征。健康传播更广泛地关注公共健康，包括：促进戒烟、减少饮酒、安全用药（处方药）、多吃水果和蔬菜以及安全性行为。一些健康传播活动专门面向特定的人群，相比一般人群而言，这部分人群出现高风险健康行为的可能性更高而获得医疗服务的可能性更低（Piotrow and Kincaid，2001；Gustafson et al.，2002；Dutta-Bergman，2005，2006；Viswanath et al.，2006）。一些健康传播活动旨在改变反效果（counter-productive）的行为，这些活动通常发生在以下领域，诸如：吸烟、非法药物使用、处方药滥用、酗酒、婴儿睡眠姿势不当、危险性行为、向未成年人售酒等（Snyder，2001）。一些健康传播活动则旨在促进新的治疗行为，诸如：使用安全套、健康饮食、锻炼、使用安全带和自行车头盔、乳房X光检查和其他预防性筛查、儿童接种疫苗、牙科检查、定期体检、高血压控制和子宫颈抹片检查。

总的来说，健康传播研究几乎涉及所有的重大疾病和症状以及公共健康问题领域。虽然斯奈德（Snyder，2001）所评述的健康传播研究大多发生在北美和西欧，但是，当前，健康传播研究已经成为一项全球性的研究领域（Piotrow et al.，1997；Nutbeam，2000；Piotrow and Kincaid，2001；Hornik，2002b；Dutta-Bergman，2005；Haider et al.，2009；Sorensen et al.，2012；Kreps，2012）。

健康传播研究的基本概念框架

对健康传播研究的基本概念的分析可以分为三个阶段。在第一阶段，健康传播被认为是以说教性的、预先设定的、目标导向的方式来告知或说服公众。在第二阶段，这一概念得到了进一步论述。第三阶段则提出了一种更具互动性和整体性的概念框架（Neuhauser et al.，2013a）。麦奎尔（McGuire，2001）在回顾这一领域最初的概念框架时，将一项成功的健康传播活动概括为如下13个步骤：

（1）收看/收听（接触消息）；

（2）注意到传播活动；

（3）喜欢并保持对传播活动的兴趣；

（4）理解传播活动的内容；

（5）形成相关的认知；

（6）获得相关的技能；

（7）对传播活动表示赞同；

（8）将这种新的立场存储于记忆之中；

（9）当相关的事情发生时，从记忆中检索这个新的立场；

（10）基于这种立场，做出行动的决定；

（11）做出相应的行动；

（12）基于这种立场的行动之后的认知行为；

（13）试图改变其他人，使他们也做出类似的行动。

总的来说，这些步骤阐释了一种旨在克服使用者的技能和知识欠缺、自上而下的说教性方法，并且，这种方法得到了一种单向的、从传播者到接受者的概念基础的支持。

麦奎尔（McGuire，2001）和其他健康传播研究者注意到了健康传播的一些固有的障碍，这些障碍使得受众对健康信息做出的反应与健康传播最初的目的不一致。从这时候开始，健康传播研究的发展进入到了第二阶段（Pettegrew and Logan，1987；Logan，2008）。健康传播的障碍或约束被认为发生在 5 个不同的领域：

（1）健康信息的来源；

（2）健康信息的内容；

（3）健康信息的媒体传递渠道；

（4）接收者（接受者）对健康信息的后接触；

（5）健康信息的终点。

例如，麦奎尔（McGuire，2001）表明，对于一种预期的受众反应来说，基于来源的障碍存在于：个体接触到的大量潜在的不同来源的信息、医疗保健信息的一致性、信息来源和接收者之间的人口统计学相似性，以及信息来源的吸引力和可信性。基于内容的障碍存在于：信息的吸引力、相关的事实或常见的故事框架所包含或遗漏的内容、文本及图形的排列组织、一个文本对其预期受众而言的可读性、一个文本故事所包含的恰当的图片或图表，以及内容的文化适应性（同上）。基于渠道的障碍存在于：为了传递健康内容，对于印刷、广播、视频或互动渠道的合理使用（同上）。基于接收者的障碍存在于：对健康的看法（和兴趣）的差异，这些差异是性别、年龄、教育、种族、社会经济地位、素养、个性、生活方式、价值和健康素质（不考虑通识教育的情况下，理解健康信息的能力）的附带产物；接受者对大众媒体（例如，无法接触到大众媒体或者无法承担高额费用的宽带服务）和医疗保健供给系统（例如，一个人的健康保险状况、承担保健费用的能力以及对临床保健设施的实际使用）的获取及使用（McGuire，2001；The Institute of Medicine of the National Academies，2004）。基于终点的一些常见障碍存在于：目标受众接收信息的能力是即时或是延时的、与受众需求相关的信息发布的时机、健康信息是预防导向的还是中止导向的，以及信息是否推进了以即时或延时反馈为特征的健康行为（McGuire，2001）。

虽然，第二阶段整体的概念基础保留了从信息源到接收者的单向关系，但是，对健康传播路径上的传播障碍的识别与确认增加了人们对以下问题的深刻理解：就达到最初的目标而言，为什么传播活动成功或失败了。关于障碍和补救措施的研究性建议也有助于改善健康传播的管理和实施。

健康传播研究概念框架的扩展在第二阶段得到了显著发展，与此同时，健康传播活动也被认为受到更广泛的社会文化导向的障碍及约束的挑战。社会文化维度的障碍和约束的识别与确认，提供了一种新的视野来思考传播活动的功效及一系列新的传播方法和策略。在第二阶段确定的三个社会文化维度包括：

· 社会影响，例如，同伴压力和商业广告对健康行为的影响（Evans and Raines，1982，1990；National Cancer Institute，1991；Flynn，1992）。

· 认知行为，例如，一个人解决问题、做决策以及自我控制的能力对健康行为的影响程度（Kendall and Holon，1979；National Cancer Institute，1991；Flynn，1992）。

· 生活技能，例如，为了培育一种更健康的生活方式，人们需要做出一项特定的健康行为，而这种健康行为需要更广泛的技能和个性化培训。生活技能维度指的就是：人们致力于这种特定健康行为的程度（Botvin *et al.*，1980；Botvin and Eng，1982；National CancerInstitute，1991；Wollesen and Peifer，2006）。

运用了社会影响概念框架的健康传播活动强调"社会接种"（social inoculation）。为了让人们克服障碍并采取有益于健康的行为，此类活动利用广告及同伴压力的微妙影响对活动信息接收者进行训练。例如，为了抵消吸烟的同伴压力，抵制吸烟的行为被塑造成榜样并进行角色扮演，甚至进入戏剧制作中以鼓励戒烟行为的预演和强化（Evans and Raines，1990；National Cancer Institute，1991；Flynn，1992）。运用了认知行为概念框架的活动强调提高一个人响应健康知识并做出理性决策的能力。例如，为了鼓励戒烟，健康传播活动训练人们控制吸烟的冲动、提高自信力并在做出了恰当的健康决策时奖励自己（Kendall and Holon，1979；National Cancer Institute，1991；Flynn，1992）。运用了生活技能概念框架的活动强调一个人如何能更健康地生活。例如，为了鼓励戒烟，提供更广泛的生活技能培训，内容涉及规律饮食、锻炼、临床自我检查、适度饮酒和放松等（Botvin et al.，1980；Botvin and Eng，1982；National Cancer Institute，1991）。

虽然，在健康传播研究的第二阶段，研究者们对于面向目标受众进行健康传播的障碍有了进一步的理解，包括增强了对社会情境的监测，但是，这一领域的概念多少还是以专家—接收者模型为基础。在这种模型中，接收者知识的缺失、技能及社会文化的障碍都被看作有待评估并克服的阻碍。

健康传播研究过渡到第三阶段始于20世纪八九十年代。该阶段对这一领域中概念的一维性进行了批判，并以此为基础进行发展。拉科（Rakow，1989）和萨蒙（Salmon，1989）解释道，人们可能会在健康传播的主要概念框架内推断出（并且消极地回应）潜在的家长式作风。他们相互补充道：有时候，在促进医疗保健专家与公众之间的互动对话以及培育接收者对权威的依从之间，健康传播似乎对后者更感兴趣。这些作者承认，健康传播的目标需要以公共健康需求为基础，但是，他们表示，健康传播可能需要以更具互动性、综合性及整体性的概念为基础，在此之中，健康活动的目标会随着社会参与和需求的改变而发展（Neuhauser et al.，2009，2013b）。

杜塔－贝格曼（Dutta-Bergman）强调，需要一个更具综合性、互动性的概念框架来加强健康传播研究，特别是在国际范围及低收入人口环境中，他指出（2005：119）：

> 围绕社区健康传播活动的研究越来越多，其中的很多研究呈现出一种新的方向，这种新的研究方向将重点放在了承认这样一个事实上——被边缘化的人群有能力做出自己的选择、建立自己的行为模式，并且在自我理解的基础上发展认识论。

其他学者也建议，健康传播研究应当更加以参与者为导向，更加关注社区参与的方法（Neuhauser et al.，2009，2013b）。最近，健康传播研究领域提出了一种基于设计学的概念范式（Simon，1996；Hevner et al.，2004；Green，2011）。诺伊豪泽尔等（Neuhauser et al.，2013a）认为，作为一个概念性的框架，设计学的应用可以产生一种更具互动性和协作性的健康传播活动方法，这种方法能够根据需要而发展改变。他们发现了一种更加灵活、开放且更少预先决定的健康传播活动方法，用以促进受众的参与、活跃和自我决定，并且，这种方法在医疗服务水平更低的受众中以及发展中国家尤其有效。

健康传播研究及行动的重点从受众群体扩展到个体，也标志着健康传播研究进入了第三个概念阶段。纳尔逊等（Nelson *et al.*, 2009）解释了社交媒体、移动电话及其他互动式大众媒体渠道、患者电子病历等前所未有的数据源如何为健康传播活动创造机遇，这些机遇简直是为个体、群体和受众量身定制的。他们指出，未来健康传播的进步可能帮助个人利用自己的及研究所得的数据为自己和他人做出有关临床医疗和医疗保健使用的更好决策。这也进一步表明，未来健康传播研究的方向可能会远离干预措施，而朝着支持健康决策的方向发展（Nelson *et al.*, 2009；Kreps and Neuhauser, 2013）。面向个体提供信息支持（而不是以依从为基础的干预措施）在一定程度上促使健康传播从专家—受众的单向模式转变为更广泛的交互性活动，以促进健康、教育、参与和协作，以及使用各种媒体工具和服务，等等。面向个人的传播方式在操作性而非概念性上更有优势，同时它更具互动性，能够个性化定制，并且使得用户本身能够参与创造，这些特点为研究提供了机遇。以更具参与性和互动性的方法来开展的研究还较少，但是，一种更具整体性的概念框架的使用是健康传播研究文献中一个值得关注的领域。

健康传播活动的评估

健康传播活动通常是有关设计、实现和评价的社会科学、公共健康或临床干预方法的混合体。最常见的结果变量（表征研究者的评估内容）来自健康传播、消费者的健康信息学、健康素质、社会心理和公共卫生等领域。但是，认知心理学、大众传播、公众理解科学、战略传播、风险传播以及其他一些领域也对健康传播研究做出了贡献（Kreps, 2012）。

对健康传播的影响的正式评估常常反映出相似的结果变量，这些结果变量分为独立变量、中间变量和从属变量。健康传播研究的常见指标通常从一些独立变量或预测变量开始，即社会人口统计学变量，诸如年龄、性别、母语、收入、教育程度、社会经济地位、就业状况、婚姻状况以及种族或民族等。这些指标在统计学上是可区分的，或者是与一个健康传播的因变量的效力相结合的。其他常用的独立变量用于测量大众媒体使用的频率、接触其他媒体的程度、接触其他健康信息源的频率以及这些信息源的可信度。同样，独立变量也测量个体的健康素质（包括风险感知）

和个体学习健康与医疗的倾向，诸如寻找健康信息和使用各种健康信息资源等。

与此同时，中间变量往往倾向于表现一些可测量的结果，要么能预测一项健康传播活动的结果，要么可能本身就是一项健康传播活动的结果。例如，受众在参加一项健康干预活动前后的健康素质可以说明一项健康传播活动是否成功，或者说，受众健康素质的提高可能就是一个预期的成果。其他一些常用的中间变量通常用来测量消费者、患者或受众对于健康信息接收的态度以及他们从非正式来源（例如家庭成员或者同辈）中寻找健康信息的频率。类似的中间变量也测量受众的信息分享的程度，以及一个人一生当中整合健康新知识的动机和能力。后一种测量包括了受众实施一项健康传播建议的自我感知能力（Bandura，1995）。

一些常用的从属变量包括对临床结果、非临床结果和医疗保健使用结果的测量。例如，消费者健康信息学研究资料（CHIRR）[2]表明，健康素质研究中的临床结果包括慢性疾病（如糖尿病、关节炎和高血压）的专属指标、急性疾病（如中风、癌症和心脏病）的专属指标和一些其他的具体临床指标（如抑郁、焦虑、肥胖、压力、成瘾和控烟）。CHIRR 确定了健康素质研究中的非临床行为结果，例如健康信念、自我反省和高风险的健康行为等。它还统计了医疗保健使用的结果：每天的临床设施花费、住院率、紧急护理的使用和预防服务的使用情况，如乳房 X 光检查。

除了定量方法中的变量研究，健康传播研究还有使用定性方法的传统（Dervin and Frenette，2001；Carr *et al.*，2011）。例如，德尔文和弗勒内特（Dervin and Frenette）的意义构建理论模型（sense-making theoretical model）提供了一种可供选择的定性方法来构想并评估个体如何对健康传播活动做出反应。彼得罗和金凯德（Piotrow and Kincaid，2001）以及杜塔－贝格曼（Dutta-Bergman，2005）对一些使用定性研究方法的健康传播活动进行了评述。巴克尔等（Backer *et al.*，1992）、海德和克雷普斯（Haider and Kreps，2004）定性地讨论了以创新扩散理论为基础的传统在健康传播活动的设计和评价中的使用。无论一项健康传播活动是试图告知、说服公众还是促进公众参与，也不管其方法论途径是建立在定性、定量还是混合方法的基础之上，这一领域就是一个多学科的领域，并且经常从其他各学科借鉴研究工具、传播策略、理论框架、研究方法和结果变量。

健康传播基础研究的主要结论和观点

对 20 世纪 70 年代以来成千上万的健康传播研究的结果进行粗略总结发现，健康传播研究的特点更在于其混合性而不是连续性和明确性。有证据表明，通过混合，健康传播对改善某些特定的健康行为的目标产生了一定的影响，但极少能够实现他们所有的目标愿望；并且，各个研究之中及之间类似的结果测量所得出的结果并不一致。例如，虽然健康传播活动通常表明，目标群体在采纳更有利于健康的行为习惯方面的意识、知识或意图有显著增加，但是，这些研究结果的统计精确度通常会因研究的不同而不同。此外，各个传播活动之间结果的不一致使我们很难拿出混合健康传播活动总体有效的确切证据。然而，这个领域已经存在一些发展良好的研究方向和传统、研究问题、假说以及研究结果，足以据此做出一些基于证据的推论。

"斯坦福心脏健康"（Stanford Heart Health）研究开创性地提出了一个严谨、全面、以人群为基础的健康传播的早期定量模型。它模拟了一个可控的临床试验，并且通过医疗保健供应商和社区医疗保健机构大力推动大众媒体传播活动，从而促进心脏病的预防。与没有得到上述机构强化的县区开展的媒体传播活动相比，在加利福尼亚州的一个县里，强化的传播活动在影响公众的心脏病预防意识、对预防的态度、获取筛查或治疗的意愿等方面都取得了更大的成功。而比起一个没有任何干预措施的控制社区，这两种干预措施在影响公众的意识、知识和行为意愿等方面都更有成效（Farquhar et al., 1983，1984；Flora，2001）。

"斯坦福心脏健康"传播活动表明，大众媒体活动可以促进受众在某些认知和行为方面发生重大改善。但是，这项传播活动也受到了批评，一是它没有评估患者的临床结果，二是它没有评估受众使用当地医疗保健供给系统的转变是否由该传播活动引起（Farquhar et al., 1983，1984；Flora，2001）。虽然这项传播活动很小心地尽量减少混杂变量的影响，但是，它还是因为未能进行更好的控制以区分活动的影响和其他人际的以及大众媒体的影响而受到批判（Farquhar et al., 1983，1984；Pettegrew and Logan，1987；Flora，2001；Logan，2008）。然而，在互联网和电子病历出现之前，评估临床行为（如增加检查、筛查、信息搜寻以及与医生互动）、测量临床效果（如胆固醇降低）和医疗利用情况（如降低心脏病患者急诊室的使用）从逻辑上说都是非常困难的。这种控制混杂变量的能力仍是一个持续性的挑战。

在20世纪后半叶和21世纪初，尽管媒体形态以及健康传播活动的目标、受众、所针对的疾病和症状发生了很大的变化，但是，"斯坦福心脏健康"研究发布的混杂的研究结果及其所遭受的批判，与同时代的系统评价所发布的聚合的结果概述是相似的。对健康活动、健康素质和消费者的健康信息学研究进行的综述表明，研究结果令人喜忧参半，并且有些前后矛盾（Grilli et al., 2002；Gibbons et al., 2009；

Brinn *et al.*, 2010；Agency for Healthcare Research and Quality, 2011；Car *et al.*, 2011；Cugelman *et al.*, 2011；Lee *et al.*, 2012；Liu *et al.*, 2012；Stellefson *et al.*, 2013；Zhang and Terry, 2013）。尽管新的媒体形式为数据采集、数据供应和受众互动提供了前所未有的机遇，但是，使用这些手段在提高受众的意识和知识、改变他们态度和行为意图及影响受众的决策方面所取得的成效却有差异（Noar, 2011）。在影响受众的信息接收渠道、信任（或信息来源的可信度）、健康信息分享、消费者动机以及临床习惯、临床结果、医疗供给系统的使用等方面，健康传播活动的成效也不尽相同（Chou *et al.*, 2009；Cugleman *et al.*, 2011；Agency for Healthcare Research and Quality, 2011；Chou *et al.*, 2013）。

　　尽管研究的结果令人喜忧参半，但是，40多年的健康传播研究仍有足够的证据提出一些可靠的推论。从美国国家癌症研究所（National Cancer Institute, NCI）的网站可以找到对那些推论的简要描述（它描述了来自健康传播的一些经验教训）。[3]NCI指出，健康传播活动可以增强受众对某一健康议题及其问题或解决方案的了解和认识，对可能改变社会规范的观念、信仰和态度产生影响，促进受众采取某些行动，展示或阐明健康技能，强化受众的知识、态度或行为，表明行为改变的好处，倡导在某一健康议题或政策上的立场，增加对健康服务的需求和支持，驳斥一些荒谬的说法和错误的想法，加强组织关系。NCI网站指出，健康传播活动可以影响个人、群体、组织以及社区等。

　　研究者和实践者确信，一项管理和执行有方的活动应该可以达到充分的治疗效果，从而证明治疗的花费和投入是合理的。并且，健康传播研究的混杂性结果培育了健康传播领域的基础研究，用以帮助实践者改善未来的措施及方案。在这里，这些研究都被称为基础研究，因为它们通常的意图即为仔细地评估促使一项活动取得成功的基本组成要素，而不是指导和执行一个全面的健康传播活动。如上所述，CHIRR描述了基础研究的一系列概念和测度，影响着受众对健康改善信息的接受能力和接受度。这些概念和测度包括：受众接受健康改善信息和知识的倾向方面的具体测度／概念，以及受众是如何将具体的个性特征投射到健康改善信息之上的。[4]评估受众接受健康改善信息和知识的倾向的一些概念包括：易感性认知、感觉寻求、精神健康、控制源、自我效能和技术接受模型。评估受众如何将个性特征投射到健康改善信息之上的一些概念包括：对信息认知价值的感知、对信息感觉价值的感知和状态反应。无论是从个体的还是整体的角度来说，关于这些概念和测度的研究对可能影响健康传播效果的一些具体因素提出了见解。正如以下我们将注意到的，这类稍显狭窄的研究很重要，因为它为临床结果、医疗保健利用情况和个人决策的评估提供了前所未有的机遇。

健康素质和健康信息技术对健康传播研究的影响

由于新的媒体平台、新的健康信息技术的可用性以及国际上对健康素质研究兴趣的不断增强，健康传播领域的研究正经历着一场变革（Parker and Thorson，2009）。

虽然有关健康素质的定义和概念基础还存在诸多差异，但健康素质提供了一个国际研究的焦点，即关于人际健康传播（供应者—患者和消费者—消费者）和健康大众传播的研究（Pleasant and Kuruvilla，2008；Berkman et al.，2010；Sorensen et al.，2012）。在其基础上，健康素质试图通过传播干预来提高患者、护理人员和公民的生活质量（American Medical Association，1999；Nutbeam，2008；Paasche-Orlow et al.，2010；Smith and Moore，2011）。健康传播领域的研究往往被定义为大众传播（相对于人际传播而言），健康素质行动也经常使用大众传媒技术和基于技术的健康信息决策支持工具来推动各种类型的健康干预措施和互动性活动的实施。

健康素质也有助于健康传播研究，因为在未来，管理完善的医疗保健供给、患者护理和审慎的健康经济学都与健康传播干预存在着一定的关联（Institute of Medicine of the National Academies，2004；Agency for Healthcare Research and Quality，2011）。另外，在许多国家，医生、医疗机构和医疗保险公司都认为，健康素质的提高是解决核心健康政策问题的基础。这些核心健康政策问题包括：更好的患者康复效果、更高质量的临床护理、患者满意度的提升和解决医疗服务水平低下的人群的医疗不公等问题（Institute of Medicine of the National Academies，2004；Nutbeam，2008；Paasche-Orlow et al.，2010；Agency for Healthcare Research and Quality，2011；Sorensen et al.，2012）。简而言之，健康素质的研究为健康传播研究开拓新的领域和应用提供了一个阵地。

健康信息技术及其应用的长足发展、医药的实践和概念基础方面前所未有的临床数据带来的变革性影响，加速了健康素质研究的扩展。当前的创新包括：远程监测葡萄糖、心率、眼内压等生理指标的智能手机传感器，监控患者行为（锻炼、体重、遵守药物使用说明）的智能手机传感器，监测生命体征并与智能手机和云连接的三录仪（tricoder），分析人体化学过程并将其整合到智能手机中的芯片实验室，等等（Topol，2013）。伴随着这些创新和其他的相关发展，供应者和患者都有权使用电子病历和健康决策工具；并且，综合性的人类显型信息和基因型信息即将到来的可用性将带来个人保健的新纪元（Topol，2013）。疾病的预防和治疗可能部分地来自以基因型和显型信息为基础的干预措施，而不是基于对某个特定人体器官的症状进行的干预。定制化的信息学工具（将个人的临床资料与主流医学证据相匹配）将被用于协助患者做出临床和医疗保健决策。支撑这些资源的基础是一个空前的以网络为中心的环境，这一环境可以监控并整合生物学的、认知的、语义的及社交网络中的各种信息。（Topol，2013；Luciano *et al.*，2013）。互联网的信息收集能力与社交网络的共生关系表明，健康和医疗信息本身的质量和可用性都在不断发展，可以用于为健康决策提供信息并支持公众做出有利于健康的自主选择的证据基础也在发生转变（Topol，2013；Luciano *et al.*，2013）。

除了人工智能，交互性（或者说受众之间、受众对专家、专家对受众的选择）也是健康信息技术发展的一个典型特征。这种交互性从以下各方面得到了例证：处方药使用者对于一个药物的副作用的众包反馈，能表明疾病暴发的患者互联网使用模式，患者之间的健康支持服务，以及提供个人健康记录和用药记录查询的患者门户网站，等等。然而，随着信息技术的进步，医学信息和医疗保健也产生了一种平行的需求，即如何让患者和公众适应创新并理解健康能力的增强是追求个人幸福和提高生活质量不可或缺的一部分（Dutta，2009；Noar and Harrington，2012）。这意味着，在研究如何让患者参与医疗保健并对临床及医疗保健使用数据进行整合的同时，还需要对患者进行教育，内容包括：疾病或症状及其预防方面的知识，如何更好地利用医疗保健服务，以及如何改善医疗决策，等等。例如，未来健康传播研究的一项新挑战可能是帮助个人使用和理解健康数据资源中的大量信息，譬如，从最近可公开获取的临床试验总结中获得对个人有价值的信息。[5]

杜塔和克雷普斯（Dutta and Kreps，2013）指出，健康信息技术的变革性潜力也应该用于帮助解决很多国家存在的区域医疗差异、医疗保健服务的不公平分配及阻碍医疗保健（和治疗）获取的社区环境等问题。他们认为，未来的健康传播研究如果不与全球健康挑战相联系，那将是难以想象的。类似地，知识鸿沟假说表明，向医疗服务不足的受众进行信息分享和传播的公平程度可能与技术创新水平、大众媒体及医疗保健职业的发展成负相关（Viswanath and Finnegan，1995）。

相比之下，自我决策理论认为，采用健康信息学是可靠的，因为新的健康信息技术空前地将内在的消费者动机的三个核心要素结合了起来（Deci and Ryan，2002）。与传统媒体不同，充分整合和优化的健康信息技术能够帮助人们掌握与健康相关的任务，并为他们提供一个发展自主权和个人决策、与他人便捷联系的平台（Deci and Ryan，2002；Hesse，2013）。全球范围内手机的快速普及表明，一些技术性优势非常引人注目，它们似乎摆脱了社会经济、社会文化和其他的应用障碍。

这是否可以证明，健康信息技术能够帮助医疗服务不足的公众，支持他们做出更有利于健康的自主选择并使得健康素质为未来的健康传播研究提供重要机遇？这些机遇将传统的健康传播研究兴趣与促进公众对特定疾病（或症状）和公共健康挑战的认知、增强医疗保健服务的使用结合在了一起。总而言之，健康信息技术和健康素质为健康传播研究吸引、教育、授权、激励及帮助患者和公众适应不断变化的健康、医疗保健和生活质量提供了新的视野。

结语

虽然健康传播研究的概念框架、结果和期望的扩展可能吸引新一代的研究者和实践者，但是这一领域不断增强的多维性导致其本身面临一系列的挑战。这些挑战包括努力形成综合而非分散的多学科方法，继续开展健康传播领域内的一些基础研究。随着健康传播的探究领域不断扩展，如涉及健康素质、消费者健康信息学、公众理解科学、医疗保健的使用、健康信息技术以及临床决策支持等，避免理论与实践的分裂（这种现象有时候发生在分支学科领域中）似乎比以往任何时候都更加重要。健康传播研究的发展对健康传播研究传统、健康素质、消费者健康信息学研究的三足鼎立之势和其他相关学科的观点整合提出了新的挑战。并且，正如哈林顿和诺亚（Harrington and Noar，2012）、柯塞曼等（Keselman et al.，2008）以及洛根和谢（Logan and Tse，2007）所指出的，需要非常谨慎地鼓励更具交互操作性的理论、假设、概念和测度，以便健康传播研究能够更加系统地比较数据、提出优化健康传播策略的合理标准、培育跨学科的研究生项目并形成一个更加全面的证据基础。

如前所述，基础研究迫切需要对一些与健康传播活动的最佳实践与管理相联系的问题进行评估。这些问题包括：针对不同的受众，什么样的传播策略是最合适的？什么类型的媒体能够最好地传播一项活动的信息？什么样的说服性技巧组合能够消解不同类型受众的抗拒？

健康传播基础研究的一个传统就是要指出这些问题，这一传统潜在地提高了健康传播的效率，并加快了实践者和研究者实施和评估健康传播活动的进程。随着健康传播研究的前景和目标的发展，我们需要关注这种更聚焦的研究方法。

问题与思考

· 在促进目标受众的意识、知识、态度、动机和行为发生预期改变这方面，在多大程度上可能评估和证明一项健康传播活动比其他活动更具影响力？

· 如果一项健康干预活动没有实现它所有的预期目标，这项活动还能被视为成功的吗？一项健康传播活动的价值和功效令人信服的证据是由什么构成的？

· 在国家之间和国家内部，如何快速地增强健康信息技术在各个方面的能力，包括提高公众的健康意识、提供基于证据的信息、协助临床决策、培养更多的人才，或者定制有助于医疗保健实践和生活质量提升的医疗干预措施？

尾注

[1] 本章是在早期版本（Logan，2008）的基础上重新撰写的，增加的内容包括：健康素质领域的发展、健康信息技术的重大改变以及临床医疗的最新变化、医疗保健的使用、医疗保健供给服务系统是如何影响健康传播活动研究的。本章还涵盖了健康传播活动研究向其他领域的扩展，例如增强患者护理、消费者对医疗保健供给服务的使用、支持更有利于健康的自主选择等。另外，本章考虑了新媒体平台及新健康信息技术的可用性和研究者对健康素质及参与导向型的社区参与的研究兴趣的增强是如何影响健康传播研究的。

[2] 参见网址：http://chirr.nlm.nih.gov。

[3] 参见网址：http://www.cancer.gov/cancertopics/cancerlibrary/pinkbook/page3。

[4] 参见网址：http://chirr.nlm.nih.gov。

[5] 参见网址：http://clinicaltrials.gov。

（李红林　译）

请用微信扫描二维码
获取参考文献

科学传播的全球发展：各国的体系与实践

布莱恩·特伦奇　马西米亚诺·布奇　拉蒂法·阿敏（Latifah Amin）　居尔特金·恰克马奇（Gultekin Cakmakci）　班科莱·法拉德　阿尔科·奥勒斯克（Arko Olesk）　卡梅洛·波利诺（Carmelo Polino）[1]

导言

20 世纪 90 年代初，第一次面向科学传播参与者、教育工作者和研究人员的大规模国际会议召开。当时，绝大多数与会人员来自西欧和北美，亚非拉地区的参与者很少。但是现在，PCST 系列会议吸引了来自五大洲超过 60 个国家的 600 多人参加。其中，2012 年，有来自超过 50 个国家的与会人员向大会提交了提案。2013 年世界科学记者大会则有来自 73 个国家的 700 余人出席。与科学记者、科学馆、科学中心相关的专业会议也达到这一规模。

现代科学本质上是一种超越国界的系统，自诞生之日起就不断地向全世界推广着它的制度结构和实践。随着全球化水平的不断提高，这个进程也在不断加快。并且，得益于洲际之间的合作以及人员的流动，科学的观点和科学精神也得到了传播，这其中就包括对科学的社会功能和科学家的社会角色的观点和态度。科学传播在一定程度上基于科学家的共同文化，同时也受到政治、经济领域等其他全球化因素的推动。在很短时间内，科学传播已经成为一种世界性的现象。

近年来，科学传播全球发展的现状、形式及意义已经成为科学传播研究的一个热门话题。科学传播活动以及相关机构数量在全球范围内的激增、各个国家和地区之间活动和机构组织上的异同引起了科学传播界的特别关注。一部 PCST 会议论文集（Schiele *et al.*，2012）收集整理了来自 6 个洲的 31 名作者的文章，介绍了各国科学传播状况，同时还提供了对国家整体概况的描述。另一部书籍（Bauer *et al.*，2011）则编辑整理了各国关于公众对科技的态度的调查结果，描绘了科学文化图景的全球视野。

比较各国的科学传播现状时，欧洲的 MASIS 项目给我们提供了很大的支持。该项目评估了 37 个国家的科学在社会中的实践情况。[2] 该项目的最终报告使用了 6 个参数描述国家的科学传播文化情况，并且使用"巩固的""发展中的"或"脆弱的"描述各个参数的程度。这些参数"共同构成了一个分析科学传播文化的框架"（Mejlgaard *et al.*，2012：67），并且在欧洲行之有效。这些参数（有细微修改）包括：科学传播基础设施建设的制度化程度、政治体系对科学传播的重视程度、科学传播参与者的数量和背景多样性程度、传播研究结果的学术传统、公众对科学的态度、科学记者的数量和素质。

审视科学传播在全球的发展，我们首先聚焦于科学传播的制度化建设，这涉及各个层面的参与，包括国家政府、国家级的学术和研究机构、专业网络、政府间组织、高等教育和研究机构、国际慈善机构以及商业公司所采取的政策和方案。在不同的环境中，这些参与者所起的作用大小以及它们之间的关系也会发生很大的变化。但是，无论有多少表现形式，国家都被认为是科学传播制度化的主要驱动者。在寻找全球不同国家科学传播制度化的标志时，首先（即便不是最重要的，那么也是首要的）纳入考虑的就是促进科学意识发展的政府计划。其他的标志还包括：面向科学家的传播培训、对媒体关注科学的支持、大学开设的科学传播课程，以及大学对科学传播的研究。接下来，我们将会对这些科学传播制度化的标志进行简要的研究，并且会重点关注其在西欧和北美之外的地区的发展状况。

科学传播全球发展的关键指标

促进科学意识发展的政府计划

20 世纪 90 年代之后，经济政策和研发政策之间的内在联系日趋紧密，这是因为，科技被认为在经济发展中起到了核心作用，从而推动了国家从农业国转为工业国，或推动了传统工业国家的产业转型、优化升级。发展中国家，如同工业和技术更加发达的国家一样，也将知识经济和（或）可持续发展作为其公共政策的中心议题，相关的政府计划和政策都不同程度地强调了公众对科学技术的看法对经济和社会发展产生的潜在制约或支持。

中国和印度是世界上人口最多的两个国家，其政府早在数十年前就已经将普及科学的承诺写入基本立法之中。最近，日本新颁布的《科学技术基本计划（2011—2015）》则将知识创造和创新同努力"（建立）科学技术信息的坚实基础并提升日本国内公众科学技术相关事项的意识和了解"联系在了一起。[3] 日本科学技术振兴机构（Japan Science and Technology Agency）下设了一个科学传播中心（Centre for Science Communication），其职责是"传播知识和科技成果带来的乐趣，并且致力于通过向国民、政府、研究机构、研究人员共享科学技术的不确定性、未知和潜在风险以增进具有建设性的交流，从而让社会和生活更美好"[4]。比起很多国家政府的类似文件，日本的这一表述是对科学及其环境的公众传播的一种更加综合、全面的审视。

这些政策的共同特点或许是都直接或间接地体现了对于儿童和青少年在科学和技术相关学科上的竞争力以及他们对科技发展的态度的关切。这种关切源于当下的竞争性环境：一些东南亚国家在学生数学和科学能力的国际评估（例如，经济合作与发展组织国际学生评价项目，即 PISA 项目）中成绩突出，给一些西欧国家敲响了警钟。这些国家的政府颁布的政策分别以缩小差距或是保持领先为目标。在经济发展水平与教育能力密切相关的假设下，对青年人进行 STEM（科学、技术、工程和数学）学科教育被视作推动经济发展的重要措施。各种以提升科学意识为目的的非正式教育活动也在国家行动中发挥着补充作用。

而过去 20 年间，一些西欧国家政府在鼓励公众参与科学方面有了进一步的扩展；公众，或者说有疑问的公众群体，特别是那些有兴趣且有能力参与思想交流和政策制定的人，都被纳入在内。发达国家的计划中体现的"转向对话"反映了其涵盖的公众类型的多样性。在科学传播制度化建立得较晚的国家，其科学传播更加着重于儿童和青少年，甚至在某些情况下，仅仅关注儿童和青少年。

这种"重视"也体现在将科学传播作为非正式教育的构想之中，这使得政府计划与政策在培养公众科学意识上达成了一致：承诺建立或支持新型科学中心。这类科学中心是以 20 世纪 60 年代末旧金山探索馆的建立为发端逐渐成长起来的（参见本书第 4 章）。在新旧世纪之交，作为"千禧年项目"（Millennium Project）的一部分，英国开放了一些类似的科学中心，它们通过英国国家彩票（The National Lottery）得到了英国政府的资助。过去 20 年间，一些比英国更小的欧洲国家也建设了地标性的国家科学中心，这些科学中心一般位于首都或是首都附近，代表着国家对科学和技术的开放态度。在人口更为密集的亚洲国家（例如印度和韩国），科学中心有十几个或二十几个，并且得益于当地机构或政府的支持，科学中心网络自 21 世纪初期以来持续发展。但是，到目前为止，中国的相关项目建设最为瞩目，仅在 2004—2008 年，中国的科技中心的数量就从 185 个增至 380 个，已经翻倍（Shi and Zhang，2012）。中国的科学中心网络是政府公共教育计划不可分割的一部分。中国台湾地区也有承担相应的公共教育功能的机构。

亚洲的其他地区存在不同的模式，这也说明了科学传播在全球发展并不均衡：新加坡的艺术科学博物馆（Art Science Museum）以其夺人眼球的建筑风格而闻名——这些建筑同时也是一个商业休闲娱乐综合体的一部分；日本的科学未来馆（Miraikan，National Museum of Emerging Science and Innovation）设立的理念是"为所有人提供一个场所，来共同思考和探讨作为一种文化的科技会对社会产生怎样的作用，对未来产生怎样的影响"[5]；马来西亚的国家石油博物馆（Petrosains，参见本章的"来自五个新兴科学传播中心的报告"部分）"是一个以有趣且互动的方式讲述石油工业科技故事的科学探索中心"，位于世界最高的建筑之一——马来西亚国家石油公司建造的吉隆坡双子塔之中。[6]

促进科学意识发展的政府项目也包括了一些其他的表现形式，它们不是像科学博物馆和科学中心这样的实体可见工程，这些形式包括：直接或间接地支持国家科学周或类似的集中的公众科学活动、科学教育创新活动，以及为研究动态提供互联网服务等。在丹麦、荷兰、挪威和西班牙等国都有为研究动态提供的互联网服务（也存在一些类似的、独立于政府的互联网服务，例如，www.AfricaSTI.com 网站就是由一个非洲科学新闻工作者网络运营的）。

巴尔迪图德和同事（Bultitude et al.，2012）将一些国家促进科学意识发展的政府项目进行了比较，研究发现：相比于澳大利亚和英国，巴西和中国更注重发展和解决社会不平等问题；中国和英国对教育的重视程度更高；巴西则对文化最为关注。一项早前的研究注意到，20 世纪 90 年代澳大利亚科学意识项目的评估并没有确定它是否"促使澳大利亚人或多或少地意识到科技或是科学在促进社会和经济发展中的作用"（Gascoigne and Metcalfe，2001：75）；该研究的作者建议，这类项目从一开始就需要将评价体系纳入其中。

公众传播为科学家提供培训和其他支持

由研究资助方、大学、专业学会以及私人提供的，面向科学家和其他学者的有关媒体和演讲技巧的短期课程越来越多。在西欧，此类课程的数量一直在持续增加；各国研究机构和欧盟委员会资助的研究项目要求向公众传播其研究成果——这也增加了对此类培训的需求。在近10年间，一些欧洲国家也已经采取措施，要求在此前从未提供此类课程的地方，譬如，意大利的某些大学，开设相关课程。

这些课程的开设也是着眼于国际化的。2001年开设的面向发展中国家科学家的传播学课程就是基于这样一种认识："传播技能对于发展中国家的科学家来说尤为重要。在这些地方，科学基础设施较为薄弱，所有层面的科学教育都需要得到更多支持。"[7] 课程的主办方国际理论物理学研究中心（International Centre for Theoretical Physics）和位于意大利的里雅斯特的第三世界科学院（Third World Academy of Sciences）认为，"提高科学家的传播技能可以使他们在各自国家的科学发展中发挥重要作用"。

10年前，欧盟的一项关于促进研究、技术和文化发展的活动基准的研究发现，仅有少数国家积极培训本国的科学共同体来与公民进行交流或者回应他们关切的问题（Miller et al.，2002）。更近的一项跨国调查指出，在与公众的交流中，研究人员是否接受过传播培训与其自信程度存在显著的相关性（Peters et al.，2008）。很多国家对科学家有类似的期待，希望他们以各种方式与公众接触，但是相关的培训非常有限，甚至根本没有。尽管博士和博士后项目中的传播培训内容越来越多，但这些培训更多地侧重于与相关学科的同行或是该项研究成果的预期行业用户进行沟通交流，并非面向公众或是政策制定者。

MASIS报告指出，在南欧和西欧的一些国家[8]，研究人员（以年轻人为主）除了能够受到来自本国的支持参与公众传播，也受到了英国文化教育委员会（British Council）和联合国教科文组织（UNESCO）的支持。在2013年10月，联合国教科文组织在塞尔维亚召开了第一届区域科学促进会议（First Regional Science Promotion Conference）[9]，汇聚了来自东南欧的科学促进专家、实践者和爱好者，以"分享经验、建立网络，并制订增强科学和社会之间联系的下一步计划"。这其中就包含一个议题——如何"提升科学家及研究人员的科学传播和语言能力以使他们能够综合、全面地展示他们的成果"。

MASIS关于一些中东欧国家的报告认为，英国文化教育委员会通过"声望实验室"（Famelab）系列竞赛在科学传播中发挥着领导作用。"声望实验室"系列竞赛已经扩展至 20 多个国家和地区，主要包括欧盟的新成员国，同时也包括埃及、中国和以色列等。英国文化教育委员会提供相关的培训，帮助（主要是刚进入研究领域的）研究人员在非专业观众面前围绕选定的科学话题进行一场 3 分钟的演讲。

英国文化教育委员会还在很多国家协助组织科学咖啡馆活动。这种形式可以帮助科学家以及其他人士熟悉在非正式的公共场合下传播科学的方式（参见本书第 10 章）。在越南，由牛津大学临床研究中心（Oxford University's Clinical Research Unit）和热带病医院（Hospital for Tropical Diseases）设立的科学咖啡馆旨在创造一个友好的环境，使每个人都可以轻松地提问并说出他们的见解。[10]

同样发源于英国的科学媒介中心已经成为一个可以应用在其他国家的样板。2013 年年底，澳大利亚、加拿大、丹麦、日本和新西兰已经建立了类似的机构，"中国、意大利和挪威正在积极筹建"。[11]英国科学媒介中心在 2002 年开始运营并得到专业学会和私营企业的支持。它为那些与大众媒体进行互动的科学家提供多项帮助，包括举办"新闻媒体介绍"短期研讨会，邀请有媒体经验的科学家和媒体专家就"媒体的现实情况"发表报告。[12]科学媒介中心强调，这并不代表着向科学家们提供媒体实践培训，而是希望帮助科学家们初步形成一种媒体意识。

设计并提供此类培训课程的关键，就是对传播技巧和传播形式的重视力度。举例来说，一门媒体技巧课程可能主要甚至是完全集中在撰写新闻稿或者参加广播、电视访谈的关键要素上；同样地，面向广泛受众的传播技能课程可能主要甚至是完全关注讲故事的技巧。欧盟委员会资助的信使项目（Messenger project）的最终报告指出，关于科学家需要的培训类型，该项目的顾问们的意见都不尽相同，从相对来说简单易行的媒体技能，到增强"对社会和认识论问题的意识"，等等（SIRC and ASCOR，2006）。另外，有一项研究（Trench and Miller，2012）认为，以对话为中心的公众传播要求科学家做好准备，以使他们能够认真考虑受众的需求，并且倾听他们所关切的问题。鼓励科学家参与非正式对话，就像是在科学咖啡馆里一样，将会需要特殊形式的支持。

提供给科学家的其他支持还包括对科学传播过程中取得的杰出成就给予奖励或采取其他激励手段，这些有时与培训并举，有时则独立存在。虽然对科学家参与公众活动的要求越来越多，但是整体上讲，对科学家们的表现的评价方式并没有做出与之相适应的改变。即便对高等教育机构的（在教学和研究之外）第三项任务以及研究中心向公众开放的关注日益增加，但促使科学家活跃在公众面前的正式激励措施依然很少。在一封写给《自然》杂志的信中，来自日本领先的研究机构和国家科学中心的作者们指出，日本政府"敦促获得资助的研究人员增进与纳税人的交流"，但是"花费在科学传播上的时间和努力并不会帮助科学家稳固自己的资金来源，也不会帮助他们获得晋升渠道和研究岗位"（Koizumi *et al.*，2013）。

传播技巧培训的重点对象通常是刚入行的研究人员或是博士生，例如印度近年来举办的科学和传播研讨会。这些研讨会得到了维康基金会和印度生物科技部（India's Department of Biotechnology）的资金支持。与此同时，面向更多群体的科学传播培训也在不断增多，并且越来越国际化。2013 年 9 月，第一期欧洲—地中海及中东地区科学传播暑期学校（Euro-Mediterranean and Middle East Summer School of Science Communication）[13] 在西班牙南部开课，支持科技传播专业人员为"推动科学传播新发展"做出的努力。参会者包括现有的科学中心和博物馆的工作人员，以及这一领域的新鲜血液，来自包括大学、地方权力机构和协会在内的相关组织的人员。

支持媒体关注科学

国家和国际机构已经开始鼓励媒体关注科学，并且支持在该领域做出努力的记者。我们可以看到，政府越来越多地鼓励公立媒体集团提高并维持科学报道水平。在某些情况下，政府通过促进科学意识发展的国家计划为之提供支持，或是通过国家科技领域的机构和研究所来间接地提供支持。高科技企业有时也会赞助电视科学节目。

联合国教科文组织等政府间组织，也在试图提升媒体对科学的关注度，并支持媒体业人士在这一领域做出努力。2013 年 10 月，联合国教科文组织在主办东南欧地区科学传播专业人士会议期间，同时开设了一项记者课程，"旨在提升东南欧媒体对科学伦理报道的数量和质量，并致力于增进公众对科学知识重要性的了解，在东南欧发展重要的科学新闻文化"。[14] 从欧洲层面来看，欧盟委员会在 2007 年发布了一部关于科学新闻培训的指导意见，2010 年对该指导意见进行了更新（European Commission，2010），并在巴塞罗那组织了一场论坛来探讨科学的媒体报道以及相关培训中的问题。

2012 年在非洲的亚的斯亚贝巴召开了一次研讨会，全球和非洲大陆的政府间组织召集了非洲多个国家的科技新闻工作者、重要媒体机构的领导人和科学家"探讨如何将科学事务最有效地传达给公众"。[15] 在亚洲，巴基斯坦生物技术信息中心（Pakistan Biotechnology Information Center）组织了媒体研讨会并开设培训课程，旨在增强"电子和平面媒体对生物科技有关事务的客观报道能力"（Choudhary and Youssuf，2011：254）。

在支持全世界大众传媒进行科学报道的非政府组织之中，科学发展网络（scidev. net）以及世界科学记者联盟（World Federation of Science Journalists）值得在这里着重说明。科学发展网络为报道和讨论科学发展提供了一个互联网平台，特别是从欠发达国家的角度来看。这项服务得到了《自然》和《科学》杂志以及对发展中国家科学和技术特别感兴趣的发展援助机构和慈善组织的支持。它已经在世界各地发展出了一个通讯员网络，鼓励新兴人才，并发布从多角度报道科学事项的实践指南。相似地，世界科学记者联盟为欠发达国家想要专门从事科学报道的新闻工作者们提供了有经验的导师，并开设科学报道的在线课程。该组织两年一度的会议已经成为一个焦点，着重探讨影响媒体行业的危机对科学报道的影响，特别是在较发达的国家中。

大学开设的科学传播课程

在过去 25 年间，开设授予科学传播专业学位的课程已经被认为是科学传播基础牢固的标志之一。科学传播专业的硕士学位和研究生班最早设立于澳大利亚、英国、法国、意大利和西班牙，而后扩展到很多西欧国家、拉美国家及印度。最近，匈牙利的布达佩斯和葡萄牙的里斯本开设了科学传播专业的硕士课程，位于西班牙巴塞罗那的庞培法布拉大学（Universitat Pompeu Fabra）则开设了在线课程。在新西兰，奥塔哥大学（Otago University）在 2013 年为其科学传播课招聘了第二名教授，这个领域半数以上的学生来自海外。印度和韩国设立的数个科学传播或科学新闻专业的研究生学历及学位课程很大程度上得到了来自国家或地方政府的指导和资金支持。在巴西，科学和文化传播硕士（Master in Scientific and Cultural Communication）被坎皮纳斯大学（University of Campinas）列入已有的科学新闻传播学科之下（Vogt et al.，2009）。墨西哥国立自治大学（National Autonomous University of Mexico）在 1996 年起通过与一家科学博物馆紧密合作而设立的科学传播课程现在已经被关联至更早开展的科学哲学研究之内（Haynes，2009）。位于加拿大安大略的劳伦森大学（Laurentian University）与北方科学中心（Science North）合作设立了科学传播研究生班，并宣称其为"北美第一个也是唯一一个综合性科学传播课程"。[16] 不过，位于费城的德雷塞尔大学（Drexel University）和佛罗里达大学（University of Florida）传播学硕士也设有这个专业方向。此外，加拿大的另一家大学也在 2013 年起开始筹建科学传播专业的单科硕士课程。

虽然各国的文化和教育环境具有很大的不同，但是这些课程有着一些共同的特征，那就是：尽管它们都相对强调科学的社会研究，但在传播理论和专业技能方面有着很大的差别（Mulder *et al.*，2008；Trench，2012）。北美在这个领域缺乏代表性，他们侧重于更加严谨的科学写作和科学新闻的专业课程。总的来看，科学传播的全球发展状况并不是某一个通用模型的均匀扩散，也并非朝着一个方向发展；还有某些课程或项目由于其所在机构的合理化进程而被缩减、暂停或是终止（Trench，2012）。

大学对科学传播的研究

科学传播研究的个人项目和机构方案是随着研究生的教学计划一起发展起来的。第一批科学传播的博士研究项目的研究对象是那些经过培训后从事科学传播的科学家。最近，科学传播教学课程已经成为培养博士研究人员一个来源。最早设立科学传播研究生课程的国家往往也是正式学术研究代表性最强的国家。在许多情况下，这些国家中，那些在学历及学位班上授课的人自己也修完了这类课程并获得了博士学位。然而，在中国，在缺乏科学传播领域研究生项目的情况下[①]，科学传播研究已经发展。中国科普研究所为许多博士研究项目提供了支持，通常还会包括一段时间的国外访学，促进了国家之间以及大陆之间的经验交流。中国的科学传播研究产出处在一个相对高的水平，并且还在不断增长：一篇关于科普研究发展的报告给出了这样一个数据，在2002—2007年，中国在该领域共发表了1795篇文章（Ren *et al.*，2012）。

有研究者尝试描述当前科学传播领域博士研究的课题、理论和方法，结果表明其中存在着很大的差异（van der Sanden and Trench，2010）。虽然模式可能是复杂的，甚至是对立的，但是，从2012年的一次面向处于职业生涯早期的研究者们召开的网络会议上得到的非正式证据来看，数字上的趋势似乎是很明显的：截至2013年年底，科学传播领域正在进行中的博士项目数量可能会比在此前20年中的总和还要多。澳

---

① 实际上，在本书出版时，即2014年，中国已有科学传播领域的研究生教育、课程及相关项目了，清华大学、中国科学院大学（原中国科学院研究生院）、中国科学技术大学等均有科学传播方向的研究生培育计划及课程。中国科协早在2010年就推出了"研究生科普能力提升项目"资助项目。2012年，教育部与中国科协联合开展推进培养科普硕士试点工作，在清华大学、浙江大学、华中科技大学、北京航空航天大学、北京师范大学、华东师范大学6所"985"高校进行首批招生。——译者注

大利亚的一项关于科学传播研究的调查写道，这一领域的博士生数量从 1997 年的 3 个增加到 2012 年的 20 个；而在 21 世纪初的 10 年里，澳大利亚研究人员的研究文章产出数量较之 20 世纪 90 年代已经增加了 1 倍（Metcalfe and Gascoigne，2012）。在 21 世纪初的 10 年里，关于公众对科学的态度、对媒体和科学的态度以及科学传播政策的研究，基本上得到了同等程度的关注，这几项主题在科学传播研究论文主题中的占比排到前 3 位，比例分别是 19%、17% 和 16%。

　　科学传播专业的研究生教育的另外一项产出就是该领域专业学术期刊的出版。20 世纪 90 年代初，《公众理解科学》创刊，期刊的名称反映了它的来源——1985 年公众理解科学委员会的报告。同样的动因也推动了伦敦帝国理工学院（Imperial College London）科学传播硕士学位的设立。期刊《科学传播》的更名[①] 和《科学传播学报》（*Journal of Science Communication*）[②] 的创刊都反映出了这一领域研究生教学的进展和研究成果的增长。具体到地区层面来说，《夸克》（*Quark*）杂志已经由巴塞罗那的庞培法布拉大学的科学传播研究中心（Science Communication Observatory）出版超过 10 年之久。近年来，《日本科学技术传播》（*Japanese Journal of Science Communication*）、《印度科学传播学报》（*Indian Journal of Science & Technology*）、《科学传播者》（*Science Communicator*）和《科学气质杂志》（*Journal of Scientific Temper*）相继创刊。出版的模式不仅体现了国际化趋势，而且也体现了本土化趋势。这也体现在描述和讨论科学传播问题时所使用的关键词上，其中的某些关键词在特定的国家和地区有着独特的或是独有的用法，例如印度使用的“科学气质”（scientific temper）、中国使用的“科学普及”（science popularization）、拉丁美洲使用的“科学的社会获取”（social appropriation of science）以及法国使用的“科学、技术和工业文化”（scientific, technical and industrial culture，一般使用首字母缩略词 CSTI）等。

来自五个新兴科学传播中心的报告

　　为了说明科学传播的全球发展如何在不同背景的国家中得以体现，我们邀请了来自尚未在研究文献中引起较大关注的 5 个国家的作者，对这些国家的发展情况进

---

① 该刊原名《知识：创造、扩散和利用》（*Knowledge：Creation，Diffusion，Utilization*），1994 年更为现名。——译者注

② 该刊隶属于意大利国际高级研究学院（Scuola Internazionale Superiore di Studi Avanzati），是一本开放获取的在线出版物。——译者注

行概述。值得注意的是，这些报告中都涉及上面提到的几个要素。

阿根廷

全球化进程对科学和技术实践的影响在阿根廷和其他拉丁美洲国家，特别是巴西、哥伦比亚和墨西哥得到了验证。有许多指标反映了科学传播正逐渐成为一个不断扩大的文化产业。在过去的 10 年间，阿根廷的经济增长促进了公共政策的完善，增强了基础科学技术体系的能力，从而形成了科学传播的制度化环境。2007 年，阿根廷科技和生产创新部（Ministerio de Ciencia，Tecnología e Innovación Productiva，Ministry for Science，Technology and Productive Innovation）的创建是一个新时期到来的信号。近年来，阿根廷遵循区域趋势，研发投入增长迅猛，增速超过了欧洲各国、美国和加拿大，尽管仍落后于亚洲国家。其中，生物技术、纳米技术、信息技术和食品技术领域已经出现明显增长（Ricyt，2011）。公共政策话语逐渐转向知识经济并且减少了对商品生产的依赖。这个框架强调了包括加强传统博物馆和新科学中心在内的科学社会传播的重要性。

正如媒体化进程所体现的，科学机构与大众传媒体系的关系越来越密切（Weingart，1998；Väliverronen，2001；Peters *et al.*，2008）。科技机构得到了正式和非正式的规则支持，积极吸收媒体和舆论的运作逻辑，包括媒体运营的实践、价值观以及体系和技术模式。正如前文提到的，这里包括一些指标：大学和科学技术机构中公众传播团体和机构的建立或稳固；科学家与新闻工作者之间联系的增强；参与、对话、公众包容等言论的逐渐凸显；等等。科学家们倾向于在公共领域取得突出地位，并参与更广泛的社会辩论。这与国家政治的新趋势有关，知识分子、科学家和公众人物已经普遍恢复了他们的公共角色（Polino，2013）。同时，经验证据表明，科学新闻也正在逐步实现专业化和制度化（Gallardo，2011；Vara，2007）。在过去的 15 年间，媒体聘用了专业记者，增加了对科学技术相关问题的报道。阿根廷的主要报纸、公共电视和部分商业广播节目对科学研究和发展的报道已经变得越来越多。从一项全球调查中阿根廷的数据可以看出，科学新闻工作者通过网络和专业协会自发地组织起来[17]，满怀期待的年轻专业人士正在进入科学新闻和科普领域（Bauer *et al.*，2013）。其中的很多人通过大学课程项目进入了这个领域，尽管科学传播培训项目的发展依然十分有限（Murriello，2011）。

公共需求的增加体现在出版社对科普读物的出版数量上，其中既有本土创作的作品，也包括一些欧美作品的译本。科普杂志的市场份额也在增长。近期，为了激励科学创作，阿根廷还设置了科学新闻和科普图书方面的竞赛和奖项，这是文化产业对科学相关事务的兴趣增强的另一个表现。关于公众理解科学的全国性调查说明，这些发展与受众的兴趣和文化习惯有关（Mincyt，2012；Secyt，2004，2007；Polino，2012）。

然而，阿根廷的科学传播环境与其他拉丁美洲国家一样，也面临着一些制约。正如波利诺（Polino，2013）指出的，制度化的传播有着一些结构性的弱点：尽管大学和联邦机构承认新闻办公室的重要性，但是这些团体却缺乏相应的资金支持，大多数没有稳定预算或永久职位来制作科学传播素材，因此，它们开展的许多活动都是自愿性的。虽然这一情况看上去正在缓慢地发生变化，但科学家们并没有受到明确的激励去参与公众传播。从科学生涯的角度来看，这样的活动通常被认为是锦上添花式的（decorative）。这直接导致了科学传播更倾向于整合和联系那些已经参与其中的人，而新人的加入有很高的门槛。

另一个问题是传播的概念和公众的认知，这是科学传播和科学普及领域的很多制度性倡议的基础。尽管强有力的证据表明了缺失模型失效的原因，以及该模型如何使科学和技术的形象被曲解（如 Bucchi and Trench，2008；Dierkes and von Grote，2000），然而许多大学在科学传播方面的努力仍然受该模型启发或以其为导向。很多科学家在与记者打交道时会使用教学用语，因为他们认为记者们需要（来自科学家的）教育。这种情况带来的明显的紧张气氛在公开课、演讲和有媒体参与的场合频频出现。

对话和社会参与作为价值观并没有被明确地转化为制度实践：目前，阿根廷几乎没有任何支持公民参与的机制。我们也可以观察到，媒体往往倾向于采用描述性的而不是分析性的视角；科学新闻常常被简化为科学发现，而忽视了那些对风险、利益冲突或科学与经济的联系的看法。少数信息源主导了新闻报道，因此，媒体能提供的比较性内容非常有限。

爱沙尼亚

20 世纪 90 年代的政治、经济和社会的剧变使爱沙尼亚原有的以意识形态为主导和以科学家为中心的苏联式科普制度几乎全面崩溃，像科普杂志《地平线》这样的少数幸存者，则是由热心的爱好者经营的。由于科普的边缘化，这一事业获得的资源和支持也很少。到世纪之交，爱沙尼亚开始着手将自身建设成一个以信息技术为重点的创新型国家。但随之而来的现实问题是，科学家和工程师的缺乏与科学太过低调的公共形象将极大地影响这一领域未来的成功。自那时起，社会中大量科学家和工程师所带来的经济效益，以及吸引年轻人投入科学和工程的需求，一直是爱沙尼亚科学传播活动中的主要话语，尤其是在公共部门的科学传播活动中。

通过爱沙尼亚研究理事会（Estonian Research Council）和一些计划，政府资助了各种活动，让青少年参与科学相关活动。这些活动注重动手实践，例如学校里的机器人工坊或科学中心的互动式学习项目，并且注重鼓励学生们选择从事科学事业。值得注意的是，很多活动都是以青少年（youth-to-youth）项目而受人关注，其中最著名的是爱沙尼亚国家物理学会（National Physics Society）的"科学巴士"（Science Bus）项目。该项目主要是向学校输送科学剧。为进一步提高这些活动的公众可见性，爱沙尼亚将 2011 年 9 月到 2012 年 9 月的一年时间定为"科学年"（Year of Science）。

政府支持的最大规模的科学传播项目是由欧盟部分资助的 TeaMe 项目（2009—2015）。该项目面向公众的主要产出是两个黄金时段的电视节目：其中一个是著名科学家的系列介绍，另一个是学生游戏节目。该项目还资助了科学家和记者的培训，并为学校进行各种学习资料的开发。

最近几年间，科学中心和博物馆已经在科学传播领域发挥了至关重要的作用，新建筑和新展览也在不断出现。塔尔图（爱沙尼亚第二大城市）的新科学中心的开放，以及塔林（爱沙尼亚首都）水上飞机港的海事博物馆（Maritime Museum）的新展览，都是其中的大事件，吸引的游客数量创下了新纪录。新科学中心还协办了年度"研究人员之夜"（Researchers' Night）活动，现在已经成为一项为期一周的系列庆祝活动，其闭幕式会在国家广播电视台的主频道上进行直播。然而，除了这个节日，面向成年人的活动仍然很少，而且绝大部分都是一次性的。

在大众传媒中，虽然大部分主要报纸都有科学领域的一般撰稿人，但是，仅有国家广播电视台为每周的播报节目聘请了专门的科学记者。另有一些网站专注于科技新闻，其中有名的网站之一（www.novaator.ee）是由塔尔图大学（University of Tartu）主办的。科学报道主要是信息性和宣传性的，少有批判性的分析。因为公众对科学的信任问题不是科学传播的主要驱动因素，所以几乎没有关于科学的本质或对批判性新闻的需求的讨论。研究机构披露的公开信息往往侧重于机构事务，而不是呈现科学成果。然而，有一些科学家则有技巧地与媒体进行直接交流。爱沙尼亚研究理事会每年都会颁发国家科普奖项。

爱沙尼亚科学传播领域过去 10 年的急剧变化是内外因素共同作用的结果。以青年科学家国家竞赛为例，在欧盟委员会允许爱沙尼亚参加欧洲的竞赛之后，爱沙尼亚即开展了全国竞赛。许多重大项目（博物馆项目、电视节目）都获得了来自欧盟的一次性资金支持。然而，这也是在爱沙尼亚做出了将资金用于科学传播相关项目的决定之后获得的。不过，固定资金仍然是许多活动面临的最迫切的问题，政府主要通过每年一次的公开招标来对这些活动提供支持。

马来西亚

马来西亚政府的若干重要政策都已经反映出了科技的重要性，例如《2020 年愿景》（Vision 2020）、《马来西亚第十次计划》（the 10th Malaysia Plan）、《国家科学技术政策》（National Science and Technology Policy）、《国家生物技术政策》（National Biotechnology Policy）和《国家农业政策》（National Agricultural Policy）等。推动科学与创新融入马来西亚社会的相关举措包括：将 2010 年定为马来西亚创新年，将 2011 年定为科学与数学促进年，将 2012 年定为国家科技创新运动年，等等。

国家科学中心（Pusat Sains Negera，National Science Centre）和国家石油博物馆是马来西亚科学普及的中心。国家科学中心由政府在马来西亚科技创新部（Ministry of Science，Technology and Innovation）的赞助下运行，而国家石油博物馆则是领先的油气集团——国家石油公司出资建设的。国家科学中心开展各种科普活动，为联邦直辖区吉隆坡以外区域的人们提供参观的机会；科学营项目为农村地区的学生提供机会，使他们可以参加互动实践活动，体验、学习科学技术。该中心还为教师举办特别项目，组织比赛和嘉年华，以培养他们对科技的兴趣。国家石油博物馆是一个互动的科学中心，介绍石油工业领域的科学和技术，并通过实践来展示科学常识。此外，国家天文馆（National Planetarium）也积极参与空间教育相关的教育及科普活动（Zainuddin，2008）。

马来西亚的各种组织一直以来都致力于科学事业。马来西亚科学院（Academy of Science Malaysia）开展了系列活动，例如，研究人员回校讲座、测验与竞赛、科学训练营、科学与数学博览会、国家科技月，还举办展览，发行出版物，以提高公众的科学意识。全国各地的大学和学院在假期自主或合作开展科学营活动。政府各部门也自行举办活动，或与大学、法人机构或非政府组织合作，通过与其特定职责相关的项目和活动发挥自己的作用。

科技创新部的成果之一就是开展了 MyBiotech@School 计划，通过动手实验、多媒体演示以及科学家、行业专家的展示和演讲，向全国近 4 万名学生普及生物技术

（Mivil，2013；BIO-BORNEO，2013；Firdaus-Raih *et al.*，2005）。自然资源和环境部（Ministry of Natural Resources and Environment）、环境部（Department of the Environment）已经开展了多项环保意识促进计划（Pudin *et al.*，2005），而卫生部（Ministry of Health）则组织了卫生相关活动（MOH，2010；Malaysian Digest，2013；CAP，2011）。非政府组织也通过各种项目和网站，在提升马来西亚的科学意识方面扮演了重要的角色。[18]

主流报纸在向公众传播科学信息方面发挥了突出作用。2009年1—3月，主流报纸总计发表了约300篇科学相关的新闻（Arujunan and Aziazan，2011），其中约2/3的文章关注医疗和健康相关的问题，剩下的1/3则分别关注了生物技术、空间、生物多样性、环境、农业等领域。科学问题的报道往往追踪当前国际国内热门话题或争议话题，包括任何特定时间的政策焦点。

尼日利亚

在尼日利亚政府看来，尼日利亚未来的经济发展取决于科学技术的快速传播，这是加速经济增长最好的方式。技术驱动的移动电话行业在创造就业和增加财富方面的成功，无疑使得尼日利亚政府更坚定了这个政策方向，并且希望这种成功可以在其他行业得到复制。尼日利亚移动电话终端数量从2001年不足1百万增加到2010年的1亿以上，体现了政策变化对经济增长的重大影响——2001年，国家终止了对电信行业的垄断。

2010年，尼日利亚召开了一次科技峰会，旨在激发公众对科学、技术和创新的兴趣，激励本地的研究人员、发明家和创新者，并促进现代技术的本土化。峰会的主要参与者包括联邦机构、联合国千年发展目标（Millennium Development Goal）机构、中小企业、工商业协会和国际组织。随后，尼日利亚在2011年出台了一项新的科技创新政策；此前，尼日利亚第一份类似性质的政策在1986年颁布，并分别在1997年和2003年进行了修订。新政策强调创新和技术转移的重要性，并为促进科技创新传播和科学文化教育制定了具体目标。

尼日利亚科学院（Nigeria Academy of Science）为联邦政府提供科技创新领域的咨询服务，其中之一就是对研发机构进行审计。另一项服务是提议在各机构之间达成协同增效，并创办国家科学技术年度论坛。当时尼日利亚联邦科技部（Federal Ministry of Science and Technology）的19个科学机构相互独立运作，每个机构分别举办自己的公共展览，并管理各自的图书馆和科学博物馆。如果没有在联邦和州的层面上举办更高级别的科学意识活动——包括国家研发机构的众多成果的定期展示——这些成果在很大程度上依然不会为广大公众和技术的潜在使用者所知晓。

尼日利亚科学院也积极参与科学普及工作。2012年，尼日利亚科学院举办了一场关于科学研究有效传播的研讨会，旨在为科学家和公众搭起沟通的桥梁，并将年轻的科学家和新闻工作者聚集在一起。科学院还与私有企业斯伦贝谢（Schlumberger）公司、尼日利亚青年学院（Nigeria Young Academy）以及科学、工程和数学专业的教师和志愿者合作开展斯伦贝谢卓越教育发展（Schlumberger Excellence in Education Development）计划[19]。该计划为学生和教师提供在研究项目中共同工作的机会，旨在激发学生对科学的热情，通过培养学生的批判性思维、创造力和创新技能，增强他们的技术潜力。

尼日利亚媒体定期刊发科学技术文章。被誉为尼日利亚新闻界王牌的《尼日利亚卫报》（*The Guardian*）已经固定开设科学专栏数十年之久。媒体分析（Falade，2014）显示，尼日利亚新闻中科学内容的百分比接近英国和美国的水平。

土耳其

土耳其人口超过7500万人，且相对年轻。政府已经认识到科学传播的价值，并投入大量资金来鼓励公众参与科技活动以发展科学文化，并在国内发展对话型的科学传播文化。土耳其科技研究理事会（Scientific and Technological Research Council of Turkey，TUBITAK）与地方政府合作，在全国各地建立科学中心，其目标是到2016年在国内所有16个大城市完成科学中心的建设，到2023年完成所有81个城市的科学中心的建设（TUBITAK，2013）。理事会还负责推动、资助和开展前沿科学研究，并将研究成果向公众公开。理事会还为儿童和公众制作出版科普书籍和科普杂志。

土耳其国民教育部（Turkish Ministry of National Education）也一直在与该理事会和土耳其广播电视公司（Turkish Radio and Television Corporation）合作开发有效的科学传播形式。教育部的参与反映了科学教育的最新变化：培养具有参与精神和科学素养的公民已经成为新科学课程的重点。[20]新媒体素养课程[21]尤其鼓励公众参与有关科学社会问题的政策辩论，这被认为是维持一个健康民主体系的必要条件（Cakmakci and Yalaki，2012）。

但土耳其还有几个问题仍需解决，其中包括：科学传播的研究人员较少，科学普及的研究成果非常有限，等等。所有的传播学院或者是其他类似的学院都没有设立专门的科学普及部门。土耳其新闻界经常报道与科技有关的事项，但很少设有独立的科学板块。为科学新闻撰稿的记者在科学传播方面的专业知识十分有限（Erdogan，2007）。但是，政策报告中忽略了提高科学传播研究、教育和实践质量的必要性和实现手段。这些活动以及科学传播实践社区的建立和维持并没有得到像科学中心等物质产出那样的重视。土耳其面临的另一个挑战是，科学普及政策周期过短且缺乏可持续性。在十多年的时间里，土耳其的教育部长更换了 5 次，每任的优先事项、议程和对科学传播模式的偏好（从缺失模型到对话和参与模型）都有所不同。这导致了公众、政策制定者、科学研究人员和从业者之间的紧张关系。

结语

上述 5 个国家科学传播状况的概况有着惊人的相似之处，但是国与国之间却基本没有联系。这些概况可以作为证据表明，科学传播并不是通过复制他国模式实现全球扩散的，而是已经代表了一种国际化的现象。"科学传播"这一术语远远没有得到普遍认识，也没有被统一使用，国际化程度却已经如此之高。在文化背景明显不同的国家，政府也做出了类似的承诺来促进科学发展并提升公民的科学意识水平和对科学的接纳程度。在这些例子中，关于科学在技术和经济发展中扮演的角色以及激发公众（尤其是青少年和儿童）对科学的兴趣这一作用也十分相似。

值得注意的是，这些报告的撰稿人是了解科学传播国际出版物和有关科学传播模型的讨论的学者，这些内容也在本书其他章节继续讨论着。因此，他们比其他人更有可能注意到这些新的地区里旧的模型的持续力量。然而，有一个结论是不可忽视的：从那些在科学传播领域具有悠久的制度化传统地区的观察中得到的，从缺失模型到对话模型转变的假设（无论其是否有效），不适用于那些在科学传播领域尚处在"发展中"或是"脆弱"状态的地区。

进行这种观察并不是为了进行评价和判断，也不是要形成并应用任何进化的观点和视角。它提醒我们：不同的社会条件会塑造不同的传播体系和实践，从一个地区观察得到的趋势未必一定能够用于其他地区；在科学传播领域，关于旧和新，或更好与最好的讨论，需要参考特定的环境条件。我们已经看到，大量的证据表明，以教学为导向的科学意识项目可以同科学中心和科学咖啡馆中的开放、互动、对话等形式的传播共存。当然，科学咖啡馆跨越大陆的发展是全球化的一个很好的实例，证明这种模式现在可以更广泛地适应各地的环境。英国科学咖啡馆的命名很奇怪地完全采用了法语词汇"café scientifique"，并为科学咖啡馆的国际行动提供了信息和建议。[22]

正如我们所见，一些其他科学传播形式同样也已在全世界得到了发展，包括科学周、科学节、科学媒介中心、为科学家开设的短期传播培训课程以及科学传播人员专业研究生教育等。虽然国际科学传播共同体在很多情况下已经通过网络有效地互相学习，但是，他们还需要开发更为复杂的工具，从而在全球背景下对科学传播进行思考和分析，以全球的视野来关注各种模式的异同。

问题与思考

· 科学传播全球发展的主要政策和其他驱动因素是什么？

· 在特定情境下，塑造科学传播体系及实践的社会和文化因素是什么？

· 我们可以使用哪些分析标准来最有效地识别不同国家科学传播文化的异同之处？

尾注

［1］后5位作者分别贡献了关于各自国家情况的报告。拉蒂法·阿敏是马来西亚国民大学通识研究中心副教授；居尔特金·恰克马奇是位于土耳其安卡拉的哈斯特帕大学的副教授，研究方向是科学教育；班科莱·法拉德2013年在伦敦政治经济学院完成了关于尼日利亚科学传播的博士研究；阿尔科·奥勒斯克是爱沙尼亚塔林大学科学和创新交流中心主任；卡梅洛·波利诺是阿根廷布宜诺斯艾利斯科学、发展和高等教育研究中心（Centro REDES）① 资深研究员，研究方向是科学传播。

［2］项目网站及所有报告，请访问：www.masis.eu。

［3］参见网址：www.jst.go.jp/EN/about/index.html#NOTE2。

［4］参见网址：www.jst.go.jp/EN/operations/operation2_c.html。

［5］参见网址：https://www.miraikan.jst.go.jp/en/aboutus/。

［6］参见网址：www.petrosains.com.my。

---

① Centro REDES，全称 Centro de estudios sobre Ciencia，Desarrollo y Educación Superior，为阿根廷国家科技研究理事会（Consejo Nacional de Investigaciones Científicas y Técnicas，CONICET，是阿根廷最高科学研究机构）下辖机构。有关内容参见 http://www.conicet.gov.ar/ 和 http://www.centroredes.org.ar/。——译者注

［7］根据本章第一作者作为活动导师所掌握的研讨会材料。

［8］参见网址：www.masis.eu/english/storage/publications/nationalreports/。

［9］参见网址：http://sciprom.cpn.rs/#about。

［10］参见网址：www.wellcome.ac.uk/stellent/groups/corporatesite/@msh_grants/documents/web_document/wtp052897.pdf。

［11］参见网址：www.sciencemediacentre.net/。

［12］参见网址：www.sciencemediacentre.org/working-with-us/for-scientists/intro/。

［13］参见网址：www.ecsite.eu/news_and_events/news/summer-school-science-communication-and-euro-mediterraneanmiddle-eastern-solida。

［14］参见网址：www.unesco.org/new/en/venice/about-this-office/single-view/news/call_for_participation_south_east_european_science_journalism_school_deadline_8_september_2013/#.UnI-RXAmWSo。

［15］参见网址：www1.uneca.org/TabId/3018/Default.aspx?ArticleId=1989。

［16］参见网址：www.sciencenorth.ca/sciencecommunication/。

［17］参见网址：www.radpc.org/。

［18］参见网址：www.mac.org.my；www.cancer.org.my；http://ensearch.org/global-gateway/environmental-ngosin-malaysia。

［19］参见网址：www.planetseed.com。

［20］参见网址：Turkish Ministry of National Education，*Science Curriculum*，at http://goo.gl/jSSG5w。

［21］参见网址：www.medyaokuryazarligi.org.tr。

［22］参见网址：www.cafescientifique.org/。

（赵泽铭　译）

请用微信扫描二维码
获取参考文献

17

科学传播效果评估：评价方法述评[1]

费德里科·内雷西尼、朱塞佩·佩莱格里尼

导言

"评估"（evaluation）一词在日常使用中被用于各种语境以表达对一些活动的判断。这是一种很自然的运用，看起来既不需要非常谨慎的思考也不需要特殊的技能。譬如，我们在决定是否使用一种特殊的技术、判断一个同事是否很好地完成了他的工作、与我们对话的那个人是否理解了我们想要表达的意思时，我们就在做出评估。

抛开评估的各种应用对象不论，评估首先意味着确立一个范围，至少在这个范围内，一项既定的行动产生了效果，而且这些效果与这项行动实施的目标是相匹配的。当评估脱离了日常领域，并成为一组活动来评价比常规行为更复杂、更结构化且更有野心的行为的结果时，这个定义仍然有效。因此，我们有各种各样的评估，如教育绩效评估、某个特定政治决策的社会影响评估、一项公共服务的质量评估、一项技术应用所宣称的优势评估、一项传播活动的效果评估等。本章我们将对公众科技传播领域各类计划措施评估的方法进行评述。

一些新的变化趋势导致人们对科学传播过程进行评估的需求不断增长。许多机构改变了他们的传播策略，即从"传播预先定义的、经过制度化验证的科学事实"转向"协助创造空间来检验参与技术环境争论的行动者们所提出的各种风险定义中潜在的、具有价值负载的假设和利益"（Maeseele，2012：69）。同时，人们也要求公众科学传播有所改进，并要求开展知识和技能培训，从而使科学信息能更有效地传递给公众（Wehrmann and De Bakker，2012）。有建议指出，评估作为"反思循环周期"的一部分，可以增强传播的质量（Stevenson and Rea，2012；cf. McKenzie，2012）。在这一视角下，评估成为一项结构化的正规活动、一项系统的调查，它运用具体的程序来收集并分析一个项目、规划或一次计划性干预的内容、结构和结果等信息（Guba and Lincoln，1989）。通过努力降低不确定性，评估在支持决策制定过程和规划以及活动选择中，也可能扮演了一个政治角色（Baton，1986：14）。因而，评估的任务就是产生有关经验和判断的系统证据，为一项规划的参与者们提供一组可用的选项（Weiss，1998）。简而言之，评估指的是：对一项行动的最初设想及其实施情况进行对比，来看是哪些因素决定或解释了它的成功或失败。

评估的不同阶段及其内容与方法

组织一场传播活动、策划一个展览、报道一则新闻、建设一个网站、建立一个科学中心，以及所有其他与公众科技传播有关的活动都会随时间而发展变化。它们的评估可分为三个阶段：设计（事前）、实施（事中）和总结（事后）。虽然这种划分明显过于简化，但仍不失为聚焦评估的某些关键方面的一种有用方法（参见 Grant，2011）。

在设计阶段，评估集中于充分获取与所追求的目标相关的可用资源。因此，评估不仅包括资金、时间、人力资源等方面，而且包括采用的传播策略能否影响到目标受众。所以，了解参与传播的对话者相关的主要特征至关重要（Storksdieck and Falk，2004），这对后续的结果评估也非常重要。[2]

在实施阶段，评估基本上就是形成性评价，它试图确定正在进行的活动中，哪些是可行的，哪些是不可行的，并据此对活动进行相应的调整（Scriven，1991）。这种评估就需要分析参与者之间的互动模式，识别障碍和不可预见的影响，并监控可用资源的使用情况。事中评估通常也使用内容分析和人类学观察。例如，评估可以聚焦于一场科学家和公众的公开会议中发生了什么，正如共识会议那样[3]，或者关注一次博物馆或者科学中心的参观是如何发展为一种包含学习、娱乐、社会关系和情感的体验的（Kotler and Kotler，1998；Storksdieck and Falk，2004）。[4]在一项正在进行的传播活动中也能收集到信息，并利用这些信息来实施维斯（Weiss）所提出的"以理论为基础的评估"：

这种评估模式将一项计划为何会起作用的潜在假设搬上了台面。之后，通过搜集和分析形成最终结果的各个阶段的数据来追踪那些假设。然后在每个步骤之后进行评估，以确定计划中的事件是否真实发生。

（Weiss，2001：103；也可参见 Gascoigne and Metcalfe，2001）

大学授课型项目中的技术整合是通过互联网进行形成性评价的一个很好的案例（Bowman，2013）。学校设计了为期一学期的维基项目（wiki project），并采用形成性评价方案对其进行评估。评估充分考虑了学生们的建议，给出了未来该项目在结构上以及传播方面的修改方案。同时，学校以一项开放式的问卷调查来验证学生们内容学习的有效性，即验证"通过维基项目，学生们是否更好地理解了现实世界的应用，以及他们对维基项目的缺陷和 / 或挑战的感知"（同上：4）。

英国粒子物理学和天文学研究委员会（British Particle Physics and Astronomy Research Council）推进的大型强子碰撞机（Large Hadron Collider，LHC）传播项目也是形成性评价的一个很好案例。LHC 传播项目旨在"促进公众参与粒子物理学，并提出了一个四年计划，这个计划包含两个目标——增加公众的粒子物理学知识以及增进他们对粒子物理学的支持，同时鼓励年轻人在 16 岁之后的专业选择中选择物理学课程"（PSP，2006）。该评价旨在评估公众在粒子物理学以及 LHC 项目背后的基本科学问题方面的知识水平以及他们对相关问题的理解程度。它试图测量公众的认知，并提出相关问题以帮助改进传播过程。这些研究主要针对两个群体，一是对科学感兴趣的一般公众，二是学生和他们的老师。研究通过焦点小组、访谈、问卷调查和讨论等方式进行形成性评价，并得到了有助于改善项目过程中的传播方法和内容的结果。

最显著的评估一般在传播过程的总结阶段（即事后），因为，事后评估能够根据一项行动想要达到的目标来决定和解释该行动是成功的还是失败的。一项评估，如果是在公众科技传播活动完结后聚焦于活动的效果而开展，那么它也被称为总结性评价，它与形成性评价形成了对照。一项最新的研究想要评估公众科技传播领域受过训练的科学家的写作技能。该研究采用了总结性评价工具（Baram-Tsabariand Lewenstein，2013）。该工具在一个分析框架中评估科学家的书面交流能力。这项研究有助于更好地理解科学家的技能。研究显示，在某种程度上，科学家需要学习一种新的科学语言，即"公众科学传播话语"（同上：80），作为与公众交流的一种方式。

在总结性评价中，区分产出（output）和成果（outcome）是很常见的。就产出而言，结果（results）被定义为有效地完成了最初的设想，从而使传播发起者的观点被赋予了特权。而就成果而言，结果被看作是传播所带来的变化，因此关注点（至少潜在地）聚焦于传播过程的所有参与者。当就产出和成果进行评估时，可能产生相反的判断，更重要的是，在产出方面取得好的成效并不能保证在成果方面也能取得好的成效。

在解决实施一项公众科技传播活动的评估可能会遇到的问题之前，我们先来关注一下让评估能够得以真正实施的操作条件。我们可以看到某些矛盾：一方面，人们普遍认为，评估是有用且必要的；而另一方面，评估却并不总是能得以实施。

为了评估一项公众科技传播活动，我们需要一开始就尽可能精确地界定该活动的目标，投入足够的资源（金钱、时间、人员），确保评估过程和评估的负责人具有足够的合法性。

对于那些需要应付上千个任务且不断处理日常突发事件的人们来说，把时间花在弄清楚人们希望一项公众科技传播活动能达到什么目标上是一件徒劳无益的事情，而这种现象很常见。然而，反过来想可能是适用的：最初"浪费"在精准地确定目标上的时间会以各种方式得到回报，尤其是通过评估，它为经验借鉴奠定了坚实的基础。

从一开始就明确活动的目标并计划评估，也使得我们可以为评估过程留出必要的资源，避免它成为一个人们出于善意和在业余时间才参加的活动。像其他活动一样，评估也需要经费、时间和人员的支出。

有一个事实不能被忽视——评估可能会变成一项无聊的活动，尤其是涉及公众科技传播项目等复杂且多样化的活动时，这需要我们正视失败并且为之承担责任。此外，如果一项评估只是被看作一些人强加于另外一些人的测试，例如，活动的发起者测试他们的目标受众，或是活动的资助者测试那些执行者，那么，评估永远无法完成的风险就增大了。评估是一个脆弱的过程，有无数的方式可以破坏它。

考虑到评估的这些特征，决定由谁来执行传播过程的评估非常重要。在实施有效的评估时，需要特别考虑是使用内部评估者还是外部评估者。一些研究声称，内部评估可以提高传播项目实施者的自我意识，丰富和增强他们的技能（Irwin，2009，Jensen，2011）。出于这种考虑，项目经理和操作者成了特权人员，他们可以对过程进行分析，并确定合适的指标和目标群体。由内部人员进行的评估可以有效利用资源，快速且充分地利用已有的专业知识，根据期望去改善并实验各种传播形式。

然而，专业性的评估研究文献通常推荐使用外部评估者。例如，罗西等（Rossi et al.，1999）提出的标准强调了使用外部人员以确保评估中立的重要性，因为外部评估者不会受到与利益相关者的关系的影响，并将坚持用一种客观的方法来了解参与者无法掌握的情况。当然，外部评估者需要更多的时间来制订评估计划，包括确定研究的范围、有关的目标群体、需要检查的过程和结果等。

在任何情况下，无论决定使用内部还是外部的操作者来评估传播活动，都需要强调评估者在形成性和总结性阶段分析传播过程和结果的能力，以及他们表达自己的判断以改进方案的能力。简而言之，评估应该被所有参与项目的人们看作项目不可或缺的重要部分。项目的参与者应该尽可能地就此达成共识，而不是自上而下强加于人。对于那些参与者来说，评估的价值应该是显而易见的，每个人都应为评估的实施做出贡献，每个人也都应该从中受益。实施一项形成性评估（而不仅仅是总结性评估），不只是聚焦于结果的持续性反馈，这样评估的可行性和价值才会大大增加。

评估属于社会研究的范畴，但具有独特性

评估和社会研究有许多同样的关键术语，如"分析""理解""测量""解释"，这并非巧合。事实上，评估不过是将社会研究应用于上述目的罢了。因而，评估必然涉及社会研究通常所关注的认识论和方法论问题。详细地考察这些问题显然超出了本章的讨论范围。但是，我们仍须对这些问题进行简短的讨论，以突出评估相关的几个重点。

以"转基因国家？"为例，这是英国政府在2002—2003年发起的一项计划，包含了形式多样的活动，如初级研讨会、一系列不同类型的公众会议、一个专门的网站、各种焦点小组以及一项收集参与者反馈意见的调查（36533份完整的调查问卷）。这项计划试图"在英国转基因作物可能会进行商业化种植的背景下，促进就农业和环境中的转基因问题进行创新且有效的公共辩论"（PDSB，2003：11）。其主要目的是让公众参与农业和食品部门的生物技术监管相关的重要决策，也试图向公众提供他们参与辩论所需要的信息。

该计划需要大量的资金保障（大约100万欧元），而且，当计划结束时，有关其结果评估的辩论就已开始了。这一讨论涵盖了很多方面，其中包括"转基因国家？"计划是否有能力产生真正的参与，是否有能力表达出当前社会所有阶层的观点，以及是否有能力为立法提供指导。[5] 在辩论的过程中，出现了大量的问题，例如"参与"意味着什么，谁是"公众"，如何定义"代表性"，如何确定这项计划是否成功，以及在何种范围内是成功的。很明显，这些问题都与"转基因国家？"所追求的目标有至关重要的关系。

该计划的结论对这些问题没有达成共识。这一事实突出了一点：事前对该计划具体目标缺乏一个足够清晰的界定。很明显，"转基因国家？"的参与者们追求着不同的

目标，或者说，至少他们对计划中使用的术语给出了不同的含义（Rowe *et al.*，2005）。换言之，每一个参与者都在从不同的视角观察，进而评估这项计划的过程及结果。

解决观点问题的标准很显然不是唯一的，因为每一种解决方法都有其优点和缺点。但是，恰恰由于这一原因，即便评估研究仍然是选择和磋商的结果，还是存在一些可以引用的参数，帮助研究者判断哪个视角已经被接纳。简单来说，评估产生的结果只有与语境相关才有价值，评估结果是在这种语境（从观察某项计划的目标开始）中而不是在某些绝对的环境下获得的。

评估和社会研究另一个共同的方法论问题是，必须应对所谓的定量研究（主要为标准化问卷调查）和定性研究（散漫的访谈、人类学观察、焦点小组等）之间的对立。定量的观点认为，在研究者和被观察的现象之间存在一种相互关系，其典型特征是客观、中立、相互分离。定性方法则强调参与、直接的关联，以及基本的互利互惠。[6]然而，如果我们看看已有的评估研究，就可以清楚地看到，在定量和定性研究方法之间进行严格对立毫无裨益。例如，作为局外人，研究人员在评估2009年剑桥科学节时同时使用了定量和定性的方法（Jensen，2009）。在该案例复杂的语境中，研究人员使用了一种"三角测量方法，即通过对同一话题采用各种相互交叠的方法来平衡任何一种数据收集方法所固有的优点和缺点"（同上：4）。事实上，根据传播计划的特性和语境，使用不同的工具来提高评估的适宜性是一个很好的策略（Joubert，2007）。在"爆炸！"项目案例中，开放大学（Open University）和BBC制作了众多科学节目以促进公众参与科学。每个项目（播客、事件、视频等）都按照科学拓展活动被评估是否成功，并且使用了不同的评估工具。混合法有助于评估和促进这些活动（BLAST!，2005）。

英国的博物馆和美术馆战略调试计划（The Museum and Gallery Strategic Commissioning Programme）提供了另一种有趣的混合法评估经验。外部评估者综合使用了问卷调查、访谈、参观访问、（通过查阅文献材料的）案头研究、收集定量和定性数据等方法对该计划的活动进行了评估。最后的评估结果报告包含了定量数据和定性结果，以及13个说明性的案例研究（RCMG，2007）。

我们曾进行过一项探索性研究，对欧洲层面的科研机构进行抽样研究，询问它们公众参与活动的传播是否导致了研究机构的组织变化。在该研究中，我们采用了一个类似的设计，并将公众参与视角与例行的机构活动进行了结合（Neresini and Bucchi，2011）。在第一阶段，我们使用了定量的问卷调查，紧随其后对机构网站进行了全面的评估。在第二阶段，我们对每个机构中的四类受访者进行了定性的深度访谈。这一研究设计对资源、过程、公众参与活动的输出都进行了广泛分析。

对公众科技传播活动的评估有何独特性？

评估研究依赖于一个计划的具体目标以及达到这些目标的过程中所包含的活动类型。这产生了一些问题：公众科技传播活动的评估是否不同于其他活动的评估？在公众科技传播被解释的方式和遵循这种解释方式而开展的评估之间，存在着什么关系？一项公众科技传播活动，可以是以知识传播为目的，也可以是以促进不同社会群体对某一特定问题进行讨论为目的，针对这两类公众科技传播活动的评估是不同的。在第一种情况下，结果很大程度上是预先决定的；而在第二种情况下，活动则会是更具开放性的。如果围绕不同议题的公众科技传播活动能够得以实施，并以促进态度、行为和知识的变化为目标，那么它们的评估也应该能考虑到这些。有很多可供选择的方法，对它们的选择取决于一项公众科技传播活动所预期的结果是哪种类型的。评估知识方面量和质的变化与评估态度或行为的变化所需的方法和评估技术是不同的。

哈佛自然历史博物馆（Harvard Museum of Natural History）的交互式平板电脑的使用是一个很有意思的语境评估案例（Horn *et al.*，2012）。该评估采用视频记录和观察来研究参观者和媒体之间的互动。一个恰当的评估过程的发展使得判断参观者的互动及其合作能力成为可能。这个过程也促使各种被使用的评估工具得到了完善。

通过重点关注评估对象，研究者们将一项公众科技传播计划的不同目标、所推进的不同类型的传播以及该计划的评估三者联系了起来。一项主要致力于知识传播或说服公众的活动将根据公众发生的变化来进行评估。如果目标是促进对话或参与，传播计划的发起人也将在被观察之列。

例如，在 BIOPOP 计划中，年轻的欧洲生物技术专家们试图通过意大利博洛尼亚和荷兰代尔夫特两座城市的公共事件来发展生命科学传播的创新模型。年轻的研究者们在这两座城市的中心广场搭起了帐篷，在那里与人们谈论生物技术，从一些非常简单的活动开始，例如，通过显微镜进行观察、玩电脑游戏以及手工模制生物分子（参见 www.biopop–eu.org）。由于这个计划的目标聚焦于对话，因而，评估必须同时考虑到公众参与事件的效果和年轻的生物技术专家们实施项目的效果。

对荷兰 1994—1995 年组织的系列共识会议的评估试图从两个方面开展：一方面，评估共识会议对参与者的影响（知识和态度方面）；另一方面，评估共识会议对政策制定者的影响（Mayer *et al.*, 1995）。从这种视角来看，评估使得收集意想不到的效果证据成为可能，正如德国卫生博物馆（German Hygiene Museum）2001 年在德累斯顿实施的基因诊断公民会议一样：

> 虽然决策者和科学家对会议的成果都不满意，但总体来说，结果还是积极的：参与者对一些诊断技术表现得更具批判性，而不是更易接受。
>
> （Storksdieck and Falk, 2004：100−101）

然而，即使我们正在安排各种各样的活动，评估以促进对话和参与为目的的公众科技传播活动仍然面临各种有趣的挑战，而且，这些挑战不仅仅集中于公众一方（Joss and Durant, 1995；Rowe and Frewer, 2004）。

科学传播效果的评估

从社会科学的角度来看，正如日常生活的其他方面也会显示矛盾性一样，传播也具有这种特性。即使传播是社会关系以及个人经验的一项实践要素，即使它已经是很多研究的主题对象，它仍然是一种模糊的现象。例如，对于传播的界定，目前还未能形成一种共识，尤其是传播与公众科技传播的关系，也仍然不确定（Bucchi, 2004）。无论人们对传播如何界定，他们至少已经达成了一些共识，即传播是一个过程，它能使参与其中的人发生改变。[7]这种共识提出了一个有趣的问题：什么时候我们可以说传播发生了？答案非常简单：当我们可以说参与传播过程的人发生了改变的时候。这对于评估来说尤为重要。因为一旦产生了变化，那么评估的目标就必须要明确这种变化的程度和特性。

传播具有使参与其中的人发生变化的内在能力，这种能力使得理解它的效果变得非常有意义而且有趣。传播效果的问题得到了大众媒体学者的密切关注，这并非偶然。"如果说，有什么问题能够激发媒体研究的兴趣，那这个问题就是'效果。'"（Jensen, 2002：138）的确，所有对从微观层面到宏观层面的社会互动感兴趣的研究者迟早都要面对这一问题。

如果说，人们对于传播效果评估的成功存在某些期望的话，那么，也必定会对传播可能看似合理地产生哪些变化有所预期，尽管这个预期可能只是一个大概的、不太确定的想法。如上所述，这些变化通常可以分为知识、态度及行为三个层面。

区分这三种类型的变化并不简单。知识层面的变化与学习相关（现在我知道，一个水分子由两个氢原子和一个氧原子构成），这可能是很明显的。同样明显的是，改变我们考虑自身经验的某些既定的方式（实质上是改变我们表达判断的方式）属于态度的层面（与我之前的想法相反，我现在相信科学家是可靠的）。而一旦我开始做一些我之前不会做的事情（看电视上的科学节目、参加一个科学咖啡馆活动、鼓励我的儿子或女儿报一个科学学位课程），这就是行为的层面了。学习不能简化为单纯的信息获取，它也关注我们的解释模式或认知模式所发生的变化，这些模式为我们的判断提供着基础准则。表达一个判断同样也是一种行为方式，它包含了一个特定的知识体系，而采取一项行动则包含着一个由信仰、能力和知识组成的动机（Michael，2002）。

虽然这些限定性条件引发了人们对上述分类的合法性的严重忧虑，但是，在进行传播效果评估时，区分知识、态度和行为层面的变化仍然是有用的。

探知和理解这三种类型的变化带来了不同的方法论问题。比起寻找最优解决方案而言，更重要的是，关注可用于这一目的的各种技术的利弊。例如，信息获取可以通过标准化的调查问卷进行测量，而解释模式的变化则能通过更灵活的技术，如深度访谈，得到更好的观察。人类学观察则可能更适合记录式的方法，即通过使用影像技术来记录科学中心的参观者们的行为（Sachs，1993；Fletcher，1999）。但是，如果我们对态度的变化感兴趣，那么焦点小组似乎更具优势。

然而，有几个方面需要考虑到。标准化问卷的刻板性、众所周知的受访者对问卷调查实施的语境以及问题措辞的依赖性，可能将相当大的偏见引入用于评估的数据之中。一个发散性访谈的进行很大程度上依赖于采访者的特质以及进行访谈的环境。此外，通过焦点小组收集的数据还可能反映了小组的组成方式。这些考虑在人类学研究中也同样存在。

无论一项公众科技传播活动关注的是信息传递还是促进科学家和公众的互动，评估的首要问题都是相同的，即如何观察一个传播过程所产生的变化。显然，最简单且最明显的解决方案就是"实验设计"，即将传播活动的事前状况与事后状况进行比较，并假设任何观察到的变化都是源于这一传播活动。采用这种方法，必须要将一个群组纳入一个传播过程中（例如，观看科学有关的电视节目），而将另一群组排除在外。如果通过随机选择形成了两个组，那么事后观察到的他们之间的差别就可以归因于传播体验了。通过比较两个组的某些特征，也可以得到相同的结果。其中，一个组代表一项信息传递活动的目标人群或科学中心的参观者，而另一个组则是未包含在传播过程中的对照组。同样，这里的任何改变都可能归因于传播。例如，一个致力于向公众介绍沙门氏菌风险的传播活动，就可以采用这种比较方法来测量活动对于参与市民的影响（Tiozzo *et al.*，2011）。

虽然乍一看，实验设计方法很有吸引力，但是，在现实中，这种方法面临着重重困难。这些困难在于，要满足每种实验（或准实验[7]）研究的潜在要求——"其他条件相同的情况下"（其他条件不变），基本是不可能的。例如，一旦决定对科技馆的参观者们参观前后的知识（或态度、行为）进行比较，事前的数据收集活动将会使受试者发生变化，譬如会使他们比之前更关注展览的某些内容。由于这个原因，当参观者离开博物馆时，研究观察到的受试者之前和现在所掌握的知识的差异，可能不是由于展览而产生的，而是由于他们参与了传播过程，被展览以及进门时给他们的问题共同引导而产生的。一个问卷调查的实施或是一个访谈的进行也都是一个传播过程，它们都会使参与者产生变化。

但是，如果试图通过与准实验设计中的一个对照组进行比较来解决这一难题，就会产生另一个几乎无解的社会研究问题：得到两个完全相同的组是不可能的。或者，将问题弱化一下，得到两个足够相似的组是不可能的。这里的"足够"指的是：他们的某些特征是差不多相当的，而这些特征与人们想要观察的变化是最相关的。人们对待科学的态度或对进化论知识的了解，可能与访问那个科学机构的网站或是观看 YouTube 上的科学视频没有太大关系，但是一定与被父母督促要在学校取得好成绩有关，而人们通常可能并不会想要收集这些信息。

由于在比较组之间获得同质性的困难没有得到解决，这个问题也涉及更精细化的方法论解决方案，如表 17-1 中所描述的交叉组准实验设计。按照这种研究设计，一项科学传播活动的目标人群（例如，某个学校的学生）被划分为由四年级学生组成的两个同质的组（α 和 β），针对这一目标人群，期望他们在特征 A 和 B 方面发生变化。在科学传播活动之前对特征 A 和 B 的状况进行分析，但是 α 组仅针对特征 A 进行分析，β 组仅针对特征 B 进行分析。活动之后，则对 α 组进行特征 B 的状况调查，对 β 组进行特征 A 的状况调查。这样就可能对两个同质的组的特征 A 进行事前和事后的调查比较，从而减少对事后活动的事前数据收集所表现出的制约。然而，在这个案例中，两个比较组之间完美的同质性仍然很难实现。将这种研究设计应用于公众科技传播活动评估的一个范例是 IN3B 项目，它很好地实现了评估目标，即了解了参观大型研究中心实验室所产生的效果（Neresini *et al.*，2009）。

即使我们放弃（准）实验方法并采用"事后观察"的方法，最优解决方案似乎也仍然不存在。实际上，不用比较事前和事后的状况，研究者现在可以只考察事后的特征，并将它们解释为传播所产生的变化的指标。在这种情况下，目标人群（例如，参加在职进修课程的教师们）通过标准化的问卷和深度访谈进行传播活动的自我评估。然而，两种情况中都存在自欺欺人和顺从访问者的潜在问题。并且，研究者有义务在没有必要基准（事前的状况）的情况下继续确定任何可能发生的变化。

表 17-1　评估及实验设计

方法	问题
（准）实验的事前／事后设计	事前数据收集活动作为事后调查的条件
有对照组的（准）实验设计	实验组和对照组之间的同质性
有交叉组的（准）实验设计	比较组之间的同质性
受试者的事后（自）评估	自欺欺人和对访问者的顺从
事后观察	根据观察到的不同行为对目标人群进行分组，并对各组的特征进行了强假设

　　或者，研究者可以尝试间接地调查变化指标，然后验证它们是否在不同的样本中假设了不同的值，这些赋值由与预期的变化相关的变量来定义。例如，在一项传播活动之后，研究者可以测试受试者对纳米技术的兴趣指标，之后确定受教育水平较低和较高的受试者之间的数值是否有显著差别、是否有其他证据表明教育水平是一个与科学兴趣相关的识别变量。如果受教育程度较低的组继续表现出对科学的较低兴趣，而受教育程度较高的组仍对科学非常感兴趣，我们就可以得出结论，传播活动并没有产生重大变化，或者说，变化只是简单地强化了既有的态度。在这个案例中，主要的限制在于，研究者需要非常详细地了解目标受众的某些特性和该项传播活动想要修正的其他特性之间的关系。

　　我们不应低估以下事实所产生的困难：大部分的传播活动都是短暂的，而我们却经常期望它们对知识、态度或行为产生重大的改变。换言之，在公众与科学家的会议（即使这个会议持续一整天）、新知识的获取、新的解释模式以及新的习惯之间，存在着明显的不对称。观看一个电视节目、阅读一篇文章、在一个社会网络中分享信息，或是参观一个科学中心等传播过程中，存在着更大的不对称。评估需要考虑到这一方面（Storksdieck and Falk，2004；Robillard *et al.*，2013），并且，事实上，人们对**时间要素**的认知已经促进了各种研究策略的发展。以下列出了最广为人知的一些研究策略：

- 短期效果分析，请牢记一点——这些效果是极其不稳定的（在我参观了一个关于夸克的展览后，我能记住很多事情，但是数月之后我还能记得多少呢）。
- 研究重复参与大量同类传播活动所产生的效果（这个理念是基于对大众传媒所产生的长期影响的大量研究）。
- 研究设计，这些设计设想了至少一个后续调查，以确定短期内被记录的哪些变化在一段时间后仍可以被观察到。
- 特定传播语境（非正规群体、比赛、社交媒体）中的结果分析。

这一讨论中的主要关注点并不是要确定一个用于评估的毫无禁忌的社会研究方法。评估所需要的是，对于各种用来观察传播所产生的变化的研究方法，需要充分考虑它们各自的优点和缺点。最后，重要的不是分离传播的效果和原因，而是理解它们结合的方式。试图找到一个并不存在的最优解决方案，就会有一种严重的风险，那就是评估终将被抛弃，因为它将被认为是不能实行的。

就这一点而言，区分"连续的因果关系"和"生成的因果关系"可能特别有用。在连续的因果关系中，如波森和蒂利（Pawson and Tilly，1997）所言，评估试图验证一个特定的结果能否被合理地归结为一个给定的输入，它假设，被确认的因果关系因而可以被推广到其他情况之下。在生成的因果关系中，更重要的是，要了解观察到的结果是如何由一个给定的输入值产生的，它强调与输入值相结合的语境在结果产生中的作用。

对科学机构主办的开放日进行的评估将不会建立参观者看到的内容和他们的知识、态度或行为变化之间的因果关系。相反，它可能会把该语境下可能产生的各种传播体验与观察到的效果联系起来，并考虑到这种观察不可避免的缺点。甚至，它可能发现，观察活动本身作为公开日期间所体验到的全部传播过程的一部分，已经直接影响到确定性效果的产生了。

结语

尽管对公众科学传播的评估有局限性，存在各种困难，乃至其自身存在矛盾性，但它仍然是有用且必要的。如我们已经强调的，评估意味着对一项计划的合理预期做出详细的说明，尤其是由计划的推动者做出详细说明，这可以让公众科学传播的目标变得更加清晰。也意味着将那些倾向于隐藏的假设搬上台面，以便对它们进行细致的考察。

这些假设是必要的，因为它们构建了公众科技传播活动的动机基础；这些假设也是无法检验的，因为它们不能被证明是真或假，只能认为它们或多或少有说服力。在大量传播计划中可以很轻易地辨识出缺失模型的假设（知识产生态度，并且，这些态度决定行为），即使这些计划宣称，他们的目标并非如此而且可以受到更详细的审查。但是，这并不是说公众科技传播不应该致力于知识传播，而是说它应该激发公众对科学的兴趣。这一假设本身也有不足之处，而且不是绝对比缺失模型好。评估也不能一劳永逸地解决所有问题。就像在科学问题上的公众辩论一样（Von Schomberg，1995；Grove-White *et al.*，2000），评估不能快刀斩乱麻地解决所有真理和谎言纠缠在一起的难题，但是能提高我们对活动效果的关注度，虽然这些效果通常是矛盾的（Boudon，1977，1995）。

这不是一种约束，而是一个机遇，是另一个将评估逻辑付诸实践的好理由，因为评估就是从经验中学习，这种学习比自发学习要更加系统且有效。近年来，这种实用的方法使得研究机构和实践者们快速地跟进公众科技传播的发展，并与媒体建立了新的联系，即所谓的"媒体化"（medialisation）效应（Weingart，2012）。这种效应已经催生了新的传播方式，科学家们也在公共领域中发挥着新的作用。这些转变需要新的方法和特定的评估。

在公众科技传播计划中纳入充分的评估，将能应对这些计划所面临的各种挑战，并能突显这些计划的优势和不足。评估不仅降低了其坚持错误方向的风险，而且还改善了我们对这些计划的预期目标的理解（Gammon and Burch，2006）。公众科技传播倾向于追随当下的潮流，它往往忽略了：类似计划的激增并不一定表明这些计划就是成功的，在一种语境下有效的计划或活动在另一种语境下并不一定能产生同样的结果。在杜绝简单复制方面，评估可能非常有用。尤其是，在公众对于科学公民权的需求不断增强的语境中，这种评估应该更加有效。在这种语境中，公众科技传播对于公共产品（例如气候变化问题或是核电站计划）的界定至关重要。

厘清可靠的期望与毫无根据的希望之间的界限，仔细地反思已经取得的成就，审察我们最初的假设，才能够保证当前备受关注的公众科技传播将不会因为预期效果未能实现而让人们感到失望或沮丧。

问题与思考

· 确保一项公众科技传播活动的评估真正实施的必要条件是什么？

· 使得一项公众科技传播活动的评估不同于其他传播活动的评估的因素是什么？

· 列举一个你所了解的公众科技传播活动案例。你能确定哪种类型的变化是可预期的吗？作为这项活动的一个结果，谁被期望发生改变？

· 与一个给定的公众科技传播活动的总结性评估相关的主要方法论问题是什么？可以怎样解决这些问题或者将问题降到最低限度？

尾注

[1] 本章的新版本参考了近5年的相关研究，并关注了当下相关话题的辩论，例如传播活动参与的不同程度。本章对一些关键术语进行了解释，并提出了评估的不同阶段，以便读者更容易地理解对各种方式方法的优缺点的讨论。在讨论方法论问题之前，本章也对有效的评估所需的条件进行了概述。

[2] 在这一方面，恩格等（Eng *et al.*，1999）提出了一些有用的指导。这些指导部分地改编自美国国家癌症研究所的指南（National Cancer Institute，1989）。

[3] 例如，参见 Barnes，1999；Mayer *et al.*，1995。罗和弗里沃（Rowe and Frewer，2004）对参与活动评估的一般含义进行了讨论。

[4] 有关的一项调查，参见 Piscitelli and Anderson，2000；Persson，2000；Garnett，2002。关于传播过程发生的语境的其他相关性，重点参见 Falk and Dierking，2000；Schiele and Koster，1998。

[5] 例如，参见 Barbagallo and Nelson，2005；Horlick-Jones *et al.*，2006；Irwin，2006。

[6] 因此，定量方法使用的调查工具更加标准化。相反，定性方法具有更大的灵活性，这种灵活性使得它们能适应当前状况。关于这一点可参见如 Strauss and Corbin，1998；Siverman，2004。

[7] 参见 Bateson，1972；Maturana and Varela，1980；Von Foerster，1981；Watzlawick *et al.*，1967。

（李红林　译）

请用微信扫描二维码
获取参考文献

译 后 记

2016 年，我主持申报"高层次科普专门人才培养教材建设项目"，其中《科技传播学导论》获得"高层次科普专门人才培养教材建设核心教材研发类"立项，于2020 年出版。《公众科技传播指南（第 2 版）》获得"高层次科普专门人才培养教材建设国外经典教材翻译类"立项。

当年，我曾独立或作为第一译者翻译出版《科学与政治的一生：莱纳斯·鲍林传》《科学技术与社会导论》《经济学的两面性》《技术撬动战略：21 世纪产业升级之路》等译著。经过长期翻译实践的"摸爬滚打"，我形成了这样的翻译理念并践行之，即对原著进行"中国化"，并用"中国话"表述出来。

2013 年，我曾为《公众科技传播指南》2008 年第 1 版写过一个书评，题目是：《科学传播学的宣言书——〈公众科技传播指南〉述评》，发表在中国科协—清华大学科技传播与普及研究中心主办的内部刊物《科技传播与普及研究通讯》上。当时我就建议将该书翻译成中文出版。后来不久，很高兴看到《公众科技传播指南》于2014 年出版了第 2 版，更强化了我翻译的想法。

随着年龄、阅历的增长，又由于教学、科研等事务繁忙，没有时间从事独立翻译工作了，需要带队伍培养年轻人了。2017 年初，我组建了由李红林、高洁、高秋芳、岳丽媛等博士和王大鹏助理研究员等组成的翻译团队。他们完成各自承担的章节翻译初稿后，我在清华大学善斋举办若干次集体审校会议，有重点地逐章逐节逐句进行审阅校对，对其中的难点提出我的理解和翻译；也安排了若干译者相互审校。之后，我又安排了王永伟博士和孙楠等博士研究生对一些章节进行了审校。最后，唐婧怡博士对全书译稿进行了通读和初步审校。李红林对全书译稿进行了细致审校，为译稿做了很大的贡献。我们对译者和编辑表示感谢。

《公众科技传播指南》中的"指南"（Handbook，一译"手册"），并不代表本书是一部讲述如何进行科技传播的操作性和实务性的手册，而是科技传播学权威学者对科技传播领域及其重点研究主题，绘制出完整的、新的"地图"。本书按三个范畴和维度组织内容结构，分别是科技传播的主体、科技传播的渠道和平台、科技传播的议题。本书讨论的主体包括：科普作家、科学新闻工作者、科学家等。渠道包括：科普图书、科学新闻、博物馆和科学中心、科教影视、互联网等。议题包括：科技传播理论和模型、科技传播的公众参与、科学（文化）素质调查、健康科技传播、环境科技传播、遗传学和基因组学、风险传播、发展中国家的科技传播、社会科学的传播、科技传播的评估等。当然，科技传播中的主体、渠道和议题三者的界限往往不是泾渭分明的。

《公众科技传播指南》对科技传播领域中的重要范畴进行了严肃的学术研究，有很多的真知灼见，促进人们进行深刻的反思。本书还描述了科技传播"政策话语"的历史演变，比如对科技传播的理解从传统的"科普"和"公众理解科学"向科学家与公众的"对话"、公众参与的转型。强调，必须把科技传播放到"科学与社会"和"社会中的科学"这样的大背景下来考察。本书为科技传播的概念化和科技传播的策略提供了清晰、明确的思路，推动科技传播学的实践和理论走向成熟。书中的各章，均提供了延伸阅读的核心文献和翔实的参考文献，可以以此为线索展开进一步的研究。

由于有上述特色，《公众科技传播指南》可以作为科技传播课程的重要教材和参考书，可以作为新时代建设中国特色科技传播学学科的重要参考资料。

本书的翻译出版还部分得到国家自然科学基金重点国际合作研究项目（编号71810107004）的支持。我们表示感谢。

刘　立

2022 年 5 月 3 日于中国科学技术大学